中国学生

地球学习百科

总策划/邢　涛　主编/龚　勋

汕頭大學出版社

图书在版编目（CIP）数据

中国学生地球学习百科 / 龚勋主编．—汕头：汕头大学出版社，2012.1（2021.6 重印）
ISBN 978-7-5658-0426-7

Ⅰ．①中… Ⅱ．①龚… Ⅲ．①地球－少儿读物 Ⅳ．①P183-49

中国版本图书馆 CIP 数据核字（2012）第 003529 号

中国学生地球学习百科

ZHONGGUO XUESHENG DIQIU XUEXI BAIKE

总 策 划　邢　涛
主　　编　龚　勋
责任编辑　胡开祥
责任技编　黄东生
出版发行　汕头大学出版社
广东省汕头市大学路 243 号
汕头大学校园内
邮政编码　515063
电　　话　0754-82904613

印　　刷　唐山楠萍印务有限公司
开　　本　705mm×960mm　1/16
印　　张　10
字　　数　150 千字
版　　次　2012 年 1 月第 1 版
印　　次　2021 年 6 月第 6 次印刷
定　　价　37.00 元
书　　号　ISBN 978-7-5658-0426-7

推荐序

学生阶段是一个人长知识、打基础的重要时期，这个时期会形成一个人的兴趣爱好，建立一个人的知识结构，一个人一生将从事什么样的事业，将会在哪一个领域取得多大的成功 ，往往取决于他在学生时代读了什么样的书，摄取了什么样的营养。身处21世纪这个知识爆炸的时代，面临全球化日益激烈的竞争，应该提供什么样的知识给我们的孩子们，是每一位家长、每一位老师最最关心的问题。学习只有成为非常愉快的事情，才能吸引孩子们的兴趣，使孩子们真正解放头脑，放飞心灵，自由地翱翔在知识的广阔天空！纵观我们的图书市场，多么需要一套能与发达国家的最新知识水平同步，能将国外最先进的教育成果汲取进来的知识性书籍！现在，摆在面前的这套《中国学生学习百科》系列令我们眼前一亮！全系列分为《宇宙》、《地球》、《生物》、《历史》、《艺术》、《军事》六种，分别讲述与学生阶段的成长关系最为密切的六个门类的自然科学及人文科学知识。除了结构严谨、内容丰富之外，更为可贵的是这套书的编撰者在书中设置了“探索与思考”、“DIY 实验”、“智慧方舟”等启发智慧、助人成长的小栏目，引导学生以一种全新的方式接触知识，超越了传统意义上单方面灌输的陈旧习惯，让学生突破被动学习的消极角色，站在科学家、艺术家、军事家等多种角度，自己动手、动脑去得出自己的结论，获取自己最想了解的知识，真正成为学习的主人。这样学习到的知识，将会大大有利于我国学生培养创造力、开拓精神以及对知识发自内心的好奇与热爱，而这正是我们对学生的全部教育所要达到的最终目的！

《中国教育报》副总编辑

翟博

——中国学生——
地球 学习百科

审订序

宇宙、地球、生物、艺术、历史、军事，这些既涉及自然科学，又包涵人文科学、社会科学的知识门类，是处在成长与发育阶段正在形成日渐清晰的世界观与人生观的广大学生们最好奇、最喜爱、最有兴趣探求与了解的内容。它们反映了自然界的复杂与生动，透射出人类社会的丰富与深邃。它们构成了人的一生所需的知识基础，养成了一个人终生依赖的思维习惯，以及从此难舍的兴趣取向。宇宙到底有多大？地球是独一无二的吗？自然界的生物是如何繁衍生息的？科学里有多少奥秘等待解答？我们人类社会跨过了哪些历史阶段才走到今天？伟大的军事家是如何打赢一场战争的？伟大的艺术是如何令我们心潮起伏、沉思感动的？……学生们无不迫切地希望了解这一个个问题背后的答案，他们渴望探知身边的社会与广阔的大自然。知识的作用就是通过适当的引导，使他们建立起终生的追求与探索的精神，让知识成为他们的智慧、勇气，培养起他们的爱心，磨炼出他们的意志，让他们永远生活在快乐与希望之中！这一套《中国学生学习百科》共分六册，在相关学科的专家、学者的指导下，融合了国际最新的知识教育理念，吸纳了世界最前沿的知识发展成果，以丰富而统一的体例，适合学生携带与阅读的形式专供学生学习之用，反映了目前为止国内外同类书籍的最先进水平。中国的学生们这一次站在了与世界各国同龄人同步的起跑线上。他们的头脑与心灵将接受一次全新的知识洗礼，相信这套诞生于21世纪之初，在充分消化吸收前人成果的基础上又有新的发展与创造的知识百科能让我们的学生由此进入新的天地！

美国加州大学伯克利分校博士
北京大学副教授
武瀚章

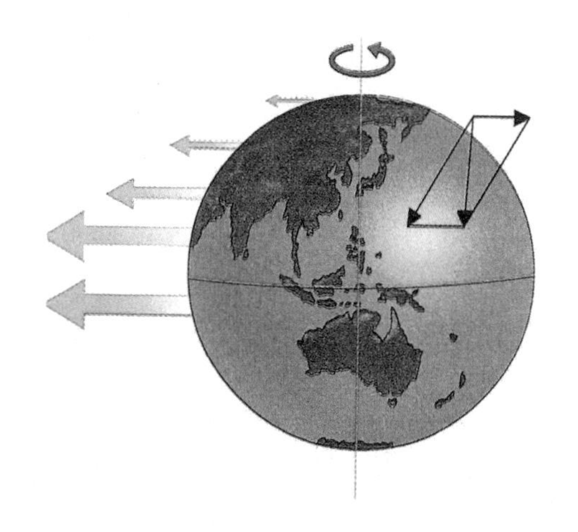

前言

地球是目前为止我们所知道的宇宙中唯一一颗有生命存在的星球，是人类和其他一切生命的摇篮。因此，地球科学与我们的生活密切相关：它研究地球纵横千万里、上下亿万年的时空，几乎涵盖自然科学的所有领域，是人类认识、利用、改造和保护地球的基础。这些地球知识的运用将为解决人类生存与持续发展中资源、环境、灾害等重大问题提供科学的解决方法。为此，我们在吸收地球科学最新研究成果的基础上，编撰了这本《中国学生地球学习百科》，便于广大青少年学生进一步了解我们赖以生存的家园，并以使这颗蓝色星球永远生机蓬勃为己任。

全书共分八章，在知识结构上从不同角度系统地展示了地球风貌的各个方面。每一章均以清晰的脉络强调科学知识分类的逻辑性，每一节主标题下设各级辅助标题及其副标题以体现严谨明了的结构层次；在内容设置上增加了每一节前的思考问题和节后的实验及习题，让学生不仅能够带着不同问题动脑阅读每一个知识点，而且能增强学生动手实践的能力。同时，各种不同类型的小资料也增加了本书的实用性和趣味性；另外，在形式表现上力求完美的视觉效果，突出各种平面说明图、立体剖面图等原理图的科学性及生动性，使渗透其中的知识点更容易被理解和掌握。

《中国学生地球学习百科》以完善的体例设置、崭新的表现形式、严谨的科学内涵和清晰的语言表述向学生读者们展示地球知识的方方面面，并激发他们珍惜和保护人类之家——地球的积极性。

如何使用本书

本书以解释概念的形式用600多个词条阐述地球科学涉及的知识点，并以由浅入深、严谨清晰的知识脉络贯穿全书8章30节。每一章的名称是对整章所阐述内容的概说，而每一节的主标题又是该节具体知识点的总括；同时配以说明性图片及其注释，更生动地展示每个知识点，使章节内容更加完善；此外还有动脑的习题部分和动手的实践部分。鲜明的体例结构将帮助您更好地理解全书内容。

篇章名

主标题

本节主要知识内容的名称。

探索与思考

通过生活中的观察活动和动手小实验提出思考问题。

主标题说明

阐述本节的主要内容，有助于了解本节知识点。

辅标题

与本节内容相关的知识点的名称。

地球表面

岩石和土壤

·探索与思考·

收集石头

1. 去野外收集一些不同形态和质地的石头，试着用其中一块切割另一块。

2. 你会发现，每块石头的坚硬度是不同的。

想一想 石头是由什么物质构成的？你能找到哪些不同类型的岩石？岩石与土壤有什么关系？

地球演化过程中，经过各种地质作用形成的固态物质构成了地壳和上地幔顶部——岩石圈。它构建了生物基本的生存环境。岩石圈的载体——岩石在内外地质力的作用下形成岩浆岩、变质岩和沉积岩。地表的岩石经过长年的风化侵蚀、生物作用等外力地质作用，逐步形成了不同类型的土壤，为动植物的生存提供着直接的养分，也为人类从事农业生产活动创造了条件。岩石圈和土壤圈贮藏着丰富的资源，是生物所需要的各种能量的源泉，也是万物生息繁衍的基地。

火成岩

由岩浆直接冷却形成的岩石

火成岩又叫“岩浆岩”由来自地球内部的熔融岩浆在不同地质条件下冷凝固结而成，是组成地壳的基本岩石。地球内部不同地点、不同深度以及不同物质部分熔融的程度，会产生不同成分的岩浆；岩浆在上升的过程中，又因温度的差异而生成不同的火成岩。

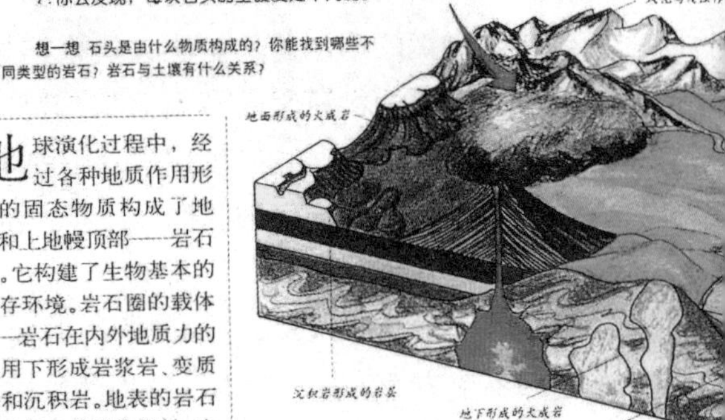

岩石

地壳的基本组成物质

岩石为矿物的集合体，组成岩石的化学元素基本上有8种，称为“八大元素”——氧、硅、铝、铁、钙、钠、钾和镁。岩石种类繁多，形态、结构、颜色各异，但就其成因来说，基本可以分为火成岩、沉积岩和变质岩三大类。

玄武岩

岩浆从火山口喷出地直接冷却凝固形成的岩石“喷出岩”或“火山岩”。地壳中最常见的喷出岩是岩，玄武岩分布很广，颜灰褐及暗红等色，大部分地壳皆由玄武岩构成，其或致密或多孔，后者的孔有方解石、石英等充填而仁状构造。

辅标题说明

对本节内容某一知识点的详细阐述。

副标题

对辅标题最直观的说明。

次辅标题

对辅标题内容进一步说明的内容名称。

次辅标题说明

对次辅标题的文字叙述，是对辅标题内容的详细说明与佐证。

书眉

双数页码的书眉标示出书名；单数页码的书眉标示每一章的名称。

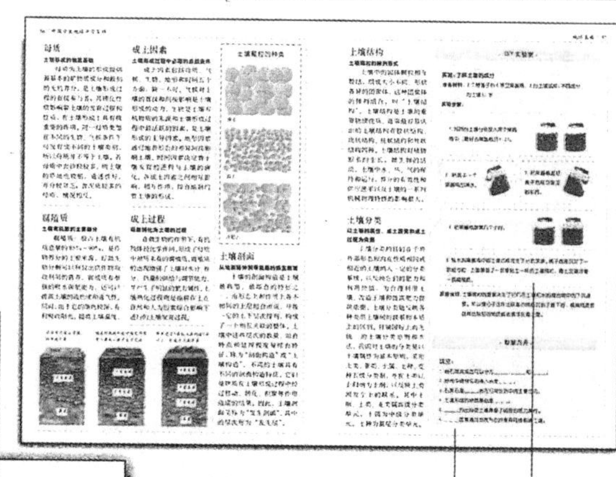

习题

通过填空、选择和判断的形式温习本节知识点。

实验

介绍了实验材料、步骤及原理，有助于您进一步理解本节内容。

花岗岩

岩浆从地球深处沿地壳裂缝处缓缓侵入而不猛烈喷出地表，然后在周围岩石的冷却挤压之下固结成岩石，这样形成的岩石叫"侵入岩"。地壳中最常见的侵入岩是花岗岩，花岗岩的颜色非常美丽，呈粉红色，其中还均匀地散布着黑色的云母晶体。花岗岩不透水，但能保持水分，而且还含有丰富的钾、钠等矿物，因此由花岗岩风化而成的土壤特别肥沃。

构成火成岩的七种成分

石英：无色透明，形状呈美丽的六角柱状结晶，特称为"水晶"。

石英

正长石

正长石：通常为白色，有时白中带红。溢流岩（迅速冷凝的火成岩）中的正长石为长方形柱状，但深成岩中的正长石则为不规则形状。

斜长石：灰白色，遭受外力时，有顺着一定方向破裂的性质。

斜长石

云母

云母：薄且容易剥落，为六角板状的结晶体，在岩石中以不规则的形状存在。黑色为黑云母；白色为白云母。存在于花岗岩或闪长岩中的黑云母以大头针轻挑，就会一层层剥落。

角闪石：暗绿色或黑色，结晶体为六角柱状，在深成岩中为不规则形状，但在溢流岩中则呈细条的长方形。

角闪石

辉石：暗褐色或暗绿色，结晶呈四角形或八角形短柱状，存在于深成岩中的辉石大部分有不规则的形状，而在溢流岩中则为长方形。

辉石

橄榄石：橄榄色，其结晶并不在某一地方特别发达，橄榄石与石英绝对不会同时并存，此外橄榄石变质后就会成为蛇纹岩。

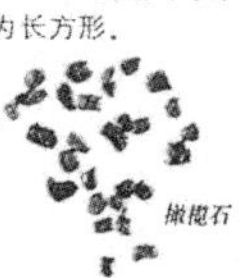

橄榄石

岩石的形成过程

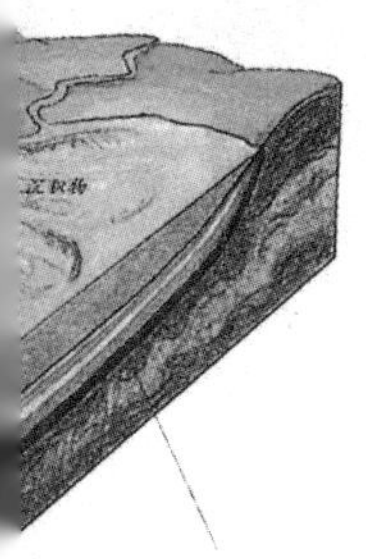

在海底形成的沉积岩

地壳深部的液态岩浆缓慢上升接近地表，岩浆在冷凝过程中形成岩浆岩；地球的运动使岩石上升到地表，并受到风化、侵蚀而暴露，在冰川、流水和风的侵蚀作用下，岩石破碎成较小的颗粒，并被冰川、河流和风搬运，逐渐在海洋、湖泊、三角洲和沙漠等地沉积下来，形成沉积层；大规模的造山运动中，在高温高压作用下，沉积岩和岩浆岩变成变质岩，温度和压力进一步升高，则岩石重新熔化，变成岩浆，完成造岩的一个循环。

花岗岩是典型的大陆岩石，我们用显微镜观察会发现其呈现出镶嵌结构，图中的白—蓝矿物为石英和长石晶体，棕色、黄色、粉红色和绿色是云母类矿物。

小资料

与辅标题内容的说明文字密切相关的资料性内容，是对辅标题的补充和参考。

照片

与本节知识点相关的图片，让您对相关内容有更真切的认识。

手绘原理图

根据文章内容，由相应的学科专家参与、由资深插图画家绘制的原理示意图，说明性强，使您一目了然。

目录

地球概貌 10～27

包括地球在内的无数天体的诞生，地球在宇宙中的位置及其运行产生的各种现象，地球的外在形貌和内在结构

运动的地球 28～51

地表形态的成因，大陆漂移和海底扩张，地球内部能量的剧烈释放——火山和地震

地球表面 52～83

构成地表基本载体的岩石和土壤，不同的陆地类型，各种水体的形态和分布

地球生命 84～101

研究生命进化的主要方法，生命在不同地质历史时期的状态，生物之间如何相互作用构成地球最具生命力的组成部分

地球旋转的意义

地球沿椭圆轨道绕着太阳不停旋转，因此出现了太阳东升西落，四季循环交替的自然现象。关于地球的公转、自转及其地理意义，详见第18～23页。

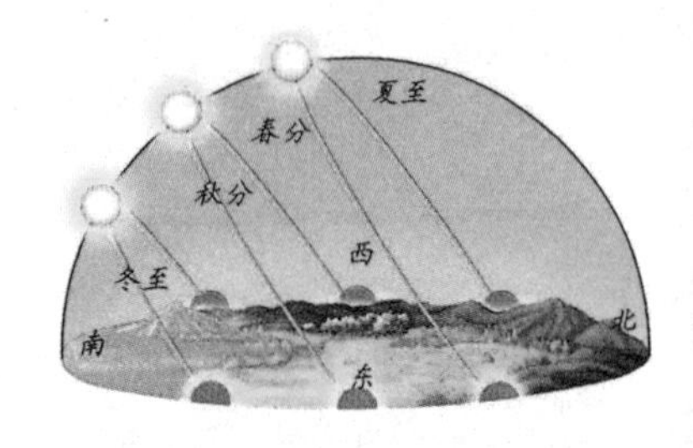

霸王龙骨架化石

霸王龙是地质历史上最大的肉食性动物之一。但是，它们的命运和白垩纪其他恐龙一样，在一次灭顶之灾后完全绝迹。对化石的研究，详见第84～89页。

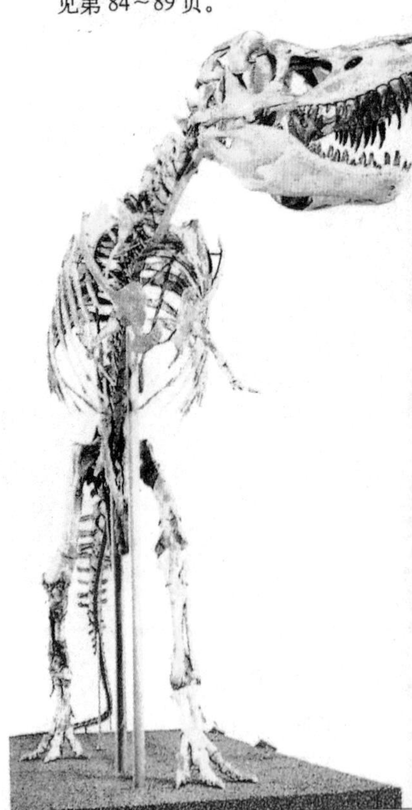

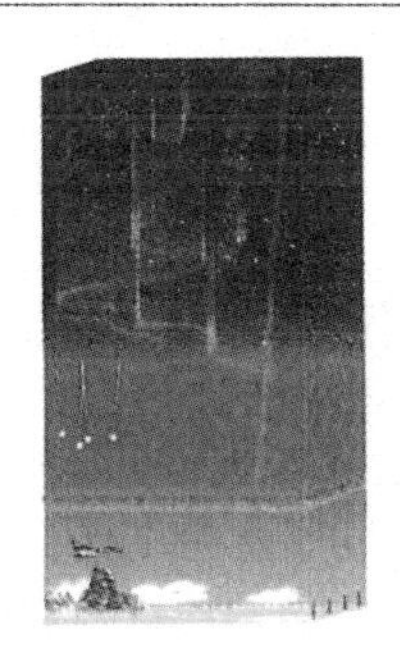

大气圈的分层

根据物理性质的差异，大气在垂直方向上依次分为对流层、平流层、中间层、热层和外逸层。关于大气圈各圈层的特性和作用，详见第102～105页。

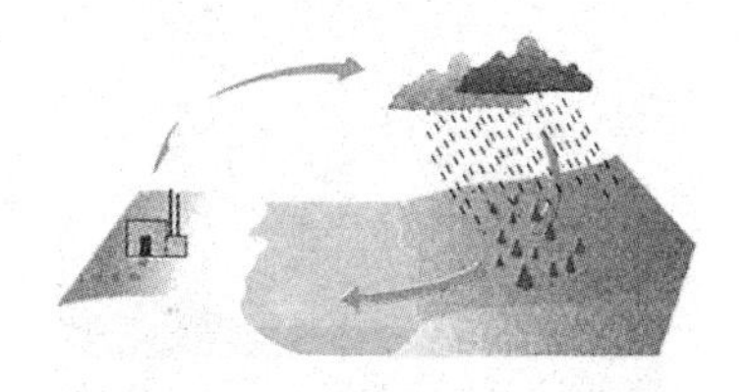

臭氧空洞

自从1982年科学家首次在南极洲上空发现臭氧减少这一现象开始，人们又在青藏高原上空发现了类似的臭氧空洞。关于各种自然和人为的灾害与其产生的后果，详见第144～147页。

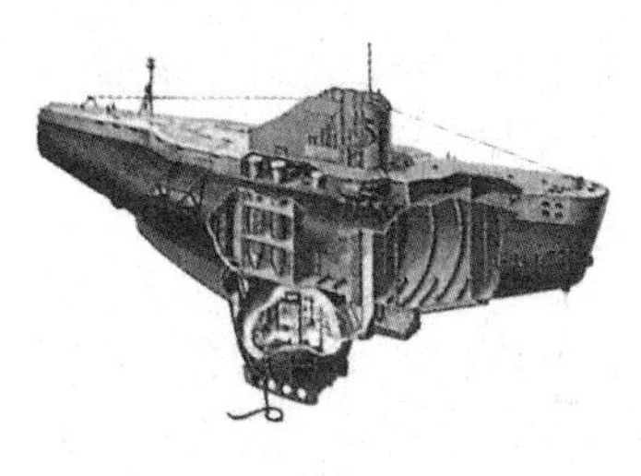

深海观测潜艇

虽然目前研究潜入海底上万米的深海观测潜艇还有一定困难，但它仍然是进行大型深海探索的主要工具。关于地表探索的各种方法和成就，详见第152～155页。

— 地球概貌 —

宇宙和地球

·探索与思考·

闪烁的星星

1.把装水的透明玻璃缸压在捏褶后展开的铝箔上。

2.在黑暗的房间从高处照射水面，并观察平静水面底下的铝箔。

3.轻拍水面，并观察所看到的“星光”。

4.从铝箔反射过来的光，摇晃时比平静时要暗。

想一想 产生这种效果的原因是什么？如果在宇宙飞船上看星星，又会是什么样的情景呢？星星还会闪烁吗？

宇宙指空间，“上下四方”称为“宇”；宇宙又指时间，“古往今来”称为“宙”。宇宙不是从来就存在的，它也有诞生和成长的过程。现代科学研究发现，宇宙大概形成于200亿年以前一次无比壮观的大爆炸中。地球是太阳系九大行星中的一颗，太阳系是银河系无数星系中的一个，而银河系只是宇宙数百亿星系中极小的一份子。

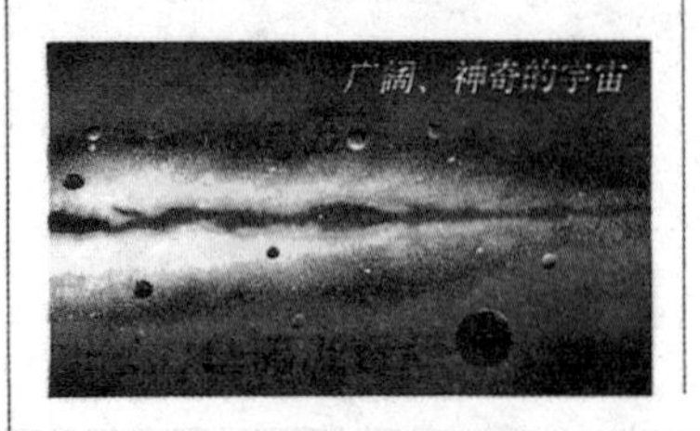
广阔、神奇的宇宙

宇宙

一切物质及其存在形式的总体

大多数天文学家通过现代物理学的推理和计算，认为宇宙的产生源于一次大爆炸。如今的宇宙是指所有天体范围内的时间与空间的概念，它蕴藏着所有的物质，包括人类所知道并相信存在的一切。

恒星

炽热的、能自己发光的球状天体

恒星是宇宙的重要组成部分。关于它的形成，17世纪牛顿提出的“散布于空间中的弥漫物质可以在引力作用下凝聚为太阳和恒星”的设想经历代天文学家的努力，已逐步发展成为一个相当成熟的理论。

恒星的等级

我们用肉眼能看到的恒星有明暗之分，因此它们的亮度以“视星等”加以区分；恒星越亮，视星等越小。但这种测量的方法是依据从地球上所看见的恒星的亮度为标准的，而恒星距地球的远近不同，视星等并不代表恒星的真正亮度。因此对于一颗已知其距离的恒星，我们可以通过将其移至某一标准距离而测量其应有视星等的方法来确定它的亮度，由此得到的星等称做“绝对星等”。

我们把用肉眼能见到的恒星用视星等来区分

星系

构成宇宙的大型天体系统

宇宙是由无数星系组成的，而星系则是由大量恒星围绕着一个共同中心构成的一种大型宇宙天体系统。各种星系散布于宇宙中，目前已经发现了数亿个星系。这些星系往往聚集成团，少的“三两成群”，多的可能好几百个聚在一起，人们又把这种集团叫做“星系团”。按照星系不同的形态，哈勃等天文学家把星系划分为旋涡星系、棒旋星系、椭圆星系和不规则星系四个大类。

银河系

由星云、星团和星际介质组成的旋涡状星系

银河系是一个典型的旋涡星系，直径约为10万光年。银河系有三个主要组成部分：银盘、银核和银晕。银盘的主体是无数年轻的恒星；星系中心凸出的球状部分是非常明亮的银核，这个区域主要由大量密度很高的恒星组成——主要是年龄在100亿年以上的老年红色恒星；在银盘周围的一个球形区域内弥散着银晕，这里恒星的密度很低，存在着许多由老年恒星组成的星团。

星团

银河系恒星由引力作用而聚集在一起形成的小型天体系统

星团是银河系中多颗恒星由引力作用聚集在一起而形成的一种天体系统。根据所含恒星的紧密程度可将星团分为疏散星团和球状星团。疏散星团内的恒星互相结合得比较松散，数量也较少；一段时间后，这些恒星就会分散开来，不再结合在一起。而球状星团中恒星的紧密程度要大得多，一般都在几千至几百万颗。

银河系

星云

银河系中非恒星状的尘埃云

银河系某些地方的气体和尘埃在引力作用下相互吸引而密集起来，形成云雾状，人们形象地把它们叫做“星云”。由于其体积非常庞大，因而可以被我们观测到。在星云之中，天文学家发现许多新的恒星正在形成的迹象，这完全符合目前有关恒星诞生的理论。按照大小、形状等物理性质，星云可以分为弥漫星云、行星状星云等几种。

太阳系

由太阳、九大行星及环绕太阳的其他物质集合而成的天体系统

太阳系形成至今至少有46亿年的历史，现由太阳、九大行星、100多颗环绕大行星的卫星以及无数的小行星、彗星和陨星组成。太阳系只是银河系极微小的一部分，位于其边缘地带。

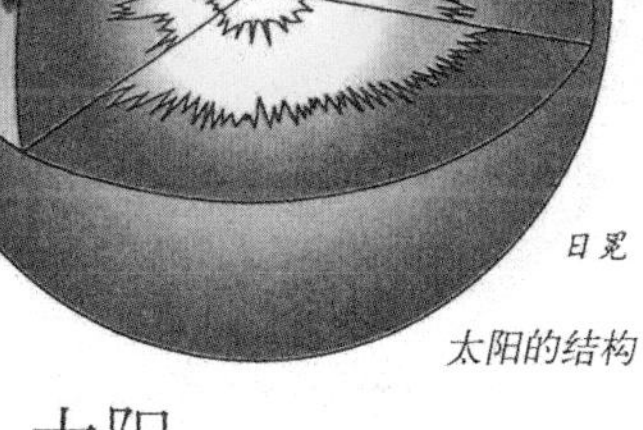

太阳的结构

太阳

炽热的气体火球

银河系大约包含2000亿颗以上星体，其中恒星约1000亿颗，太阳就是其中之一。太阳是个炽热的气体星球，从中心到边缘可分为核反应区（日核）、辐射区、对流区和大气层；主要成分是氢和氦。太阳在太阳系中占有绝对地位，它以强大的引力将太阳系里的所有天体牢牢地吸引在它的周围。

太阳系九大行星

太阳黑子

人们平常看到的太阳表面，叫做"光球"。在光球上经常可以看到许多黑色斑点，这就是天文学家所说的"太阳黑子"。黑子本身并不黑，它的温度一般也有4000℃～5000℃；但是比起光球来，它的温度要低1000℃～2000℃，在更加明亮的光球衬托下显得十分黑而突出。太阳黑子是光球层物质剧烈运动形成的局部强磁场区域，是光球层活动的重要标志。太阳黑子有平均11年的活动周期。

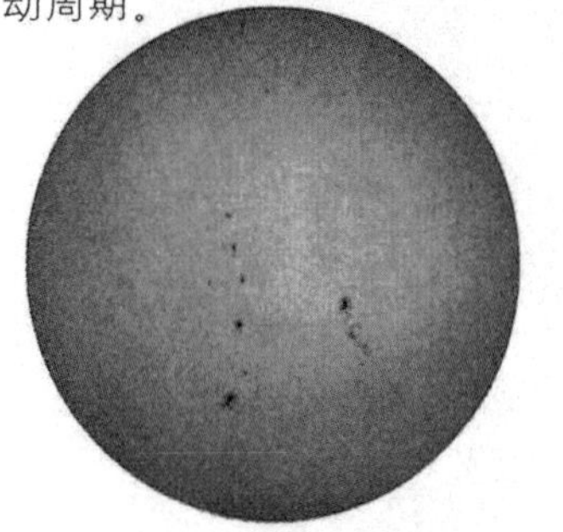

用望远镜观测到的太阳黑子

九大行星

9颗环绕太阳公转的大型行星

太阳系中，有9颗大行星在环绕太阳旋转，从最接近太阳的水星算起，分别是水星、金星、地球、火星、木星、土星、天王星、海王星及冥王星。各行星除了自转外，全都以同一个方向绕着太阳公转。绕行轨道在地球内侧的星称为内行星，在地球外侧的星称为外行星；又依物理性质的差异，把水星、金星、地球和火星称为类地行星，木星、土星等几个大行星称为类木行星。

地球

已知唯一有生命的星球

地球是距太阳第三远的一颗行星，离太阳的距离大约是1.5亿千米。地球表面的3/4被海洋覆盖，只有1/4是陆地。地球大气层由氧、氮、二氧化碳及一些其他气体构成，它像毛毯一样密密地包围着这个星球。因为有适宜的条件，地球成为已知唯一有生命存在的星球。如果地球距太阳稍近一点或稍远一点，那么地球不是过热就是太冷，也就不适合人类居住了。

月球

地球的卫星

月球是唯一环绕地球的天然卫星，其本身并不发光，但由于反射太阳光，所以在我们看起来是除太阳外最明亮的星球。随着人类登月的实现，我们对月球的探索更加深入了。月球表面"山岭"起伏，"峰峦"密布，基本没有水，大气极其稀薄。月球上的圆形陨击坑通常又称为环形山，它是月球表面最明显的特征。月球的体积是地球的1/49，换句话说，地球里面可以装下大约49个月球。

地月系

地球和它的天然卫星——月球构成的天体系统

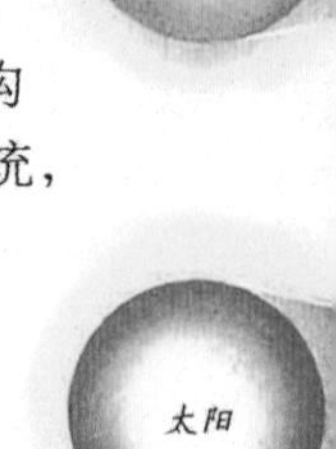

地球与月球构成了一个天体系统，称为地月系。在地月系中，地球是中心天体，因此一般把地月系的运动描述为月球对于地球的绕转运动。严格地说，月球并不是绕地球旋转，而是绕地月系的共同质心（位于地心与月心连线上距地心4671千米处）旋转。月球在绕转地球旋转的同时，本身也在自转。月球的自转与它绕地球的公转，有相同的方向和周期，这样的自转称为同步自转。正是由于这个原因，地球上所见到的月球，大体上是相同的半个球面，所以有"月背之谜"的说法。

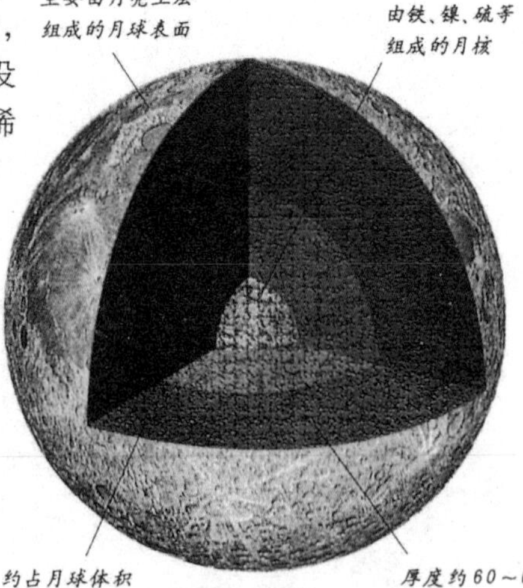

月球构造示意图

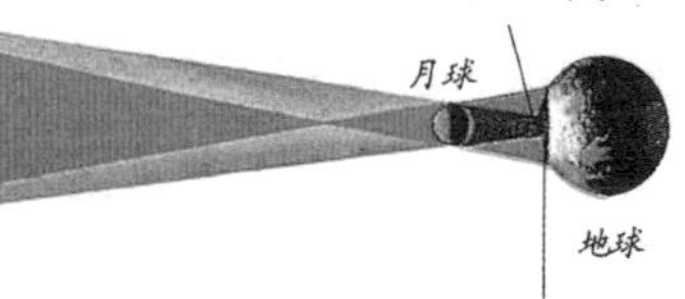

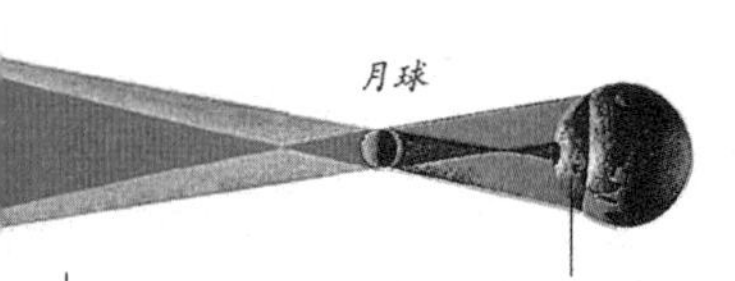

日食

月球通过太阳前方造成太阳被遮蔽的现象

地球绕着太阳旋转，月球绕着地球旋转，并随着地球绕太阳旋转。所以在月球绕地球公转的过程中，当月球运行到太阳和地球之间时，如果太阳、月球、地球正好在（或接近）一条直线时，就会把太阳遮住而发生日食。根据月球遮挡太阳的程度，日食分为日偏食、日全食和日环食。

月食

月球进入地球影子所呈现的天象

月食产生的原因和日食类似。在农历每月的十五、十六，地球运行到太阳和月球之间，如果地球和月球的中心大致在同一条直线上，月球就会进入地球的本影（光线在传播过程中遇到障碍物而不能到达其背后形成的完全黑暗的区域）而产生月全食；如果只有部分月亮进入地球的本影，就产生月偏食。

• DIY 实验室 •

实验：不断膨胀的宇宙

准备材料：蓝色大气球、水彩笔、充气筒

实验步骤：

1.给气球部分充气。

2.在部分充气的球面上画不同颜色的圆点（代表不同星系）。

3.继续给气球充气，你能看到气球越来越大，圆点（星系）间的距离也越来越大。

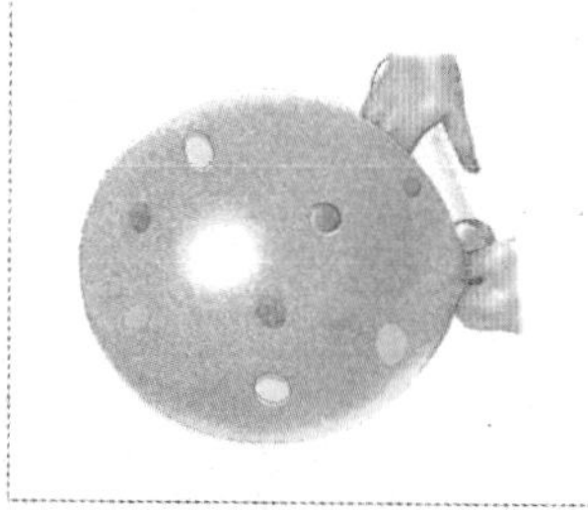

4.当气球足够大时，松开手将空气放出，此时气球越来越小，圆点间的距离也越来越小。

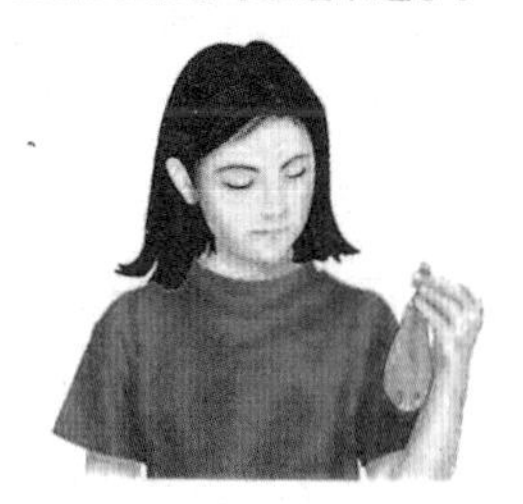

原理说明：膨胀的宇宙正像这个被吹胀的气球。宇宙间的星际物质越来越稀薄，星系与星系之间彼此远离；这就是天文学家眼中的未来宇宙。

• 智慧方舟 •

填空：

1.星系按不同的形态分为______、______、______和______四大类。

2.九大行星中，类地行星包括______、______、______、______。

3.恒星亮度的等级以______和______衡量。

4.银河系属于______星系。

5.太阳的主要成分是______和______。

6.日食分为______、______和______三种。

地球的形成

• 探索与思考 •

地球围绕太阳转

1. 按照太阳系各行星的比例，在可能的范围内寻找它们的替代品。

2. 可以选择图钉来代替太阳系最小的行星——冥王星。

3. 根据其他行星的体积用乒乓球、橘子、苹果、排球、篮球等来代替。

4. 你将发现——寻找一个能够代表太阳的替品几乎是不可能的。

想一想 太阳巨大的体积和质量对包括地球在内的九大行星产生什么作用呢？地球的形成与太阳及太阳系有什么联系呢？

地球是太阳系唯一有生命存在的星球，关于它的形成一直是人们关心的话题。在古代，人们就曾探讨包括地球在内的天地万物的形成问题，关于创世的各种神话传说广泛流传，并在相当长的一段时间内占据了统治地位。自1543年波兰天文学家哥白尼提出了日心说以后，天体演化的讨论才突破了宗教神学的桎梏，开始了对地球和太阳系起源问题的科学探讨。至此形成了诸如星云说、遭遇说等学说，但实际上，任何关于地球起源的假说都包含有待证明的假设。

原始星云说

地球由太阳周围的沉积物聚集而成

原始星云说是1949年由美国天文学家凯伯提出的。此学说认为在宇宙中某些地方的气体或尘埃特别厚，当它们冷却后的凝块在原始太阳周围环绕时，速度或密度的差异使旋转的圆盘体部分产生旋涡。大的旋涡吸收小的旋涡，形成沉积物质，这种集合体就形成了包括地球在内的原始行星。

遭遇说

太阳和其他恒星相互碰撞产生地球

遭遇说又称潮汐说或碰撞说。当类似太阳的恒星接近太阳，它们之间的作用力使彼此的构成物质向外迸出，形成了九大行星。但这一定说法被后来的理论计算否定。

星云说

地球是由星云不断收缩形成的

18世纪，德国的哲学家康德和天文学家拉普拉斯，经过研究提出了星云起源学说。他们认为：很久很久以前，太阳系是由一团星云收缩形成的。在收缩过程中，星云中央部分增温，原始太阳便形成了。由于星云体积不断缩小，因而旋转速度加快，逐渐在太阳周围形成一个星云盘。星云盘上的物质不断聚集，最后演化为包括地球在内的九大行星和其他小型天体。

星云说

太阳系最初的形态为缓慢旋转的高温气体。

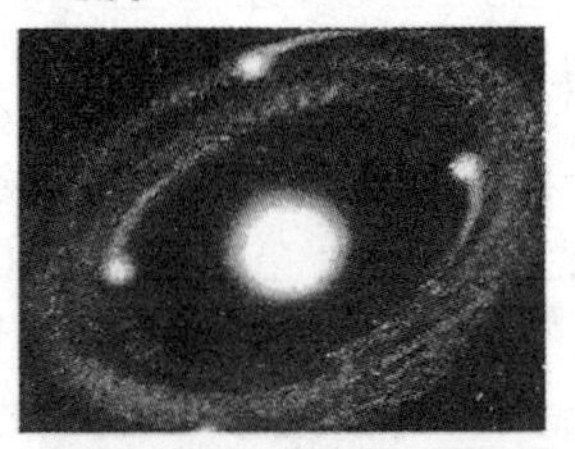

由于冷却收缩，气体旋转速度变快。

受离心力影响，气体集合渐渐呈圆盘状绕日旋转。

陨石说

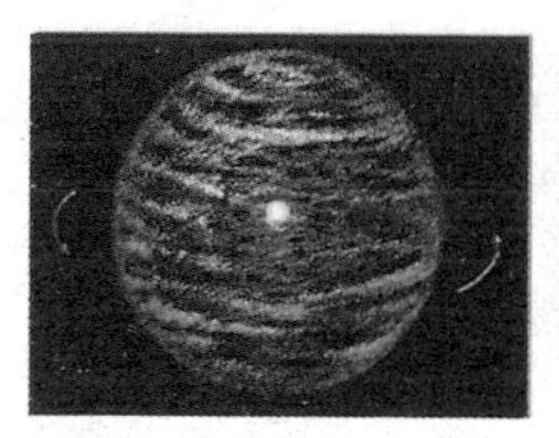
原始太阳吸收星际物质（包括陨石等），在其周围形成星云。

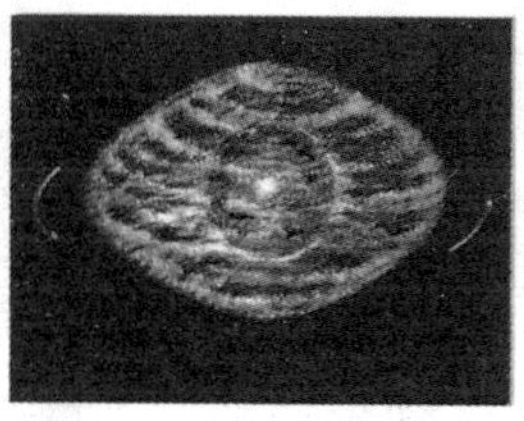
陨石构成的星云在椭圆形轨道上相互碰撞。

愈加扁平的星云使陨石分布失去平衡。

陨石间的碰撞更加剧烈，并形成大型行星。

陨石说

行星是陨石之间相互碰撞的产物

当原始太阳经过宇宙中气体或尘埃特别厚的部分时，由于吸收了大量的气体、尘埃、陨石等，便在其四周形成星云。当星云循椭圆形轨道环绕太阳旋转时，陨石之间相互碰撞。由于重力产生的强大凝聚作用，便形成了大型行星。太阳周围的行星体形较小，这是由于反复的碰撞使碎块落入太阳引力范围圈，被太阳直接“没收”的原因。

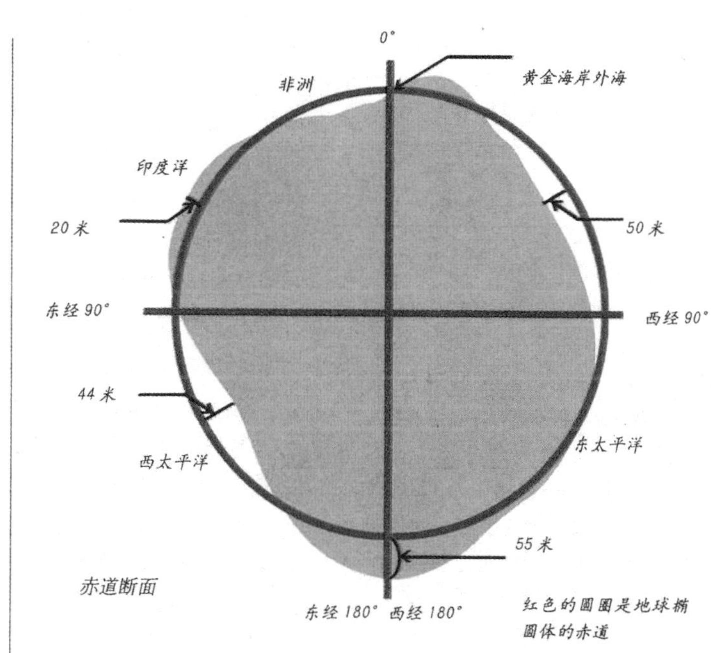

红色的圆圈是地球椭圆体的赤道

地球的形状

不规则的椭圆体

人们公认古希腊哲学家毕达哥拉斯是第一位提出地球是球体的人。之后，亚里士多德根据月食时月面出现的圆形地影，给出了地球是球形的第一个科学证据。1622年葡萄牙航海家麦哲伦领导的环球航行证明了地球确实是球形的。17世纪末，牛顿研究了自转对地球形态的影响，认为地球应是一个赤道略鼓、两极略扁的球体。

地球体

我们通常说地球是一个椭圆体，但它并不代表地球的真正形状，因为地表的凹凸起伏是不容忽视的。为了便于测量和进一步研究，专家提出了一个代表地球形状的概念，称为“地球体”。这个地球体很像所谓的“旋转椭圆”。但由于地球内部的不稳定特征，所以地球体并不同于标准的椭圆体。然而，在制作地图时，必须以符合原理的旋转椭圆体为依据，因此专家便采用最接近地球体的椭圆体为基准，并以此作为国际基准椭圆体的数据。

地球测量

研究地球的形状及其内部变化的各种测量方法

公元3世纪，希腊人埃拉托色尼用简单的几何方法测出了地球圆周的大小，与现在测得的数值只相差15%左右。18世纪时，人们学会利用三角测量法对地球进行精密的测定，原理与埃拉托色尼使用的方法基本相同。近来，人们测定地球大小是以人造卫星和其他多种更为先进的仪器进行测定。

地球仪

地球仪是按一定比例缩小的地球模型。现在，为了形象地表现地球，人们更多地利用地球仪；还在地球仪上用各种数据给地球表面定义；并运用它们量算距离、估算海拔与相对高度以及确定其他的地球基本资料。通过对经线和纬线、经度和纬度、经纬网、北极点、南极点以及赤道等定义的运用，分析、展示、建立了“数字地球”的概念，使地球表面上一切事物的时空分布规律变得更加鲜明。

经线和经度

在地球仪上，连接南北两极的线叫经线，也叫“子午线”。两条正相对的经线形成一个经线圈，任何一个经线圈都能把地球平分为两个半球。为了区别每一条经线，人们给它标注了度数，这就是“经度”。国际上规定，把通过英国格林威治天文台原址的那一条经线定为0°，也叫“本初子午线”。从0°经线算起，向东、西各分作180°，0°以东属于“东经”，以西属于“西经”。

纬线和纬度

纬线指示东西方向，在地球仪上，每条纬线都是与赤道平行的圆圈。地球表面任何一点的铅垂线（与水平面垂直的直线）与赤道平面夹角的度数，就是所在纬线的纬度。赤道的纬度为0°，自赤道向南、向北各有90°，南纬90°是南极，北纬90°是北极。

地球质量

地球物质量的量度

地球质量的大小是无法直接称量的，又由于地球由表面到核心的物质结构不同，其密度随深度的增加而变大（这是地球的组成物质在重力作用下，重者下沉，轻者上浮，发生重力分异的结果；另外，深度增加，压力增大，密度也会相应加大），因此用体积和密度的乘积来算质量的方法行不通。英国物理学家卡文迪什用牛顿万有引力定律（任何两个物体间都存在着一对相互吸引的力，这一对力大小相等，方向相反；其大小与两个物体的质量乘积成正比，与其间距离的平方成反比），间接地计算出了地球的质量——约为6×10^{24}千克；并由地球的质量和体积，求出地球的平均密度约为5.5克/立方厘米。这些数据直至今天一直被科学界所认可。正因为地球巨大的质量才产生了强大的引力；在这强大引力的作用下，不仅地球表面的万物都被紧紧地束缚在地球上，而且围绕在地球周围的大气层也无法逃逸。

地球仪

陨石坑

地球的年龄

以岩石中微量元素放射性为依据

地球的年龄大约为46亿年。目前对地球年龄的测量一般依据岩石中微量元素铀等的衰变情况。放射性元素在衰变时，速度很稳定，不受外界条件影响。在一定时间内，一定量的放射性元素分裂多少、生成多少新物质都是固定的。因此，科学家可以根据岩石中现有铀（或其他放射性元素）的含量算出岩石的年龄，因而得知整个地球至少有多少年的历史。

地球变故

地球曾经历过的几次重大遭遇

在地球形成的数十亿年里，经历了多次变故。陨星的撞击、生物的大规模灭绝、火山喷发、强烈地震、巨大海啸、无数次大大小小的外部以及自身运动引起的翻天覆地、沧海桑田的地质变化，都在地球历史上留下了演变的记录，以至今天仍能找到各种影响的痕迹。

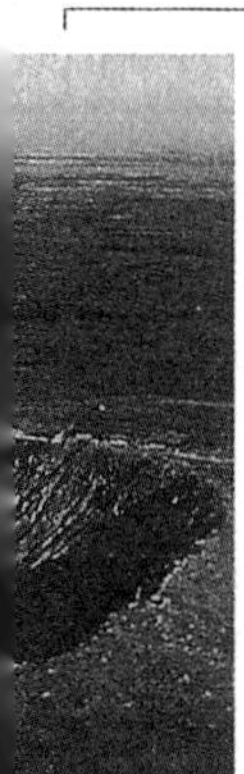

美国亚利桑那州的巴林格陨石坑，是大约5.2万年前一颗大陨石撞击地球时形成的。

陨星撞地球

大约5亿9千万年前，一颗由岩石组成的、直径超过4000米的陨星以9万千米的时速猛烈撞击了今澳大利亚所在地的某区。几秒钟内，陨星变成了一个巨大的火球。而在撞击地点形成了一个深4000米、直径40千米的大坑，并引起地震、狂风、大火和海啸。

100万年前的强烈海啸

100万年以前，今夏威夷瓦胡岛上的火山完全从中央裂开，山体像瀑布一般向海中崩塌。数以千计的巨大岩体翻滚着倾泻下来；最后，海岸线退后了一百多千米，整整一座岛屿的十分之一不见了。接下来，由山崩引起的巨大海啸以超乎想像的强大势力向四周蔓延开来。数百米高的海浪穿越大洋，猛烈地袭击了太平洋沿岸的所有地区，淹没了大片海岸，并摧毁了那里的植被。

1.5万年前的肆虐洪水

1.5万年前，地球气温增高引起的冰川融水引发了一场席卷整个北美洲以及亚欧大陆的大洪水。仅在美洲北部，这场洪水就冲出了一大片广阔的土地，从今天的华盛顿州横跨几百千米的距离，一直延伸到喀斯喀特山脉。如今，地质学家们希望通过对此处沉积岩层中地质遗迹的研究，进一步了解这场大地震。

• DIY 实验室 •

实验一：地球为什么是椭圆的

准备材料： 图画纸、剪刀、尺、胶水、铅笔

实验步骤：

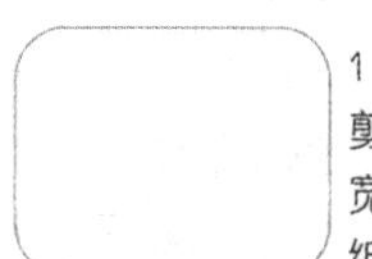

1．将图画纸剪出两条等宽、等长的纸条。

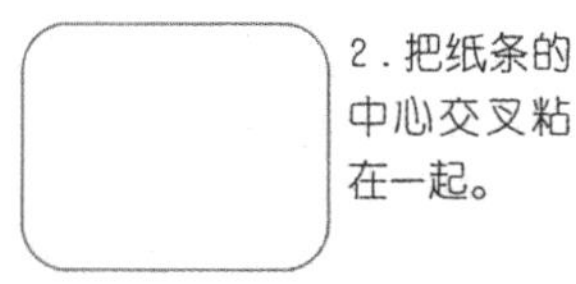

2．把纸条的中心交叉粘在一起。

3．把“十”字形纸条的四端粘在一起，使纸条变成“球”形。

4．等胶水干后，用铅笔从纸球的底部穿过，再从顶端穿出。

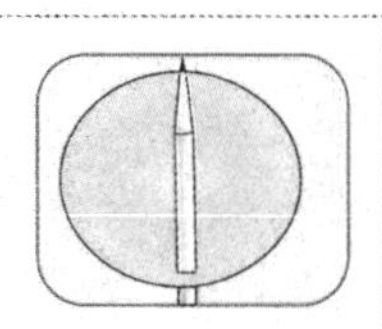

5．双手搓动铅笔，纸球在旋转中变成了椭圆形。

原理说明： 所有旋转中的球体都会发生这种现象：中部被向外拉，两端则稍稍往里缩。旋转的地球受离心力影响正像铅笔带动的纸球，中心向外凸出，形成了近似椭圆的形状。

实验二：地球的重力

准备材料： 1本页码比较多的书、1根1.5米长的毛线绳

实验步骤： 1．把书翻开后，扣在毛线绳的中间，并沿着书脊把绳子系好。

2．用手握绳子两端，并朝不同方向用力拽，以使扣在两边的绳子呈平行状态。

3．无论怎么拽，绳子只能接近于平行，始终达不到完全平行。

原理说明： 地球对物体向下的牵引力叫“重力”。我们直接将书拿起来并不需要多少力，但如果从倾斜的方向拽书本，以使书本两边的绳平行，那么即使用很大的力也难以达到。这充分说明了地球重力的存在。

• 智慧方舟 •

填空：

1．为了描述地球的形状，我们引入了______的概念。

2．日心说由______科学家______提出。

3．星云说是由______和______共同提出的。

4．______给出了地球是球形的第一个科学证据。

旋转的地球

·探索与思考·

观察水流

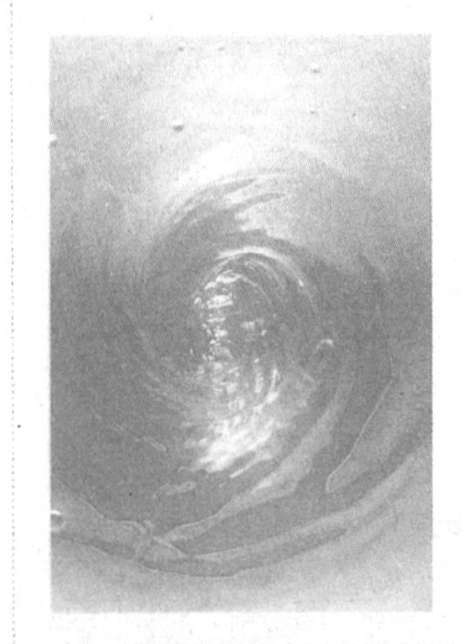

1.往水池里注满水。

2.拔出塞子放水。

3.我们可以看到:水在向下流的同时开始绕着出水口旋转起来，而且旋转方向总是逆时针。

想一想 水流按逆时针方向旋转是什么原因造成的？如果在南半球，水流方向也是逆时针旋转么？

地球自形成以来，就在太阳及太阳系内其他天体的引力作用下绕着太阳循椭圆形轨道一刻不停地旋转，同时自身也在飞速旋转。我们了解地球运动的规律，其目的还在于了解这些规律会产生哪些具有地理意义的自然现象。这些自然现象中，有相当一部分是地球自转和公转的综合效应。例如，地球自转和公转共同产生了黄赤交角和二分、二至点，进而决定了太阳直射点的回归运动，最终产生了天文四季的变化。

地球的自转

绕地轴自西向东旋转

太阳东升西落，昼夜交替循环，这种现象的形成是因为地球每时每刻都在自转。由于太阳只能照亮地球的一半，向着太阳的那面是白昼，背着太阳的那面是黑夜，所以地球不停地绕着地轴自转，昼夜现象就会交替出现。关于自转方向，从北极上空观察，呈逆时针方向旋转，从南极上空观察则呈顺时针方向旋转。

傅科摆

傅科（1819～1868），法国实验物理学家，1819年9月生于巴黎，幼年时即喜欢精巧的手工创制活动。傅科的一生对物理学有多方面的重要贡献，最著名的便是证明地球转动的“傅科摆”实验。他根据地球自转的理论，提出地球上除赤道以外的其他地方，单摆的振动面会发生旋转，并付诸实验。他选用摆锤直径为30厘米、重28千克、摆长为67米的钟摆，并将它悬挂在巴黎万神殿圆屋顶的中央，使它可以在任何方向自由摆动。摆锤的下方是巨大的沙盘。每当摆锤经过沙盘上方，摆锤上的指针就会在沙盘面上留下痕迹。按照日常生活的经验，这个硕大无朋的摆应该在沙盘上面画出唯一一条轨迹。然而人们惊奇地发现，傅科设置的摆每经过一定周期的震荡，其在沙盘上画出的轨迹都会偏离原来的轨道。这便是地球自转的最好证明。

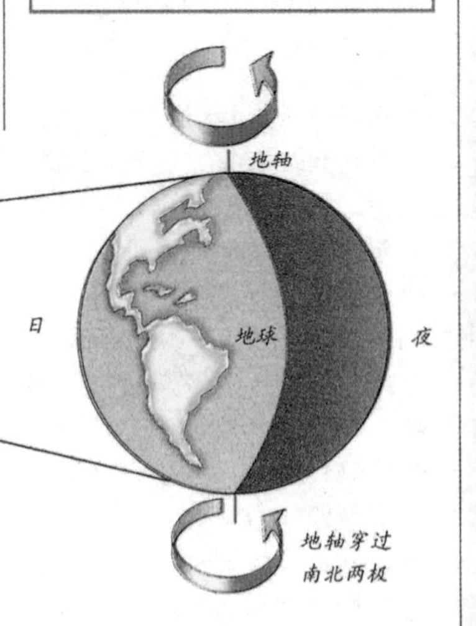

实际上，太阳的直径是地球直径的109倍。

地轴

地球自转的假想轴

地轴是地球自转的假想轴，地球始终不停地绕着这个假想的轴运转。地轴通过地心，联结南、北两极，其空间位置基本上是稳定的，北端始终指向北极星附近。而实际上，在外力的作用下，地轴在空间的指向并不保持固定的方向，而是不断发生变化。其中地轴的长期运动称为岁差，而周期运动称为章动。

地球自西向东旋转，太阳看起来是从东方升起，向西方落下。地球与公转轨道面有个23.5°的夹角，这个角度是通过南北极之间的一条假想线测量出来的，这条线便是地轴。

北极

旋转的方向

南极

地轴

地球的赤道与地轴成90°角。

地球绕着贯穿北极和南极的地轴转动。

自转周期

地球自转一周所需的时间

地球自转一周的时间即自转周期，即一日。由于观测周期采用的参照点不同，故有恒星日（23小时56分4秒）和太阳日（24小时）之分。恒星日是指天文学上以恒星为标准，度量地球自转所得的周期，是地球真正的自转周期。太阳日是指太阳连续两次出现在同一地中天所经历的时间。由于地球既自转同时又公转，所以一个太阳日是地球自转360° 59′所经历的时间。

自转速度

包括角速度和线速度

根据地球自转的周期，可以知道地球自转的角速度大约为15°/小时。地球表面除南北两极点外，任何地点的自转角速度都一样。地球自转的线速度则因各纬度的不同而有差异，一般来说，赤道处最大，为465米/秒，越往两极越小，至两极处为零。

变化着的自转速度

自20世纪以来，由于天文观测技术的发展，人们发现地球自转并不是均速的。到目前为止，人们已发现地球自转速度有三种变化：长期减慢、不规则变化和周期变化。地球自转的长期减慢，使日长每100年大约增长1～2毫秒，这也使以地球自转周期为基准所计量的日长，2000年来累计慢了2个多小时；地球自转速度除长期减慢外，还存在着时快时慢的不规则变化；地球自转还有季节性的周期变化，在一年中，8、9月份自转速度最快；3、4月份自转速度最慢。

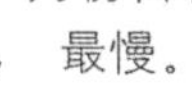

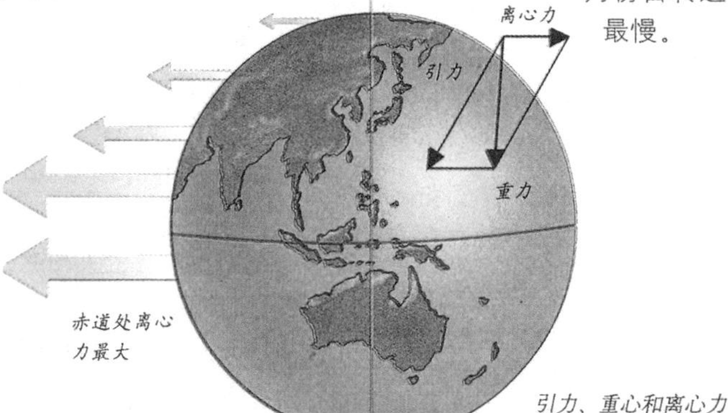

引力、重心和离心力

地转偏向力

地球自转作用于运动空气的力

地球上水平运动的物体，无论朝着哪个方向运动，都会发生偏向：在北半球向右偏，在南半球向左偏，这种现象正是受地转偏向力的影响。地转偏向力只在物体相对于地面有运动时才产生，只能改变物体运动的方向，不能改变物体运动的速度。

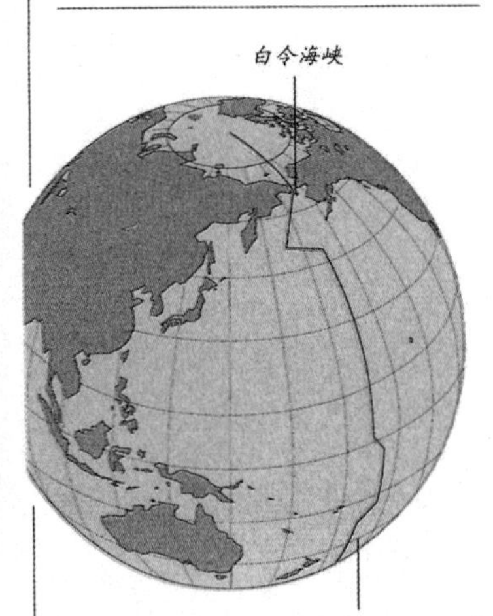

越过日界线时，日期都要发生变更。从东向西越过这条线，日期要增加一天；从西向东越过这条线，日期要减去一天。

时区

地球上划分区域的一个时间定义

地球每24小时自转360°，即1小时转过经度15°，4分钟转过1°。这样，在同一瞬时，经度不同的世界各地，时刻都不相同。为了克服地方时的缺陷，统一时间标准，国际上根据经度相差15°时差为1时的道理，将全球划分为24个时区。

国际日期变更线

为了避免日期的混乱，国际上规定，把东、西十二区之间的180°经线作为国际日期变更线，简称"日界线"。经过日界线时要更换日期，即自东十二区向东进入西十二区，日期要减去一天，而由西十二区向西进入东十二区，日期要增加一天。

地球的公转

地球环绕太阳的旋转运动

地球在自转的同时，还在以太阳为中心，自西向东地进行着公转运动。从北极向下看，地球公转的方向是逆时针的，根据日出东方的习惯，也可以说是自西向东的。地球公转的轨道是一个椭圆，太阳位于这个椭圆的一个焦点上。

黄道面

地球绕太阳公转的轨道平面

地球与太阳的距离不是恒定的，在1月初离太阳比较近，我们称它为"近日点"；在7月初离太阳比较远，我们称为"远日点"。这说明，地球的轨道并不是圆形，而是一个近似圆形的椭圆轨道，即"黄道面"。黄道面与地球赤道所在平面的交角为23.5°，称为"黄赤交角"。黄道面在空间的位置总是在不规则地连续变化；但在变动中，任一时间这个平面总是通过太阳中心。

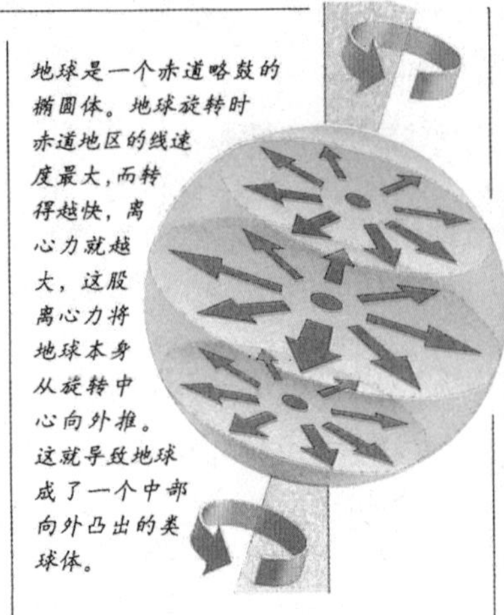

地球是一个赤道略鼓的椭圆体。地球旋转时赤道地区的线速度最大，而转得越快，离心力就越大，这股离心力将地球本身从旋转中心向外推。这就导致地球成了一个中部向外凸出的类球体。

日心说

1543年，波兰天文学家哥白尼在临终时发表了一部具有历史意义的著作——《天体运行论》，完整地提出了"日心说"理论。这个理论体系认为，太阳是行星系统的中心，一切行星都绕太阳旋转。地球也是一颗行星，它一面像陀螺一样自转，一面又和其他行星一样围绕太阳转动。其后开普勒建立行星运动三定律，牛顿发现万有引力定律，以及行星光行差、视差相继发现，日心说遂建立在更加稳固的科学基础上。

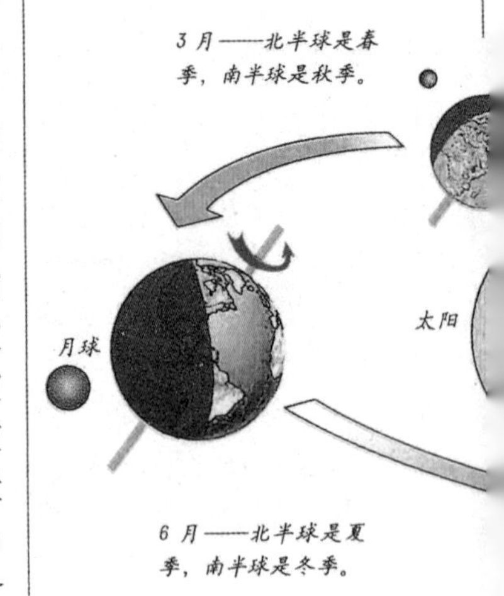

3月——北半球是春季，南半球是秋季。

6月——北半球是夏季，南半球是冬季。

公转速度

地球绕太阳旋转时的速度

地球公转的轨道为椭圆形，其扁率为1/60；公转的平均速度为29.79千米/秒。根据开普勒三定律：在公转轨道上，太阳和地球的连线在单位时间中扫过的面积相等；因此，在近日点日地连线短，在单位时间中地球公转运动的弧线长，公转速度就快。反之，在远日点，公转速度就慢。

公转周期

地球绕太阳一周所需的时间

笼统地说，地球的公转周期是一年。但具体地说，由于参照点的不同，天文上“年”的长度有四种：恒星年为365日6时9分10秒(以恒星为参照点)；回归年为365日5时48分46秒(以春分点为参照点)；近点年为365日6时13分53秒(以近日点为参照点)；交点年为346日14时52分53秒(以黄白交点为参照点)。

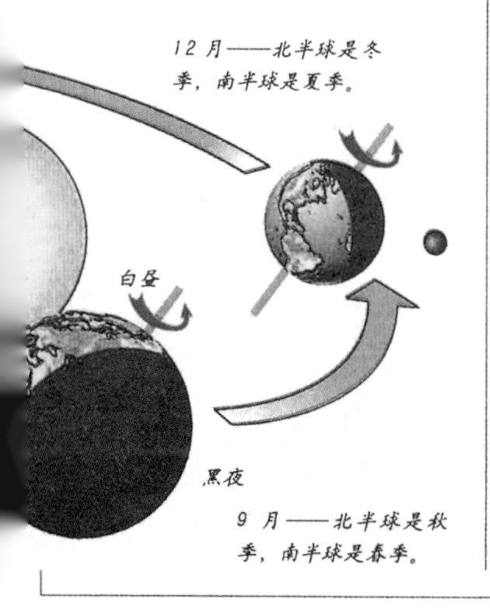

12月——北半球是冬季，南半球是夏季。

9月——北半球是秋季，南半球是春季。

恒星年

地球公转的真正周期

恒星年是地球绕太阳公转一周所需要的时间。在一个恒星年期间，长度为365.2564日。在地球上看，太阳中心从黄道上的某一点（某一恒星）出发，运行一周，然后回到了同一点（同一恒星）。在太阳上看，地球中心从天空中的某一点出发，环绕太阳一周，然后回到了同一点。

回归年

太阳直射点回归运动的周期

回归年虽不是地球公转的真正周期，但它是地球上季节变化的周期，其长度为365.2422日。回归年对人类有着十分重要的意义，我们生活中“年”的概念通常就是指回归年，阳历中的具体年历就是依据回归年来排定的。

近点年

地球公转速度的变化周期

近点年是地球中心连续两次经过轨道上的近日点（或远日点）的时间间隔，主要用于对太阳运动的研究。地球近日点（或远日点）由于长期摄动，每年东移约11″，故近点年比恒星年稍长，其长度为365.2596日。

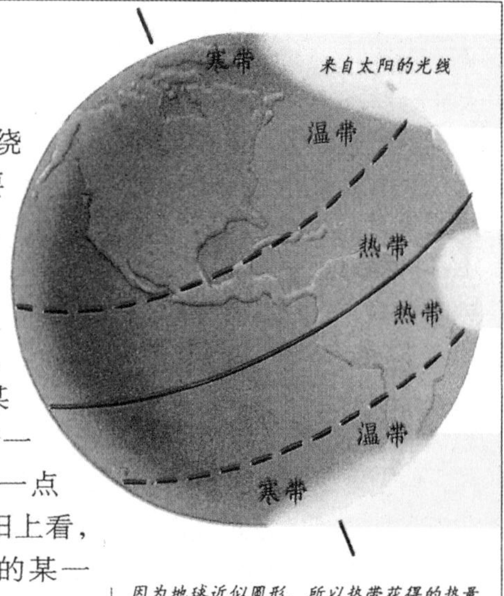

因为地球近似圆形，所以热带获得的热量多于两极，从而使它成为一个炎热的地区。在两极附近，太阳光线以很低的角度斜射并分散，于是造成了寒冷。而介于二者之间的便是温带。

交点年

太阳两次经过黄白交点的时间间隔

黄道与白道（月球绕地球运行的轨道面）在天球上的两个交点，称黄白交点。太阳沿黄道连续两次经过同一黄白交点所需的时间为交点年（或食年），其长度为346.6200日。交点年在计算日食中有重要作用。

四季的形成

地球公转的地理意义

地球公转产生的最显著自然现象是四季更替。公转的过程中，由于黄赤交角的存在，不同的时间有不同的太阳高度和昼夜长短，因此在同一地点不同的时间，地球上获得热量的多少即冷暖的差异便出现了，四季也便形成。

太阳高度

太阳光线与地平面的交角

对于地球上的某个地点来说，太阳高度是指太阳光的入射方向和地平面之间的夹角。太阳高度是决定地球表面获得太阳热量多少的最重要因素。同样一束太阳光，直射地面时所照射的面积要比斜射地面时小，因此，受太阳光直射的地方单位面积所得到的热量必定大于受太阳光斜射的地方。日升日落，同一地点一天内太阳高度是不断变化的；日出日落时角度都为零，正午时太阳高度最大。

南北回归线

热带和温带的分界线

在地球公转过程中，由于地轴与公转轨道面始终保持66.5°的夹角，这样，太阳光线在地球上的直射点一直往返于北纬23.5°和南纬23.5°之间，所以把北纬23.5°的纬线称作北回归线，把南纬23.5°的纬线称作南回归线。太阳直射点在南、北回归线之间往返一次是一年；同时也产生了春、夏、秋、冬的季节变化。

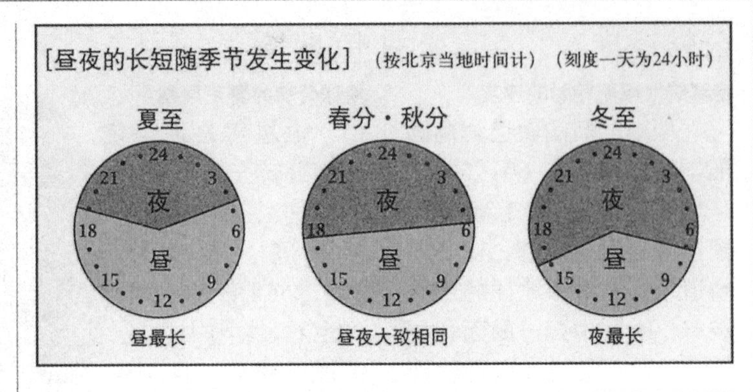

二至日

太阳直射南北回归线的时间

夏至（每年6月22日前后）这一天，太阳直射点在北回归线上，北半球各地昼最长，夜最短。此时，北回归线上及其以北各纬度，正午太阳高度达到一年中的最大值；南半球各纬度，正午太阳高度达到一年中的最小值。冬至（每年12月22日）这一天，太阳直射南回归线，此时北半球白昼最短，而南半球白昼最长；过了这一天，太阳直射位置慢慢往北移（往赤道方向），北半球白天慢慢变长，太阳高度角也逐渐变大。

二分日

太阳直射赤道的时间

春分和秋分（3月21日和9月22日前后）时，太阳恰好跨过赤道，此时全球昼夜等长。春分以后，太阳的出没方位逐渐北移，夏至日到达最北点；秋分以后，太阳的出没位置南移，这个过程一直延续到冬至日为止。以后，太阳的出没点重新北移，到春分点时昼夜又相等，完成一年一周的运动。地球各地，在一年之中只有春分日和秋分日前后，日出正东，日没正西。其他日期，日出、日没的方位都偏北或偏南。

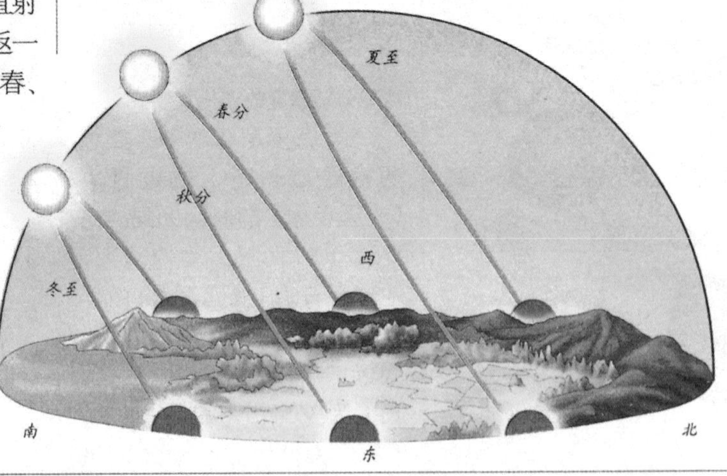

太阳移动与季节的关系

日出、日落的方向及太阳的高度，会随季节变化而变化。春分及秋分那天，太阳从正东方升起，由正西方落下。夏至逐渐接近时，太阳行经偏北；冬至逐渐接近时，太阳行经偏南。

极昼和极夜

南北极圈内的极昼和极夜现象

由于黄赤交角的存在，地球上除了赤道上和春分日、秋分日外，其他地区都有昼夜长短不等的变化，且纬度越高越显著，在南、北极圈内就会出现极昼与极夜现象。太阳直射北半球时，极昼出现在北极地区，极夜出现在南极地区；太阳直射南半球时则反之。在南北极圈以内，每年都有极昼和极夜出现；南北极点都有半年的极昼与极夜现象，即半年白昼，半年黑夜。

地球上的五带

以南北极圈和南北回归线为界划分的热量带

根据太阳高度和昼夜长短随纬度变化的规律，人们将地球表面有共同特点的地区，按纬度划分为五个热量带，即热带、南温带、北温带、南寒带、北寒带。南回归线和北回归线是太阳直射和斜射的分界线；南极圈和北极圈是有无极昼、极夜现象的分界线。因此，南、北回归线和南、北极圈就成为五带划分的界线。热带是全球获得热量最多的地区；南、北寒带是获得热量最少的地区；南、北温带则是南、北半球从热带到南、北寒带的过渡带，既没有太阳直射，也没有极昼和极夜。

·DIY 实验室·

实验一：地球、恒星和太阳

准备材料：1个橙子、1根铁叉、1个手电筒

实验步骤：1.把橙子穿在铁叉上。

2.熄灭房间的灯或拉上窗帘。

3.打开手电筒，让光照在橙子上。

4.慢慢转动手中的叉子。

5.光总是落在橙子（地球）被手电筒（太阳）照到的那一面上。橙子（地球）没有被光照到的那一面一直是漆黑的。

原理说明：昼夜的更替是地球自转的结果。

实验二：观测太阳的运动

准备材料：硬纸板、剪刀、圆规、铅笔、手表、一根直径约25厘米长的小木棒

实验步骤：1.用圆规在硬纸板上画一个20厘米的圆，用剪刀把它剪下来，在圆心上戳一个洞。

2.将小木棒插进洞口，再把小木棒固定在室外阳光能够直射的地面，并让圆形硬纸板平躺在地上。

3.每过1小时就把小木棒投在硬纸板上的影画在纸板上，并记录下当时的时间。

4.随着时间的变化，阴影的位置也在不断地移动。记录下的小木棒所投阴影的线条最后形成了以圆纸板圆心为起点的若干条射线。

原理说明：以地球为参照物，太阳在不停地运动，将射线终点全部连接起来，我们就会发现一个近似规则的多边形。

·智慧方舟·

填空：

1.地球自转的方向从北极上空看是按______方向旋转。

2.地球自转的角速度约为______。

3.国际日期变更线简称______。

4.我们通常说的“年”是指地球绕日公转中的______。

地球内部

· 探索与思考 ·

模拟火山喷发

1. 用针在牙膏管上扎一个洞。
2. 双手使劲挤牙膏管。
3. 牙膏会从小洞中喷出。

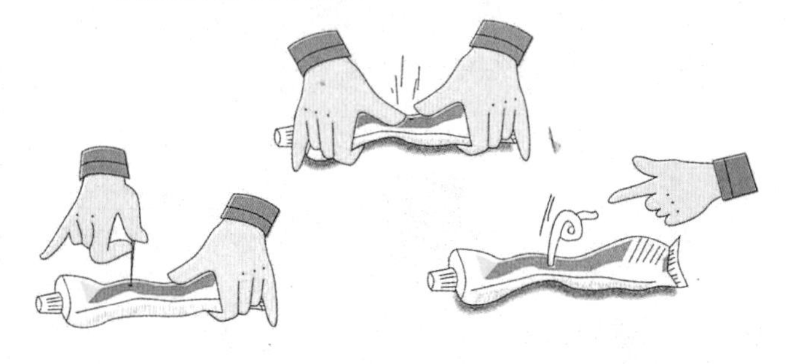

想一想 牙膏受了什么力的作用从牙膏管中喷出？地球内部的结构是怎样的？地球内部的运动又是如何作用于地表的呢？

我们可以用直接观察和测量的方法来研究地球的外部圈层，但对于地球的内部，采用直接观察和测量的方法是十分困难的。目前世界上所钻的最深的井不超过13千米。因此，现阶段研究地球内部的物质成分、状态和物理性质，主要是应用地球物理相关知识，如通过地震波的传播速度、重力学和导电率等方面的数据，特别是应用地震波传播速度的数据确定地下各个圈层的结构、形态和成分等基本资料。

地球的内部构造

由地壳、地幔、地核三个圈层组成

地球内部结构是指地球内部的分层结构，一般认为地球内部有三个圈层：地核、地幔和地壳，各层的物质组成和物理性质都有不同的变化。地壳是地理环境的重要组成部分，由各种岩石组成。地幔是三个圈层的中间层，也是岩浆的发源地。地核是地球的核心，温度非常高。

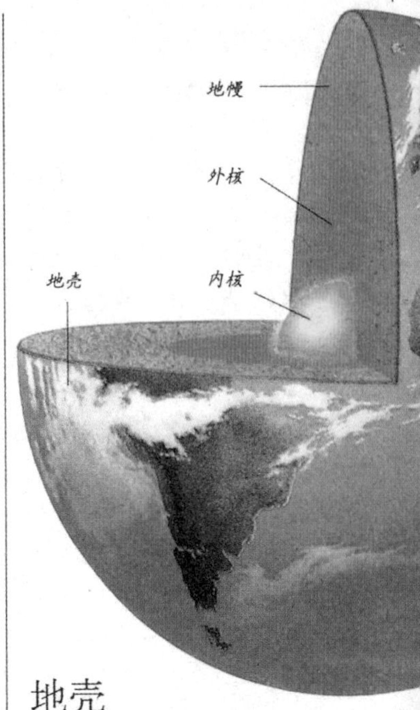

地壳

地球的最外层

地壳按其结构特点可分为大陆地壳和大洋地壳两种主要类型。大陆地壳覆盖地球表面的45%，是地球形成以后逐渐形成的，由上部硅铝层和下部的硅镁层组成，平均厚度为35千米。大洋地壳较薄，最薄处不到5000米。典型的洋壳结构除海水和沉积物外，只有硅镁层，没有双层地壳结构。大洋地壳在不断加厚、变老，但其年龄远远低于大陆地壳。

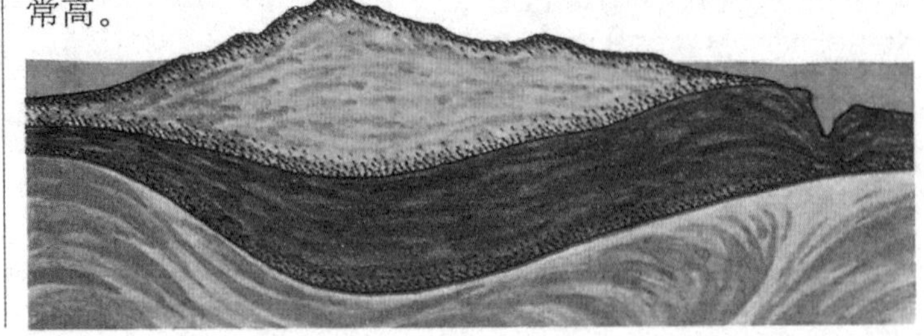

地壳位于地幔之上，就像浮在海面上的冰山。地壳薄厚不均，山区较厚，而海底较薄。

地壳运动

引起沧海桑田的地表变化

地壳并不是静止不动和永久不变的。在漫长的地球历史中，沧海桑田的巨变时有发生。大陆漂移、板块运动、火山爆发、地震等都是地壳运动的表现形式。地壳还受到大气圈、水圈和生物圈的影响，形成各种不同形态和特征的地球表面。地壳蕴藏着极为丰富的矿床资源，目前已探明的矿物就有3000多种，这些都是人类物质文明不可缺少的资源。

地幔

地球的主体部分

地幔介于地壳和地核之间，是地球内部体积和质量最大的结构，大部分由被称为"橄榄岩"的岩石构成，平均厚度为2800多千米。整个地幔圈由上地幔、下地幔的D′层和下地幔的D″层组成。在距地球表面以下约100千米的上地幔上部，有一个明显的地震波低速层，这是由古登堡在1926年最早提出的"软流层"。坚硬的地壳就浮在这个软流层上，一旦在地壳的浅薄地段产生裂缝，灼热的岩浆就会沿着裂缝喷出地面，引起火山爆发。

地核的形成

铀等放射性元素释放出的热使地球内部变热，易熔部分开始逐渐化解。

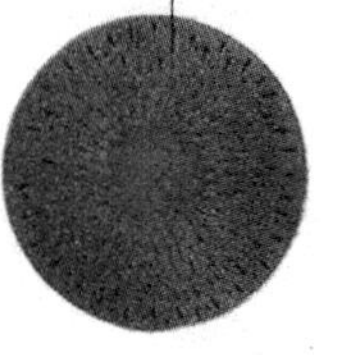

铁和镍等重金属开始在中心周围沉积。轻元素成为岩浆，浮在距地表不远处。

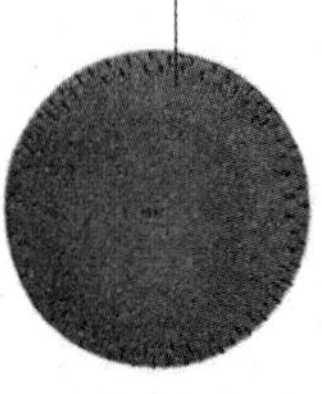

向地心沉积的铁和镍开始形成地核。

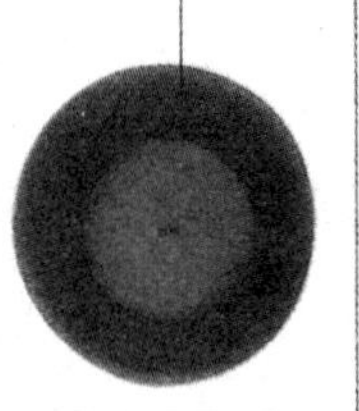

地核在中心形成，地表冷却，大陆地壳开始形成。

D″层

随着地震波技术的进步，人们掌握了地震波速在地球内部的分布状况，也发现了一个特别的D″层。D″层是下地幔与地核边界附近一个极为复杂的构造。研究表明，这里存在强烈的横向不均匀性，它不仅是地核热量传送到地幔的热边界层，而且极有可能具有与整体地幔不同的化学成分。在地幔中，水平方向最不均匀的地方是表层附近；另外，由于下地幔的大部分水平压力不变，所以有均匀的构造；然而D″层却有与地幔表层同样的不均匀性。对D″层的成因有各种不同的假说，其一认为地幔与地核各自运动，使热量从地核流到地幔储存热量的地方，即形成D″层；另有想法认为，D″层是地核与地幔的某些成分形成的化学边界层。

地核

地球的核心

据科学观测所得数据分析，地核分为外地核、过渡层和内地核三个层次。外地核的构成物质呈液态。过渡层构成物质处于由液态向固态过渡状态。内地核主要组成成分是以铁、镍为主的重金属，所以又称"铁镍核"。地核处于地球的最深部位，受到的压力比地壳和地幔部分要大得多，而且温度也很高，高达2000℃～5000℃。

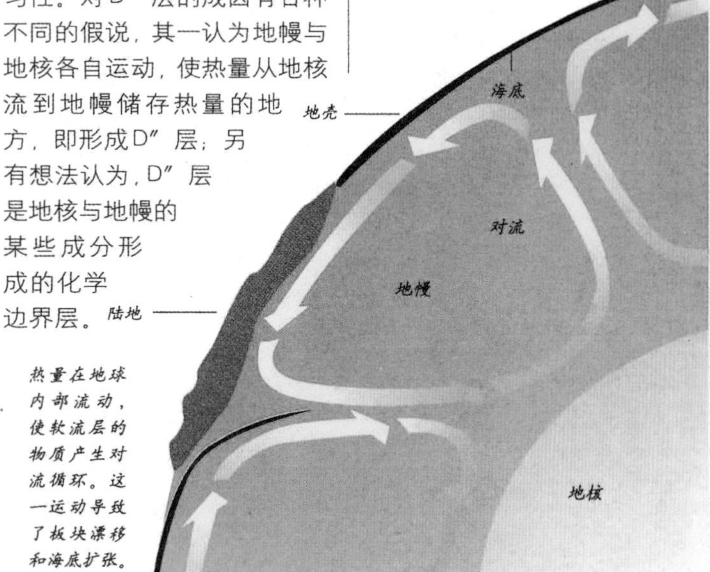

热量在地球内部流动，使软流层的物质产生对流循环。这一运动导致了板块漂移和海底扩张。

地核运动

缓慢但不停息地运动

高温、高压和高密度使地核内的物质既具有刚性又具有柔性(可塑性)。基于此，地核的内部状态很难模仿，故人类对其知之甚少。但有一点是多数科学家都肯定的，即地核内部是一个极不平静的世界，各种物质始终处于永不停息的运动之中。有的科学家认为，地核内部各圈层的物质不仅有水平方向的局部流动，而且还有上下的对流运动，只不过这个运动比大气和海洋的运动速度小得多。而且，地核内部的物质还可能受到太阳和月亮的引力而发生有节奏的震动。

地核的形成

重金属沉积凝聚而成

原始地球形成以后的8亿年，构成地球的物质在重力作用与高温的共同影响下，其内部物质发生部分熔融，致使重者下沉，轻者上浮，出现了大规模的物质分异和迁移，逐步形成了从里向外，物质密度从大到小的圈层结构。其中局部熔融状态的物质温度超过了铁的熔点，使地球中的金属铁、镍及硫化铁熔化，并因其密度大而流向地球的中心部位，从而形成地核。

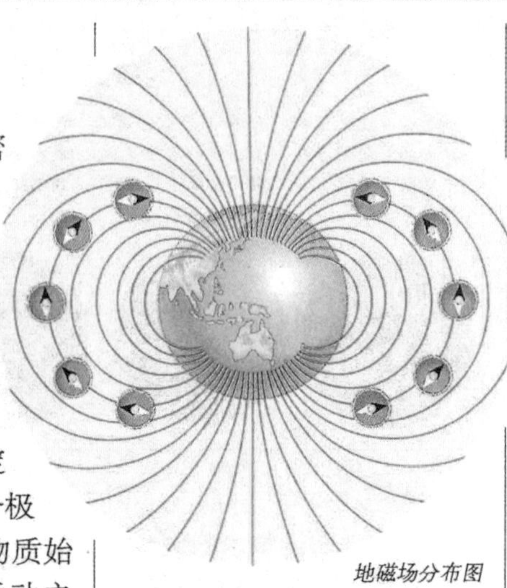

地磁场分布图

岩浆

高温、高压下的熔融物

以硅酸盐为主体的地壳和地幔物质在地球内部的高温条件下发生熔融，形成岩浆。岩浆不断运动，局部熔融和岩浆迁移导致地球物质成分不断分异、演化。其结果使得一部分元素富集在地球外部和表层，另一部分元素残留在地球深部。处于地球表层和深部的硅酸盐会不断地调整其成分和结构，以适应各自的物理化学环境。

岩浆的状态

可以揉搓的"面团"

岩浆的物理性质很特别，它既像坚硬的固体，又像流动的液体。它如同烧红了的玻璃那样，既柔韧可弯曲，却又十分坚硬致密。正如可以揉搓的"面团"，这种"面团"里包含着种类众多的金属、非金属以及其他气体成分。

地磁场

地球周围存在的巨大磁场

地球本身会在附近的空间产生磁场，即地磁场；地磁场表现出磁力作用的空间，是地球内部的物理性质之一。地磁场的南极大致指向地理北极附近，地磁场的北极大致指向地理南极附近。其磁力线分布特点是：赤道附近磁场的方向是水平的，两极附近则与地表大致垂直；赤道附近磁场最小，两极最强。

地磁偏角

地磁南北极与地理南北极的夹角

磁针不是正指南北而是有一些偏离，这一现象最早由我国宋代学者沈括发现。通过现代研究，我们知道：地磁南北极与地理南北极并不完全重合，而是有着一定距离，因而也就形成了地磁偏角这一现象。而西方发现地磁偏角是在1492年哥伦布第一次横渡大西洋时才发现的，比沈括晚了400年。

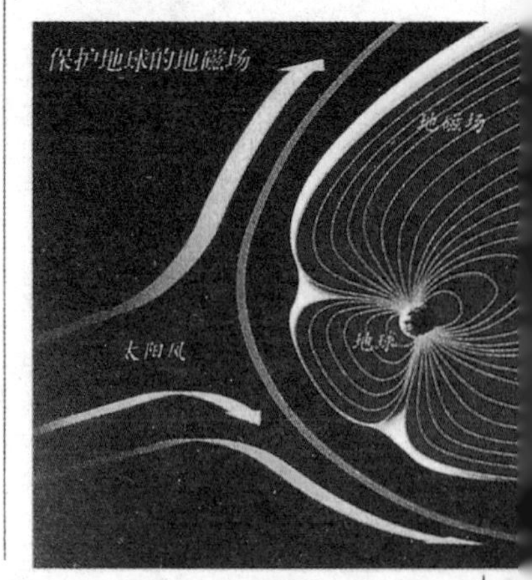

地磁场逆转

地磁两极的惊天大翻转

在地质史上，地球磁场经常不定期地出现剧烈变化，磁力线会彻底改变方向。这种磁极转换为认识地球磁场的形成提供了重要线索。因为地磁场的逆转需要几千年的时间，所以不能通过直接观测来研究逆转问题。但在实践中，人们在与现在磁场方向完全相反的逆向上发现了带磁岩石；其后，利用放射线同位素的年代测定法更准确地测定了岩石的年代，也知道过去确实发生过几次地磁逆转。

地磁场的作用

不可缺少的地球保护层

地磁场除了具有定向作用外，人们还可以根据它在地面上分布的特征寻找矿藏。此外，假如没有地磁场，从太阳发出的强大的带电粒子流（通常叫太阳风），就不会受到地磁场的作用发生偏移而直射地球。在这种高能粒子的轰击下，地球生命将无法生存。地磁场虽然看不见，但却保护着地球上的所有生物，使之免受宇宙辐射的侵害。

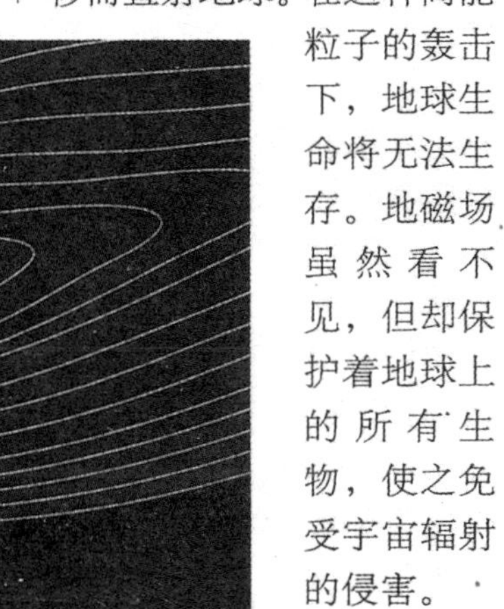

• DIY 实验室 •

实验：软流层物质的对流运动

准备材料：食物色素、小茶杯、滴管、稍大的敞口杯

实验步骤：

1.往小茶杯中倒入适量与室温相同的温水。

2.用滴管汲取两三滴食物色素。

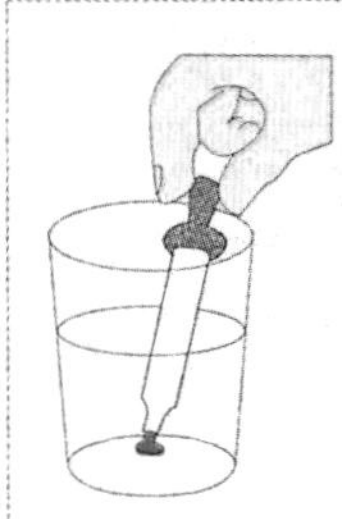

3.把滴管插进小茶杯底部，并轻轻挤压滴管，使色素留在杯底。

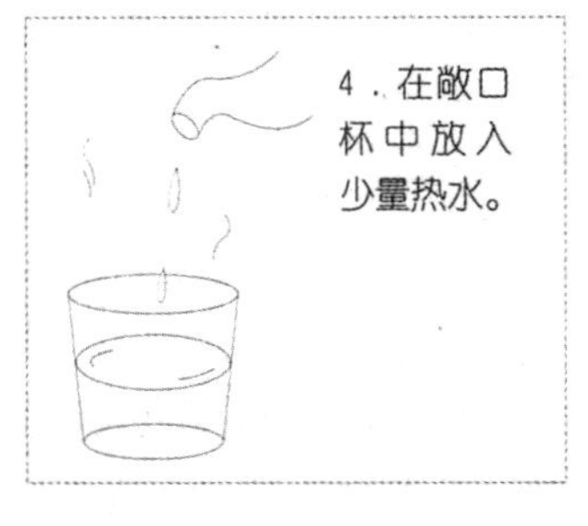

4.在敞口杯中放入少量热水。

5.小心地将小茶杯放入敞口杯中。观察食物色素的运动

原理说明：液体或气体受热不均就会产生对流。受热的物质向上移动，遇冷后浓度增大开始下降，重新回到温暖的地方，物质再一次受热上升。软流层物质缓慢而不停地上下移动（正如食用色素的循环路径一样），我们一般把这种现象称为“地幔对流”，它引起地表的无穷变化。

• 智慧方舟 •

填空：

1.地球的内部由______、______和______三个圈层构成。

2.D″层位于______和______的边界。

3.地球内部圈层的划分主要凭借______技术为依据。

4.大陆地壳由上部______和下部______组成。

判断：

1.地理南北极与地磁南北极是一致的。（　　）

2.岩浆呈流动的液态状。（　　）

3.大洋地壳和大陆地壳具有同样的年龄。（　　）

— 运动的地球 —

地球力量

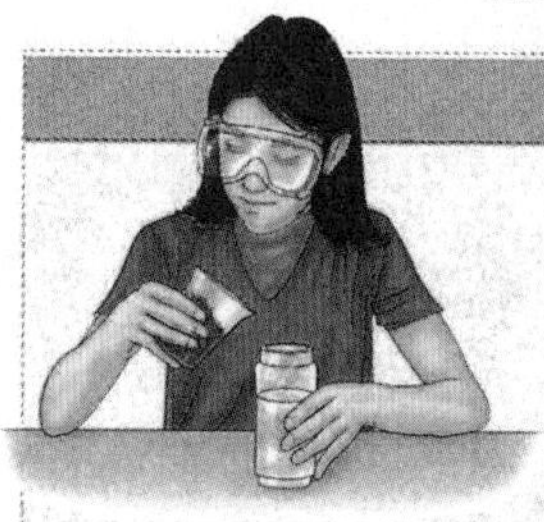

· 探索与思考 ·

沉淀的岩石

1.向广口瓶中装2/3的水，并向其中倒一些细沙土和小石块。

2.拧紧盖子，摇晃广口瓶。

3.将广口瓶倒置观察，直到混合物全部沉淀。

想一想 岩石在水流的作用下会以什么样的顺序沉淀？我们平常看到的岩石除了水流对它们的作用外，还有哪些自然力量作用于它们？

地球自形成以来，在漫长的地质历史过程中一直处于不断的运动变化之中。而地表形态沧海桑田的变化——高山的夷平、沙漠的形成、海洋的消失、火山喷发等，这些现象表明地球由于受到各种内部和外部力的作用，使其表面形态、内部物质组成及各自结构、构造等不断发生着变化。

地质作用

使地壳发生变化的各种作用

由自然力引起的形成与改变地球物质组成、外部形态与内部构造的各种自然作用称为地质作用。地质学上，把引起这些变化的自然动力称为地质营力，传播能量的媒介称为介质。地质作用可分为内力地质作用和外力地质作用两类。内力地质作用造成地表高低起伏；外力作用使地壳原有的组成和构造改变，夷平地表的起伏，使其向单一化发展。

坚硬的岩石长时间暴露于风雨里，也会成为岩片。

内力地质作用

地球内部的能量产生的作用

内力地质作用是因地球内部能量产生的地质作用，主要是由放射性元素的衰变、地球自转、重力等引起。这类地质作用主要发生在地下深处，有的可波及到地表。内力地质作用可分成构造运动、地震作用、岩浆作用和变质作用。

地球内部炽热的岩浆从海底涌出形成洋脊，是海底扩张的主要动力。

构造运动

引起岩石圈或整个地球结构变化的运动

构造运动主要是指由地球内部能量引起的岩石圈物质的机械运动。它有垂直和水平两种运动形式，水平运动主要引起地壳的拉张、挤压、平移或旋转，有时可使岩石发生强烈变形和错位，形成高大的褶皱山系；垂直运动可造成地表地势高差的改变，引起海陆变迁。构造运动可形成各种构造形迹，塑造岩石圈，并决定地表形态发育的基础。绝大多数地震就是构造运动引起岩层断裂而发生的。

岩浆作用

岩浆运动产生的作用

岩浆作用是在岩浆从形成、运动直到冷凝成岩的全过程中，岩浆本身及其对周围岩石所产生的一系列变化。高温的熔融岩浆在巨大压力的驱使下向地壳的薄弱地带移动，同时对所经岩石产生机械挤压，使其物质成分和物理性状发生改变。岩浆侵入岩石并冷凝结晶形成的新岩石称“侵入岩”；喷出地表的岩浆冷凝形成的岩石称“火山岩”（喷出岩）。

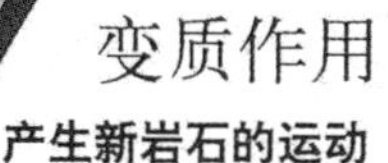

变质作用

产生新岩石的运动

变质作用是指在地下特定的地质环境中，受温度、压力和流体物质的影响，原来的岩石(原岩)在固态下发生物质成分与结构的变化而转变成新岩石的作用。例如，在地表浅海环境中形成的石灰岩，如果处于地下较高温的条件下，它将会转变成为大理岩。新形成的岩石称“变质岩”。变质作用通常是在地表以下较高的温度和压力条件下进行的，并且常常有局部活动性流体参加作用。而不同的原岩类型是形成各种各样变质岩的物质基础。

风化作用的方式

重结晶作用

变质作用的方式

变质作用的方式复杂多样，但主要是重结晶作用。重结晶作用是指岩石在固态下，同种矿物经过有限的颗粒溶解、组分迁移，重新结晶成粗大颗粒的作用，在这一过程中并未形成新矿物。重结晶作用在其他地质作用中已经出现，在变质作用中表现得更加强烈和普遍。

外力地质作用

由地球外部能量产生的作用

外力地质作用是因地球外部能量产生的作用，主要发生在地表或地表附近，几乎都有重力能参与。外力地质作用使地表形态和地壳岩石组成发生变化。外力地质作用按照其发生的方式可分成风化作用、剥蚀作用、搬运作用、沉积作用、斜坡重力作用和硬结成岩作用。

风化作用

使岩石或矿物发生各种变化的作用

风化作用是在地表环境中，矿物和岩石在阳光、空气、水和生物等外力作用下在原地发生分解、碎裂的作用。风化作用分为物理风化、化学风化和生物风化。风化作用使地表岩石变得松软，是地表作用的前导。风化作用不完全属于破坏性的，原岩受到强烈风化作用后所生产的土壤是地球上多数生物赖以生存的要素。

物理风化

由地表物理因素作用发生的风化

物理风化作用主要是指由气温、大气、水等因素的作用引起矿物、岩石在原地发生机械破碎的过程。在此过程中，矿物、岩石的物质成分不发生变化，只是整体或大块崩解为大小不等的碎块。

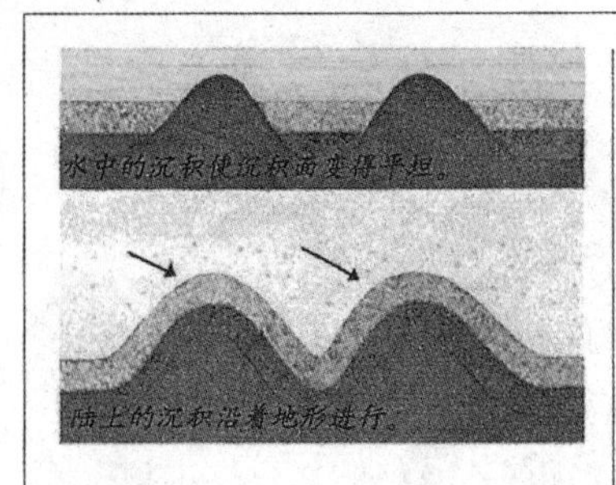

化学风化

由地表化学因素作用发生的风化

化学风化作用是指岩石在原地以化学变化（反应）的方式使岩石“腐烂”、破碎的过程。在此过程中，不仅岩石发生破碎、崩解，而且在温度及含有化学成分的水溶液影响下，岩石的物质成分发生变化，这与物理风化作用有本质的区别。化学风化主要包括溶解作用和演化作用。

生物风化

由地表生物因素作用发生的风化

由生物生命活动引起岩石破坏的过程称为生物风化。地球上生存着无数的生物，它们在活动过程中必然对地球表面的物质产生作用。具体地说，生物是通过物理和化学两个方面的作用对岩石进行破坏。其中的化学风化作用更为普遍，通常是通过生物在新陈代谢过程中分泌的物质与死亡之后腐烂分解出来的物质和岩石起化学反应完成的。

剥蚀作用

冲蚀、磨蚀、溶蚀等作用的总称

剥蚀作用是河流、地下水、冰川、风等在运动中对地表岩石乃至地表形态的破坏和改造的总称。各种地质营力在其运动过程中破坏了地表岩石，并将被破坏物剥离原地。剥蚀作用不断破坏和剥离地表物质，使地表形态发生改变，形成新的地形。剥蚀作用按产生方式可分为机械剥蚀作用、化学剥蚀作用和生物剥蚀作用。

斜坡重力作用

斜坡上的一部分岩土在本身重力及地下水的动静压力作用下沿着一定的薄弱结构面(带)产生剪切位移而整体向斜坡下方移动。

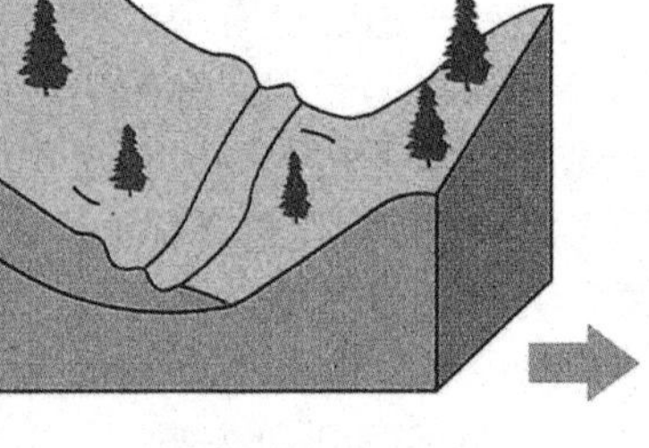

搬运作用

使受风化、剥蚀后的产物发生迁移的地质作用

搬运作用是指经风化、剥蚀作用剥离下来的产物，随运动介质从一地搬运到另一地的作用，是塑造地表形态的重要作用之一。搬运作用与剥蚀作用是紧密联系在一起的，物质剥离原地的同时也是其进入搬运状态的时刻。

沉积作用

被搬运后的物质发生有规律地沉积的地质作用

沉积作用是各种被外营力搬运的物质因营力动能减小或介质的物化条件发生变化而沉淀、堆积的过程。沉积作用的场所常是能使介质动能减小或物化条件变化的地方，如山脚、冲沟口、河口区、海洋、湖泊等。沉积作用也具有机械、化学和生物沉积作用三种方式。按营力又可分为地表水、地下水、海洋、湖泊、冰川和风的沉积作用。

斜坡重力作用

源于重力的地质作用

斜坡重力作用是斜坡上的土和岩石块体在重力作用下顺坡面向低处移动的过程。其中，重力是主要营力，斜坡是必要条件，暴雨、地震、人为开挖往往起诱发作用。块体物质的运动方式分为运动较快的崩落、滑移、流动和运动较慢的蠕动。

湖底沉积

硬结成岩作用

松散沉积物形成坚硬岩石的作用

硬结成岩作用是松散沉积物转变为坚硬岩石的作用。这种过程往往是因上覆沉积物的重荷压力作用使下层沉积物孔隙减少，水分被排除，碎屑颗粒间的联系力增强而发生；也可以因碎屑间隙中的充填物质具有黏结力，或因压力、温度的影响，沉积物部分溶解并再结晶而发生。

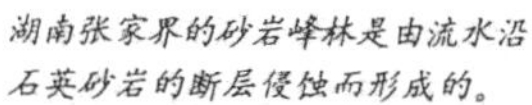

湖南张家界的砂岩峰林是由流水沿石英砂岩的断层侵蚀而形成的。

DIY 实验室

实验：岩浆如何运动

准备材料： 空矿泉水瓶、塑料杯、吸管、热水、橡皮泥、托盘

实验步骤：

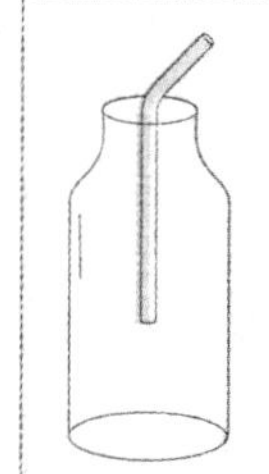

1.把吸管放入瓶内，可弯曲部分向外支出。

2.用橡皮泥塞在吸管周围和瓶口，做成一个不透气的封口。

3.在塑料杯内装 3/4 容积的水，并将吸管端口插入水杯。并在托盘上方拿住水瓶倾斜如下图所示。

4.握住瓶子的上端，并请助手在瓶底上方向下倒装在杯子中的热水。

5.浸在水中的吸管口有气泡产生。

原理说明： 岩浆中的热气体在地球内部膨胀，但迫于巨大的压力而无法任意喷发。而在地表压力相对小的地方，岩浆便会喷涌而出。内力地质作用的影响就彻底发生了作用。

智慧方舟

选择：

1.夷平地表的起伏，使地表向单一化发展的作用力有哪些？

A.构造运动　B.岩浆作用　C.变质作用　D.风化作用　E.搬运作用

2.火山岩的产生是什么作用产生的结果？

A.搬运作用　B.岩浆作用　C.沉积作用　D.风化作用　E.剥蚀作用

3.重结晶作用是哪种作用的形式？

A.搬运作用　B.岩浆作用　C.沉积作用　D.风化作用　E.变质作用

4.下列属于物理风化作用的是哪些？

A.由温差引起的风化

B.由溶解引起的风化

C.由腐烂分解引起的风化

D.由生物代谢物引起的风化

E.由大气降水引起的风化

板块构造学说

·探索与思考·

拼图游戏

1. 与同伴每人拿一张报纸。
2. 把手里的报纸撕成 6～8 块。
3. 与同伴的碎报纸交换。
4. 把报纸拼回原状。

想一想 如果报纸碎片（地球板块）参差不齐的断边能够拼接起来（其间印刷文字行列恰恰相合），我们是不是就有理由说它们原来是一整块的呢？

地表显现的许多地质现象及各种观测资料表明，来自地球内部的能量正持续不断地改变着地表的形态。在众说纷芸的解释理论中，板块构造学说是目前公认最好的解释模式。茫茫大陆如同一个硕大无比的拼图，它经历过漫长的漂移，经历过洋底的分裂扩张，才最终形成了今天地球的风貌；而且在以后的时间里，这几块巨大的“拼板”还将继续地漂移和扩张。

板块构造学说

研究地球岩石圈板块的运动、演化、分布及其相互关系的学说

板块构造学说囊括了大陆漂移说、海底扩张说、转换断层、大陆碰撞等概念和学说，是当代最有影响的地球构造理论。板块构造学深刻地解释了地震、火山、地磁、岩浆活动、造山作用等地质作用和现象；阐明了全球性的大洋中脊、裂谷系、大陆漂移、洋壳起源等重大问题；更新了地质学中的许多概念，是地球科学领域中的一场革命。

漂浮在软流层上的板块

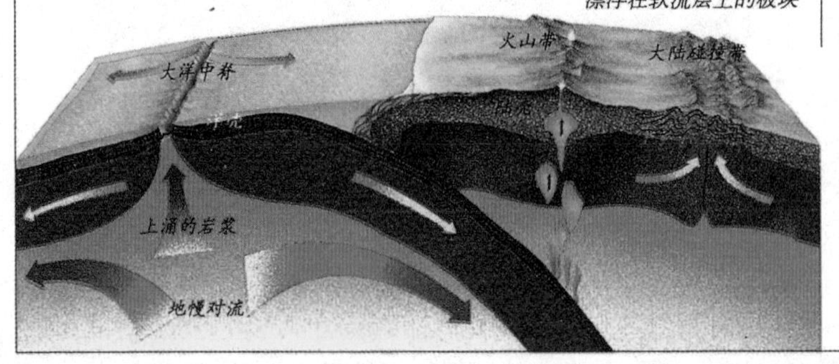

大陆漂移

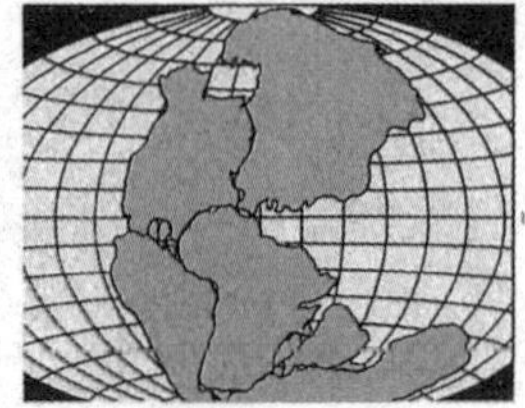
距今约 2 亿年的大陆

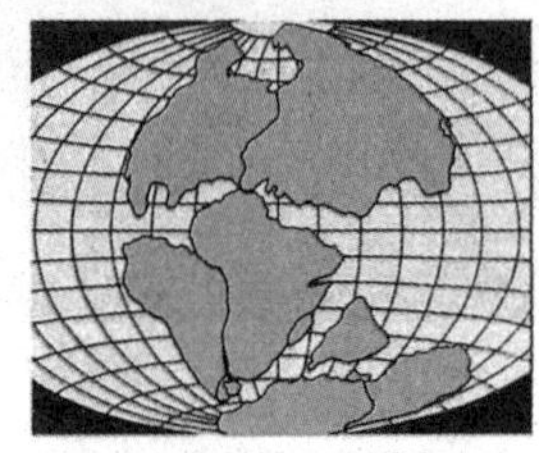
距今约 1 亿 8000 万年的大陆

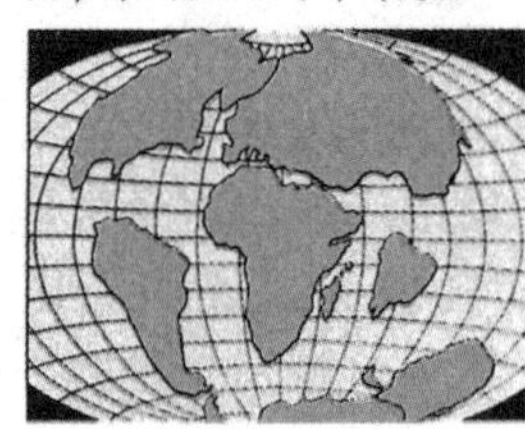
距今约 6500 万年的大陆

大陆漂移

解释地壳运动、海陆分布及其演变规律的观点

第一次全面、系统地论述大陆漂移假说的是德国气象学家和地球物理学家魏格纳。魏格纳认为：较轻的硅铝质大陆块就像一座冰山浮在较重的硅镁层之上，并在其上发生漂移；全世界的大陆在古生代晚期曾连接成一体，称为“联合古大陆”或“泛大陆”，围绕其周围的广阔海洋称为“泛大洋”；由于某种作用力的影响，自中生代开始，泛大陆逐渐破裂、分离、漂移，形成现代海陆分布的基本格局。

大陆海岸线的相似性

各大洲海岸线的吻合现象

魏格纳在一次阅读世界地图时发现，地球上各大洲的海岸线有种吻合的现象，这引起了他的思考。经过一段时间的考察和取证，他发现不仅仅大西洋两岸、非洲和南美洲的海岸线弯曲形状具有相似性，还进一步发现北美洲纽芬兰一带的褶皱山系与北欧斯堪的纳维亚半岛的褶皱山系遥相呼应；另外，美国阿巴拉契亚山的海西褶皱带，其东北端没入大西洋，延至英国西部和中欧一带重新出现。这使魏格纳有理由认为，在很久以前，美洲和非洲、欧洲很可能是连在一起的，后来因为发生了大陆漂移才分开的。

古冰川的分布

不可忽略的地理共性

古冰川活动的分布对南半球各大陆曾发生分裂漂移的观点提供了有力证据。南方诸大陆（南美、南非和南澳大利亚）和印度南部广泛分布着古生代晚期（石炭纪—二叠纪）的冰川遗迹，若将它们联系起来分析，则可以较好地解释冰川分布的规律。在非洲和印度、澳大利亚等大陆之间的地层构造也有密切联系，但这种联系限于中生代以前的地层和构造。

泛古大陆冰川与今天冰川分布比较图

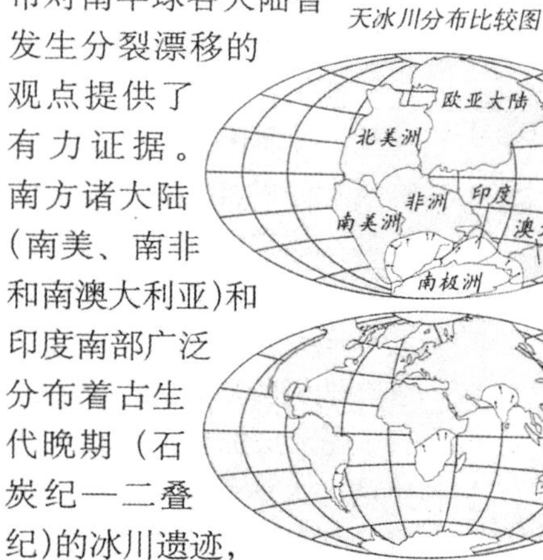

古生物的密切联系

化石启发的联想

在目前远隔重洋的一些大陆之间，古生物面貌有着密切的亲缘关系，如舌羊齿植物化石便广布于澳大利亚、印度、南美洲、非洲等南方诸大陆的晚古生代地层中。对此，古生物学家提出“大陆桥”的说法，即：在这些大陆之间的大洋中，一度有陆地或一系列岛屿把遥远的大陆联系起来，后来这些大陆桥沉没消失了，大陆才被大洋完全分隔开来。而魏格纳认为，各大陆之间古生物面貌的相似性正是由于这些大陆本来是直接毗连在一起，后来分裂漂移开来所致。

联合大陆和现在的各洲大陆

比较美洲大陆的东部海岸线与欧非大陆的西部海岸线，会发现它们有许多共同点。若把大西洋两侧大陆的海岸线相互拼合，它们恰巧吻合；而魏格纳便是根据此点认为地球上的各洲大陆原来是一块完整的大陆。

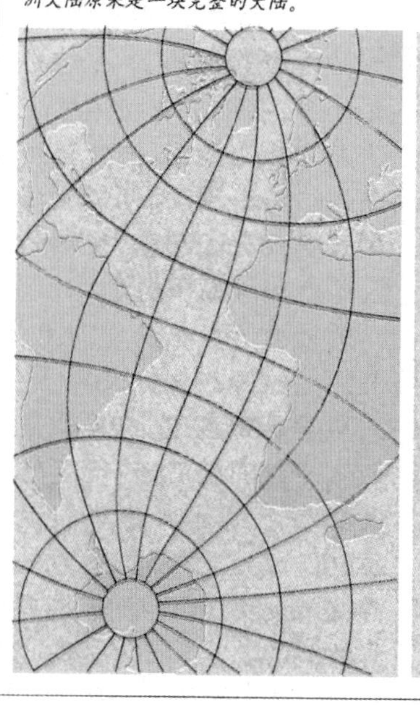

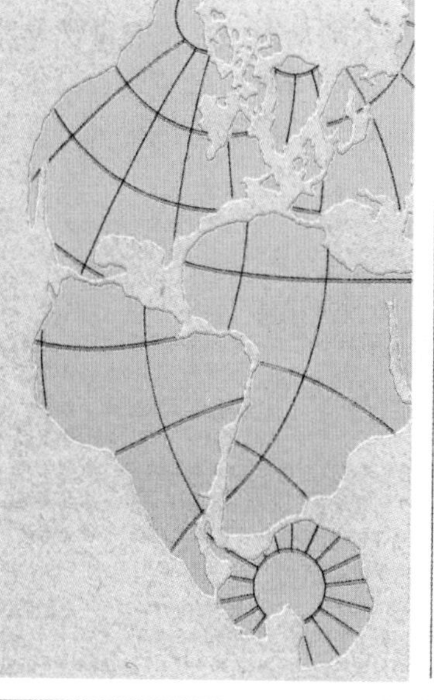

魏格纳

阿·魏格纳（1880～1930），德国气象学家，地球物理学家，大陆漂移学说的创建人。魏格纳最初于1912年发表大陆漂移观点，至1915年进一步著成《海陆的起源》一书，系统地论述了大陆漂移学说。1930年，年近五旬的魏格纳第四次到格陵兰探险，由于恶劣的气候和食物的缺乏，魏格纳长眠在格陵兰岛上。

中央裂谷是岩浆上升的涌出带，冷凝后的岩浆形成新的洋壳，并推动先形成的洋壳向两边对称扩张。

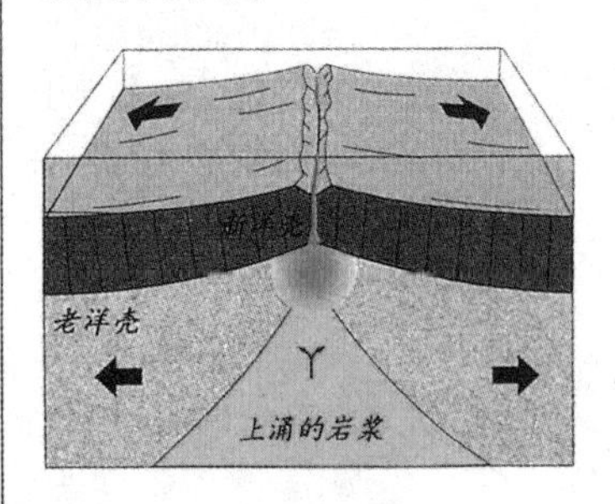

古气候的证据

大陆漂移的重要证据

大陆漂移观点的提出，许多证据来自对古气候的研究。研究发现，各大陆上某一地质时期形成的岩石类型出现在现代条件下不可能出现的地区：如在极地分布着古珊瑚礁和热带植物化石；而在赤道地区发现有古代的冰层。运用"将今论古"的原则，把冰层分布的中心放在极地附近，把珊瑚礁和热带植物化石分布的地带放在赤道附近，便可确定各大陆当时的古纬度。对古纬度和现代纬度的比较，佐证了魏格纳大陆漂移的观点。

海底扩张

大洋中部穿透岩石圈向两侧扩展并形成新生洋壳

20世纪60年代初，美国地质学家赫斯和迪茨首先提出了海底扩张说。这一学说认为：大洋中脊轴部是地幔物质上升的涌出口，这些上升的地幔物质冷凝形成新的洋壳，并推动先形成的洋底逐渐向两侧对称地扩张；随着热地幔物质源源不断地上升，先形成的老洋底也就不停地向大洋两边推移，并以每年几厘米的速度扩张。

大洋中脊

大洋底部的巨大山系

大洋中脊又称"中央海岭"或"大洋洋脊"。它纵贯太平洋、印度洋、大西洋和北冰洋并彼此相连，总长约8万千米，宽数百至数千千米，面积约占世界大洋总面积的33%，为地球上最长、最大的山系。大洋中脊既是巨大的海底地貌单元，也是最重要的海底构造单元。

中央裂谷

洋底存在巨大张力的证明

在大洋中脊轴部常发育有平行洋脊的巨大的中央裂谷，谷深可达1000～2000米，谷壁陡峭，实际上是一系列陡峭的张性断裂；它把大洋中脊脊峰顶分为两列。裂谷宽数十至百余千米，窄的谷底宽度不过几千米。这种张性断裂作用造成的谷地显示，大洋中脊附近存在巨大的张力作用；因此具有很强的构造活动，常发生浅源地震及火山活动。裂谷地区是地壳最薄弱的地方，地幔的高温熔岩从这里流出，遇到冷的海水凝固成岩。经过科学研究鉴定，这里就是产生新洋壳的地方。较老的大洋底不断地从这里被新生的洋底推向两侧，更老的洋底被较老的洋底推向更远的地方。

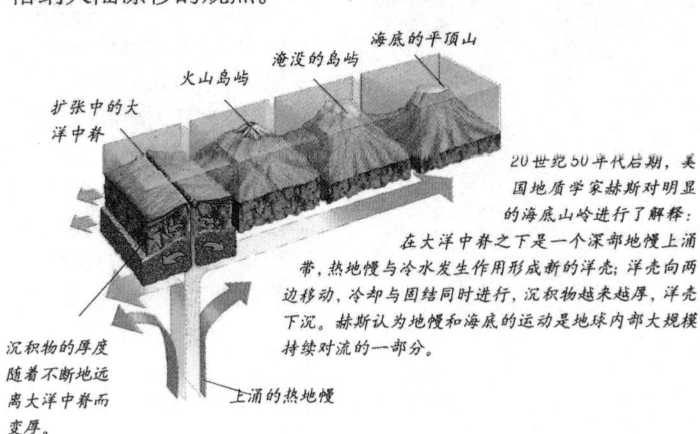

20世纪50年代后期，美国地质学家赫斯对明显的海底山岭进行了解释：在大洋中脊之下是一个深部地幔上涌带，热地幔与冷水发生作用形成新的洋壳；洋壳向两边移动，冷却与固结同时进行，沉积物越来越厚，洋壳下沉。赫斯认为地幔和海底的运动是地球内部大规模持续对流的一部分。

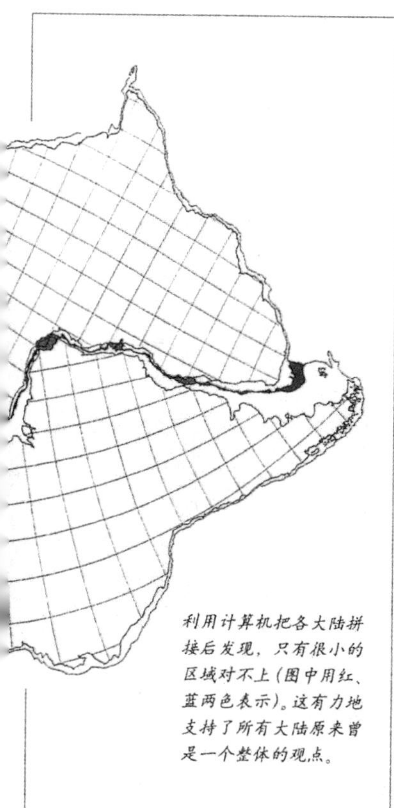

利用计算机把各大陆拼接后发现，只有很小的区域对不上（图中用红、蓝两色表示）。这有力地支持了所有大陆原来曾是一个整体的观点。

洋盆

海洋底部类似陆地盆地的构造

广义的洋盆指承载全部海洋水体的整个洼地；狭义的洋盆指深海盆地，即大洋底部宽阔且呈圆形或椭圆形的平坦洼地，其四周常有海岭、海山群等围绕，其中覆有较厚沉积物的平坦部分称为深海平原。据统计，太平洋有14个深海盆地，大西洋有19个，印度洋有12个。岩浆不断从洋底裂口处喷涌而出，遇到海水就立刻降温形成岩石（即新的洋壳）。这种演变过程从地球诞生起就从未停息过，在漫长的地质年代里，那些洋底的裂口部分就形成了大大小小的洋盆。

海沟

大洋底部比相邻海底深2000米以上的狭长沟壑

对于海沟，目前科学家有许多不同的观点。有人认为，水深超过6000米的长形洼地都可以叫做海沟；另一些人则认为真正的海沟应该与火山带相伴而生。一般来说，海沟的形状多为弧形或直线形，海沟的两面峭壁大多是不对称的“V”字型，沟坡上部较缓，而下部较陡峭。海沟主要分布在活动性大陆边缘，世界上最重要的海沟几乎都聚集在太平洋。海沟被认为是海洋板块和大陆板块相互作用的结果。

马里亚纳海沟

太平洋多深海沟，世界上超过6000米的海沟有25处，仅太平洋就有20处，其中的马里亚纳海沟是最深的一个。马里亚纳海沟是西太平洋洋底一系列海沟的一部分。它北起硫磺列岛，西南至雅浦岛附近，北有阿留申、千岛等海沟，南有新不列颠和新赫布里底等海沟；长约2550千米，平均宽69千米，大部分深8000多米，最深处在斐查兹海渊，深11034米，是已知的世界海洋最深点。

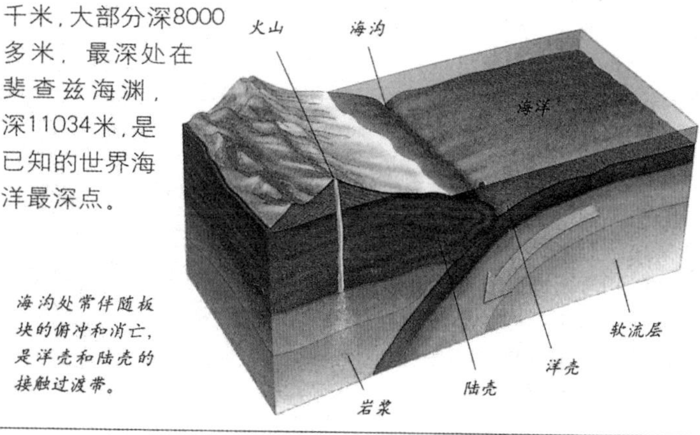

海沟处常伴随板块的俯冲和消亡，是洋壳和陆壳的接触过渡带。

洋壳的新发现

洋壳不断发生着新旧更替

如果以大洋每1000年沉积1毫米的最低沉积速度计算，只要大洋存在过10亿年，就应当有1000米厚的沉积物。但地震勘探的结果表明：洋壳的表面即沉积层非常薄，所以洋底沉积物的年龄应当是比较新的。由此推测，洋壳不断发生着新旧更替，古老的洋壳已经消失，现在的洋壳是后来形成的。

古地磁

海底扩张说的理论根据

大洋地壳的岩浆成分中，带有磁性的矿物成分比大陆地壳要高，这些带磁性的矿物在岩浆冷却的过程中会顺着地球磁场的方向排列起来。磁颗粒像一个个小磁针一样，与当时的地磁场平行。随着岩层冷凝而向两侧运动。古地磁学通过大量观测和计算证明了各大陆确实发生过大幅度的漂移，进而印证了海底扩张学说。

古地磁年代表

古地磁年代表又称地磁极性时间表，是根据岩石和沉积物反向磁化具有全球性和同时性的特点，并用它们的磁化方向作标志，同时结合同位素年龄测定数据，编制的过去地磁场极性倒转的时间序列表。由于较老岩石绝对测年的困难，年表仅能系统地编制到450万年前。借助于此表可以确定岩石的年龄和对比地层。

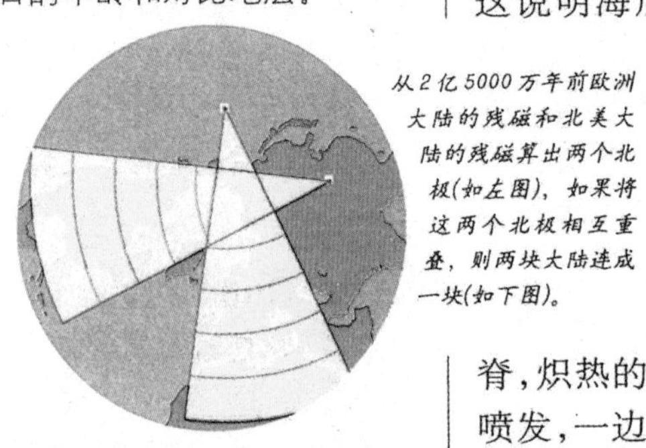

从2亿5000万年前欧洲大陆的残磁和北美大陆的残磁算出两个北极(如左图)，如果将这两个北极相互重叠，则两块大陆连成一块(如下图)。

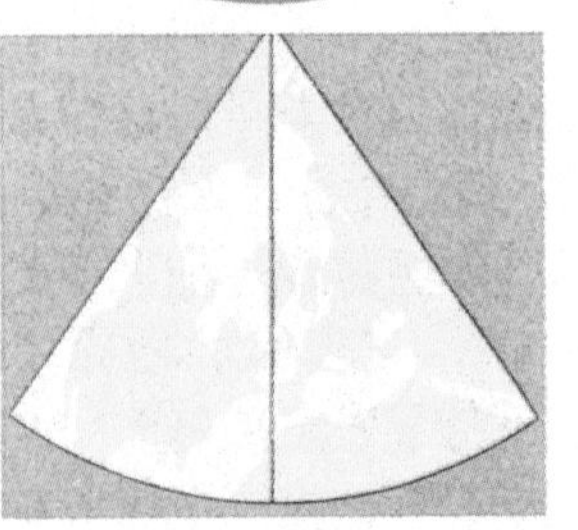

残磁说为大陆漂移提供了实际的证据。

磁异常条带的成因

海底磁异常条带是20世纪50年代后半期被发现的，其大致平行于大洋中脊，相反的磁极（正负磁极）相间排列并对称地分布于大洋中脊两侧。在海底扩张过程中，如果某个时候地磁场发生转向，则这时形成的海底岩层便在相反的方向上被磁化。这样，只要地磁反复地转向，海底又不断地新生和扩张，那就必然会形成一条条正反磁极相间排列、平行洋脊对称分布的磁化条带。

海底探测

海底扩张理论的检验

20世纪五六十年代，全球深海探测研究及大洋钻探计划广泛开展。通过海底探测，人们第一次知道，大洋地壳的年龄远远年轻于大陆地壳，最老的岩石不超过2亿年，而且从洋脊向两侧岩石年龄由新逐渐变老。这说明海底是地球上充满活力的地方，大洋地壳是推动大陆地壳活动的重要动力。海底探测还发现，正是在大洋中脊，炽热的岩浆从地幔上涌喷发，一边延展，一边凝固，形成新的大洋地壳。同时诱发强烈的地震和火山喷发，形成环太平洋周边壮观的地震带、火山带。深海探测的成果进一步证实了海底扩张理论。

红线部分是由欧洲岩石所推定的磁极轨迹，蓝色部分是北美大陆岩石所推定的磁极轨迹。

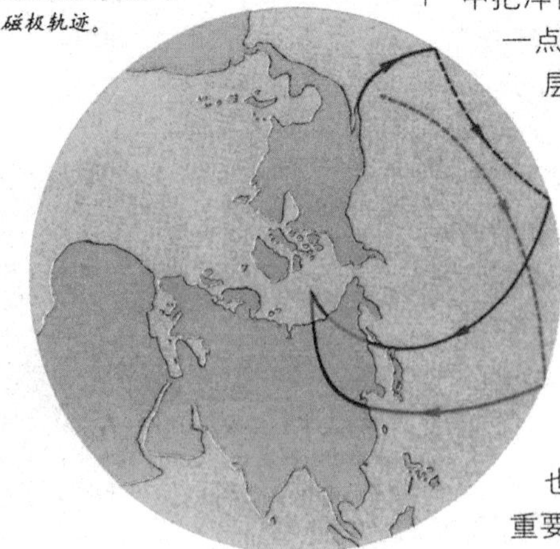

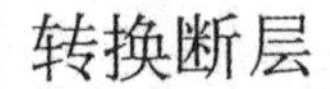

转换断层

岩石圈板块的守恒型边界

20世纪50年代以来，世界各大洋陆续发现了一系列横切大洋中脊的断裂带。这些断裂带长而平直，可达数百到数千千米；其切割深度至少切穿了大洋地壳。这些大规模的横向断层在当时被认为是一般的平移断层，并用以证明地壳中存在着巨大规模的水平运动。但1965年，加拿大人J·T·威尔逊指出这种横断大洋中脊的断裂带不是一般的平移断层，而是自中脊轴部向两侧海底扩张所引起的一种特殊断层。

转换断层的意义

转换断层是20世纪60年代地质学的重大发现。转换断层具有不同于一般平移断层的特征。例如：虽然大洋中脊轴部两侧海底不断扩张，但断层两侧大洋中脊之间的距离并不一定加大；转换断层中相互错动段的错动方向，恰好与平移断层中把洋脊错开的方向相反，这一点是转换断层和平移断层最重要的区别。转换断层是由大洋中脊的海底扩张引起的，其错动方向也就是海底扩张的方向，所以转换断层的发现和验证，为海底扩张说提供了又一有力依据。转换断层的提出也为板块构造学奠定了重要的理论基础。

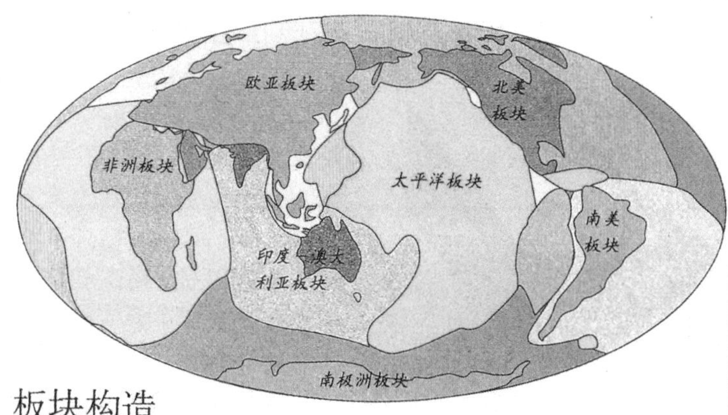

板块构造学说认为：板块之间为俯冲带、碰撞带、大洋中脊以及转换断层等活动带。

板块构造

当代最有影响的全球构造理论

板块构造归纳了大陆漂移和海底扩张所取得的重要成果，其基本思想是：地球上部的刚性岩石圈在下垫的塑性软流层上作大规模漂浮；刚性的岩石圈又分为若干大小不一的板块；板块内部是相对稳定的，而边缘则是强烈的构造活动地带；板块之间的相互作用从根本上控制着各种地质作用的过程，同时也决定了全球岩石圈运动和演化的基本格局。

全球板块的划分

板块学说把地球分成了六大板块：太平洋板块、欧亚板块、非洲板块、美洲板块、南极洲板块和印度—澳大利亚板块。此后，在上述六大板块的基础上，人们将原来的美洲板块进一步划分为南美板块、北美板块及两者之间的加勒比板块；在原来的太平洋板块西侧划分出菲律宾板块；在非洲板块东北部划分出阿拉伯板块；在东太平洋中隆以东与秘鲁－智利海沟及中美洲之间（原属南极洲板块）划分出纳兹卡板块和可可板块。

板块边界

两个板块之间的接触带

板块边界是构造活动带，它的存在是划分板块的依据，常以具有强烈的构造活动（包括岩浆活动、地震、变质作用及构造变形等）为标志。对板块边界的研究是板块构造学的重要内容之一。从板块之间的相对运动方式来看，可将板块边界分为分离型板块边界、平错型板块边界和汇聚型板块边界。

六大板块相互作用的方向示意图
板块运动的方向可以通过一系列火山分布带来反映。

威尔逊旋回

威尔逊旋回这一概念是对板块开裂与聚合演化关系的理论概括，即大洋的发展过程呈现为张开—闭合—再张开—再闭合的旋回模式，主要分为6个阶段：

（1）胚胎期：引起陆壳的破裂，形成大陆裂谷，东非裂谷就是最著名的实例。

（2）幼年期：岩石圈进一步破裂，并开始出现洋中脊和狭窄的洋壳盆地，以红海、亚丁湾为代表。

（3）成年期：洋中脊的进一步延长，扩张作用加强，洋盆扩大，出现了成熟的大洋盆地，大西洋是其典型代表。

（4）衰退期：随着海底扩张的进行，海沟开始出现，洋盆面积开始缩小，两侧大陆相互靠近，太平洋即处于这个阶段。

（5）残余期：两侧相互靠近的大陆间仅残留一个狭窄的海盆，地中海即处于这个阶段。

（6）消亡期：两侧大陆直接碰撞拼合，海域完全消失，转化为高峻山系，阿尔卑斯－喜马拉雅山脉就是最好的代表。

分离型板块边界

生长边界

分离型板块边界的两侧板块相背运动，板块边界受拉伸而分离，软流层物质上涌，冷凝成新的洋底岩石圈，并添加到两侧板块的后缘上。故分离型板块边界也称为“增生板块边界”或“建设性板块边界”。这类边界主要分布于大西洋中脊、印度洋中脊和东南太平洋中部。大陆裂谷系具有与大洋中脊类似的特征，也属于分离型板块边界。

分离型板块边界
常见于大洋中背，不断上涌的岩浆形成洋壳。

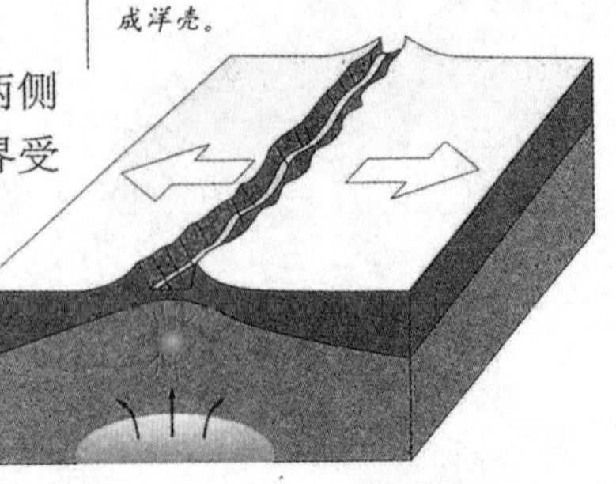

汇聚型板块边界

造成板块相互挤压、对冲或碰撞

汇聚型板块边界相当于海沟或地缝合线。汇聚型边界是最复杂的板块边界，因此又可进一步划分为俯冲边界和碰撞边界两种类型。大洋板块在海沟处俯冲潜没于另一板块之下称为“俯冲边界”，现代俯冲边界主要分布在太平洋周边；大洋板块俯冲殆尽，两侧大陆相遇汇合开始碰撞称为“碰撞边界”，欧亚板块南缘的阿尔卑斯—喜马拉雅带就是典型的板块碰撞带的实例。

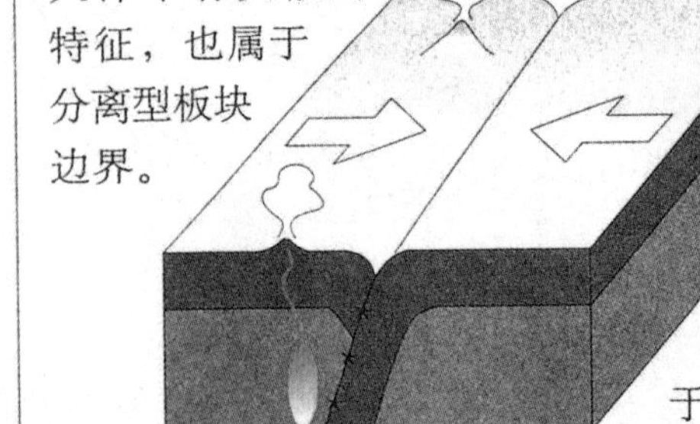

汇聚型板块边界
为板块隐没带，易形成海沟和山脉。

平错型板块边界

转换型边界

平错型板块边界是两个相互剪切滑动的板块之间的边界。其两侧板块在相互剪切滑动的过程中，通常既没有板块的生长，也没有板块的消亡。它一般分布在大洋中，但也可以在大陆上出现，如美国西部的圣安德烈斯断层就是一条有名的从大陆上通过的平错型边界。

平错型板块边界
伴有频繁的浅震，可产生构造变形。

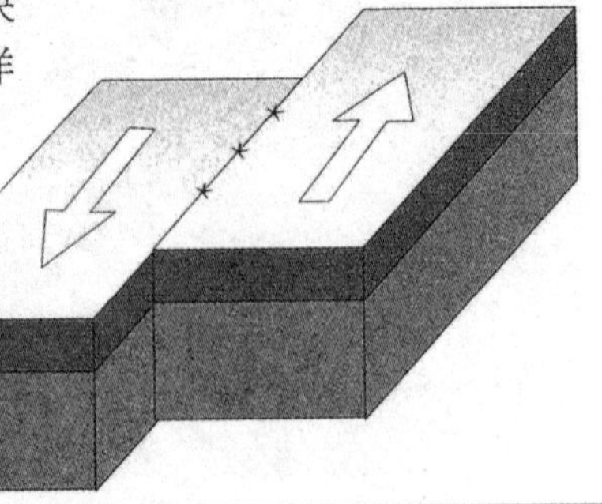

板块运动机制

引起板块运动的原因

引起板块运动的机制始终是尚未解决的难题。一般认为板块运动的驱动力来自地球内部，可能由地幔中的物质对流引起。新生的洋壳不断离开大洋中脊向两侧扩张，在海沟处，大部分洋壳变冷而致密，沿板块俯冲带潜没于地幔之中。但由于地幔对流学说存在许多无法说明的疑问，因此有些人不赞成将地幔对流当作板块运动的驱动机制。

地幔对流

地幔对流

主张板块运动的驱动机制是地幔对流的人认为，由于地幔中温度差或密度差的存在可引起物质的缓慢移动，热的、轻的物质上升，冷的、重的物质下沉，这样连接起来就构成了一个个的对流环。在上升流处形成大洋的扩张脊；在下降流处则形成海沟和俯冲带；在两者之间，则由软流层顶部发生水平方向流动的物质拖曳刚性岩石层表层随之一起运动；每一个大型的板块，相应地有一个对流循环系统。关于对流环的规模，一种观点认为其能穿透整个地幔厚度；一种则认为下地幔黏性太大，不足以引起对流，对流主要限于上地幔软流层中。

地体

以断层为边界的区域地质实体

从20世纪70年代中期以来，人们通过对环太平洋地区地质构造的研究发现，不同地区分别聚集着许多地质特征及发展历史完全不同的外来地质体。这些地质体之间都以断层接触，然而它们之间的关系并非都符合洋壳俯冲与大陆碰撞模式，“地体”的概念便应运而生。地体是对板块构造理论的发展，它丰富了板块构造的内容。

地体学说的基本内容

每个地体内各自都有统一的、在成因上连贯相关的沉积地层、构造单元、岩浆活动和变质作用，与相邻接的地体相比，在同一时期内的生物群落及其生态等方面，有着截然不同的特征，而且在地层方面也无相关的过渡关系，即独立于邻区的地体。由于这种构造在地层上的差异，地体又称为“构造地层地体”。地体内岩石的古地磁测量结果通常就是地体漂移距离的证据。地体概念的提出，补充说明了现代板块构造模式中岩石圈板块除俯冲、碰撞造山形式外，还有不俯冲造山的地体拼贴构造的关系。地体的尺度规模可大至通常所指的岩石圈板块，但更多的是指岩石圈板块裂解开来的一些小片或地壳板片。地体既可形成增生的拼贴构造，也可从大板块上裂解出来成为单独的离散体。

DIY 实验室

实验：模拟地壳拉伸

材料准备：1个透明的塑料瓶、剪刀、水、少量细沙、面粉和淀粉

实验步骤：

1.将塑料瓶的上部剪下来，再将瓶子下部沿纵向剪成两半。

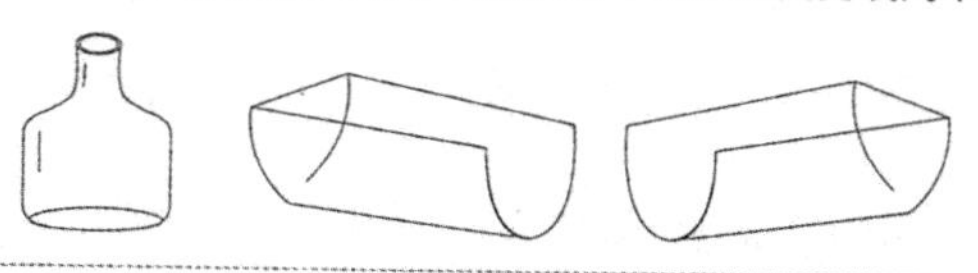

2.把两块塑料做成的盛器叠套起来，铺一层细沙，洒一些水，再铺一层淀粉，最后再将它们用水混合。

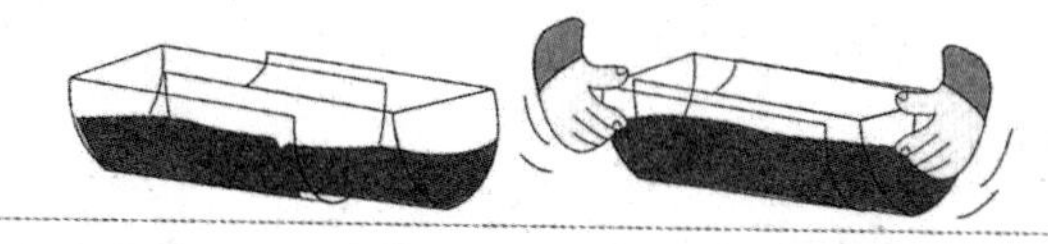

3.1小时后（以便让各层稍微干一些），然后猛地将两片塑料向两边拉开。

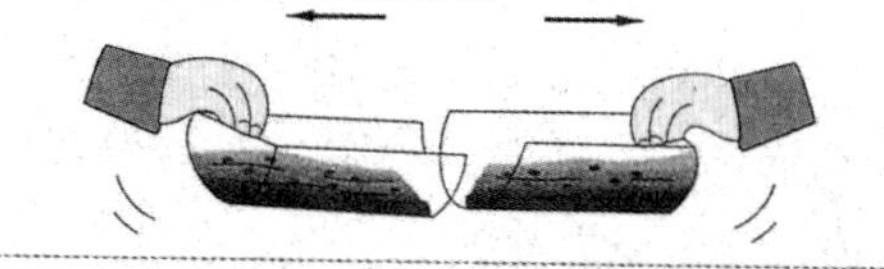

4.容器内各层在拉开处塌陷形成梯状。

原理说明：简单地说，大陆板块的拉伸运动造成下陷，被分开的地方会有明显的断层。这就是地质学家能够发现地壳运动和板块拼接的秘密。

智慧方舟

填空：

1.板块构造学说主要囊括了______、______、______和______等观点和学说。

2.大陆漂移假说是______国气象学家______第一次提出来的。

3.20世纪60年代初，______国地质学家赫斯和迪茨首先提出了______学说。

4.一般认为板块运动的驱动力是______。

选择：

1.哪个大洋的深海洋盆最多？

A.太平洋　B.大西洋　C.印度洋　D.北冰洋

2.太平洋板块西侧现在划分出什么板块？

A.阿拉伯板块　B.加勒比板块　C.可可板块　D.菲律宾板块

火山

· 探索与思考 ·

熔岩的状态

1. 将一小段蜡烛、少量黄油、一块方糖放入平底锅。
2. 用小火加温。
3. 用木匙轻轻搅动它们。

想一想 这些材料是不是能够同时融化呢？火山熔岩是原岩熔化后冷却形成的，但在它们熔化时，成分是不是全部熔合了呢？

火山是地球内部炽热的熔融岩浆冲出地球表面所形成的山状堆积体。一般来说，火山的喷发总是令人毛骨悚然，流出的灼热红色熔岩流向四面八方奔淌，遍及之处无所不摧；喷出的大量火山灰和火山气体遮天蔽日。火山爆发是地球上最有威力的自然现象之一，它呈现了大自然疯狂的一面。

火山

由岩浆喷发后在地表凝固而成

火山是地下深处的高温岩浆及其伴生物（气体、碎屑等）从地壳中喷出而形成的具有特殊形态和构造的地质体。火山可以分为死火山、休眠火山和活火山三大类。死火山指史前曾发生过喷发，但有史以来一直未活动过的火山；休眠火山指有史以来曾经喷发过，但长期以来处于相对静止状态的火山；活火山指现代尚在活动或周期性发生喷发活动的火山。

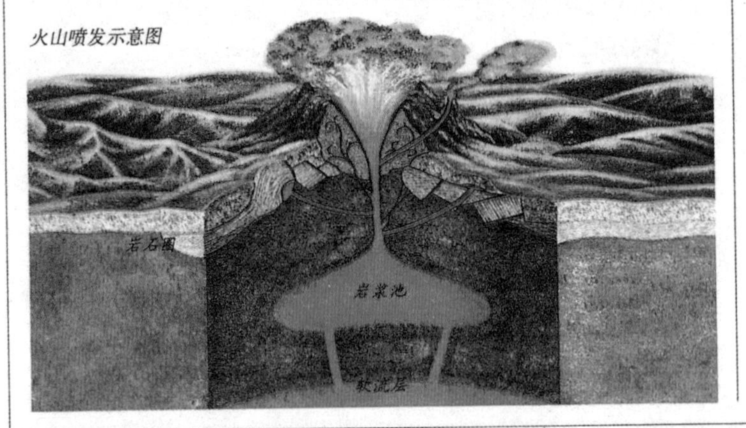

火山喷发示意图

火山喷发时会喷出1000℃以上的熔融岩浆。

火山岩浆

火山喷发的原动力

岩浆是指地壳深部或上地幔物质发生熔融而形成的炽热熔融体。岩浆成分复杂，以硅酸盐为主，含一定数量的挥发成分，具有一定的黏度；熔融体通过孔隙或裂隙向上运移，并在一定部位逐渐富集而形成岩浆池；随着岩浆的不断补给，使岩浆在地壳内部具有很高的温度和压力，在构造运动或其他内动力的影响下，岩浆侵入地壳的软弱部分并喷出地表，形成火山喷发。

熔岩

炽热的岩浆从火山通道缓慢溢出形成熔岩流，最后逐渐冷凝形成熔岩。熔岩一般依照其冷却和变硬后的外貌命名。枕状熔岩是地球上最常见的熔岩，大洋中脊的火山喷发时，熔岩通过海底裂隙慢慢渗出，形成块块枕状熔岩。绳状熔岩比较稀薄，流得很快，表面迅速冷却形成平滑的薄面，而热熔岩仍在下面流动，因此把表面扭曲得如同绳索。而块状熔岩移动得很慢，也不像绳状熔岩那样热。

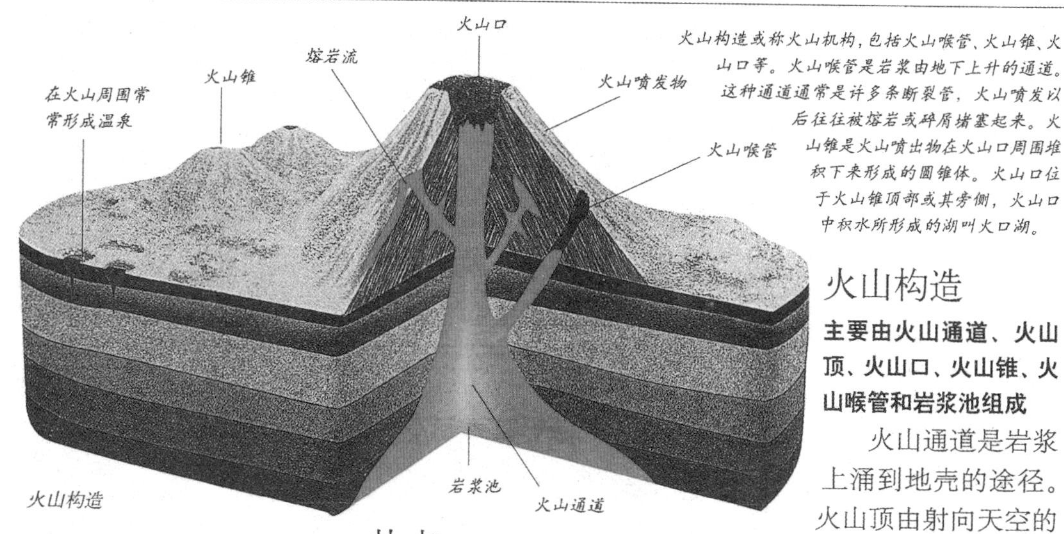

火山构造

火山构造或称火山机构，包括火山喉管、火山锥、火山口等。火山喉管是岩浆由地下上升的通道。这种通道通常是许多条断裂管，火山喷发以后往往被熔岩或碎屑堵塞起来。火山锥是火山喷出物在火山口周围堆积下来形成的圆锥体。火山口位于火山锥顶部或其旁侧，火山口中积水所形成的湖叫火口湖。

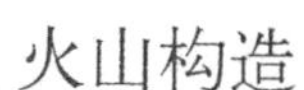

火山构造

主要由火山通道、火山顶、火山口、火山锥、火山喉管和岩浆池组成

火山通道是岩浆上涌到地壳的途径。火山顶由射向天空的蒸汽、火山灰和气体的混合物组成；熔岩的小硬块从顶部喷射出来，熔岩流则顺山侧流下。火山口是火山顶上漏斗状的开口，使岩浆、火山灰、气体和蒸汽得以喷发出来。火山锥由多次火山喷发带来的火山灰和熔岩堆积而成。火山喉管是火山喷发的主要裂口或称“烟囱”，下面的岩浆由此直升而起。岩浆池是熔融的厚岩浆在地壳内聚集而成的巨大岩浆囊，岩浆强行通过地隙到达地表。

热点

地幔柱的一种表现

从软流层或下地幔涌起并穿透岩石圈而形成的热地幔物质柱状体称为“地幔柱”，它在地表或洋底出露时就表现为“热点”。热点上的温度大大高于周围广大地区，甚至会形成孤立的火山。地幔柱至少来自地下700 千米或更深处，上升速率约每年几厘米，由此导致地幔顶部形成直径达上百千米的穹状隆起，高出四周约1000～2000 米。

熔岩

枕状熔岩

绳状熔岩

块状熔岩

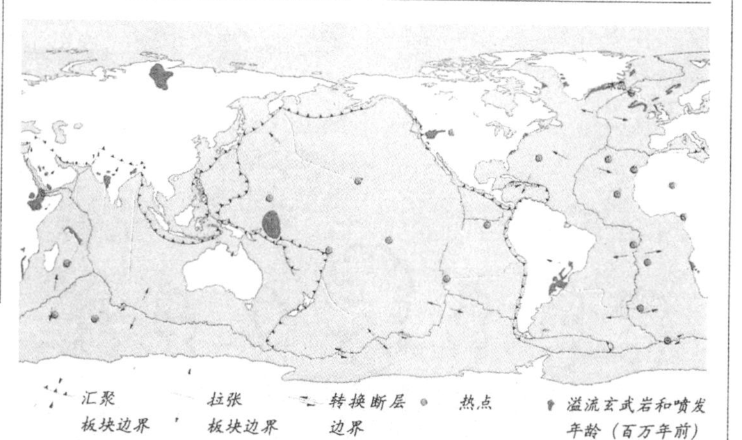

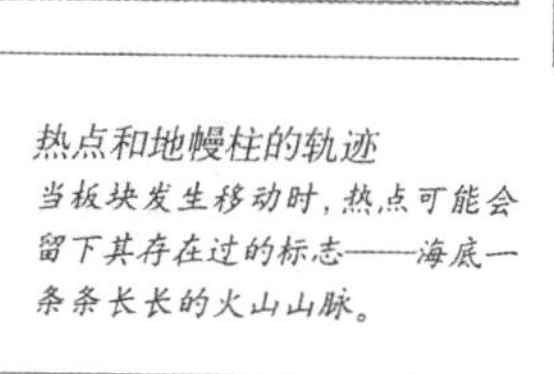

热点和地幔柱的轨迹

当板块发生移动时，热点可能会留下其存在过的标志——海底一条条长长的火山山脉。

火山口

一般来说，中心式喷发每次只有一个火山口，但绝大多数火山都是多次喷发；以后的喷发有些是从原来的火山口喷出，但更多的是在其旁侧喷发，从而形成新的火山口，即“寄生火山口”。火山口的形状大部分为圆形，一般分为五类：对称的火山口、不对称的火山口、裂缝火山口、不明显的火山口和沉降的火山口。火山口中有一类比较特殊，叫“破火山口”。它是因火山喷发过于猛烈，大量的岩浆一下子将火山喉管和周围的岩石冲开造成的；这种火山口的直径往往超过5000米；猛烈的爆发除了形成破火山口外，还使火山的高度大大降低。

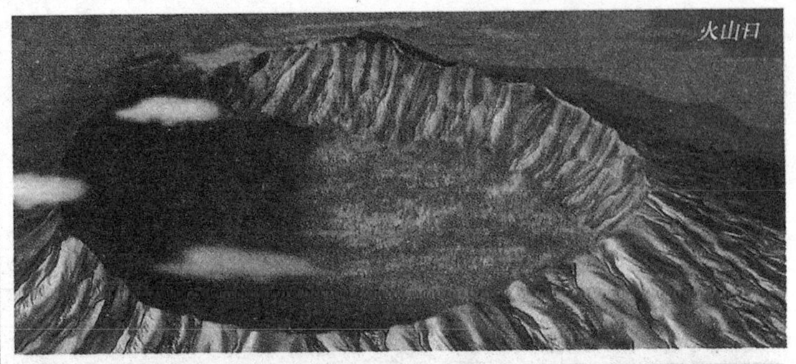

火山喷发

岩浆通过火山口向外喷发的现象

因岩浆性质、地下岩浆池内压力、火山通道形状、火山喷发环境（陆上或水下）等诸多因素的影响，使火山喷发的形式有很大差别，地质学家把火山喷发归结为三种形式：熔透式、裂隙式和中心式。火山喷发形式的不同也造成了火山形状的多样性。

裂隙式喷发

玄武岩质岩浆直接由地下深处透过垂直的裂隙喷出。

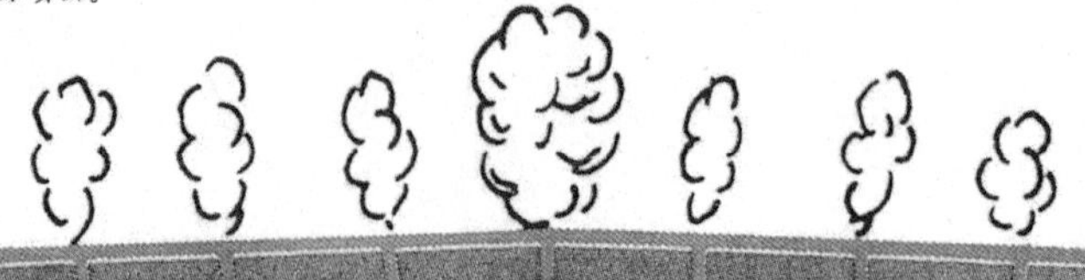

裂隙式喷发

线式喷发

裂隙式喷发的岩浆沿着巨大断裂或裂隙上升，这样形成的火山通道在地表成窄而长的线状，向下呈墙壁状。这类喷发没有强烈的爆炸现象，岩浆可以沿着这个通道全面喷发溢流至地表，形成熔岩流、熔岩坡或熔岩台地，甚至形成熔岩高原。由于喷发时间不同，裂隙式喷发还可以形成一字排开的火山锥。现代裂隙式喷发主要分布于大洋中脊处，在大陆上只有冰岛可见到此类火山喷发活动，故又称为“冰岛型火山喷发”。

熔透式喷发

面式喷发

熔透式喷发的岩浆上升时，由于温度很高，再加上岩浆和岩石之间的一些化学作用，致使上面的岩石被熔透而顶开，形成直径很大、形状不规则的火山通道；岩浆失去压力后大面积溢出地表。炽热的岩浆从火山通道缓慢溢出形成熔岩流，最后逐渐冷凝形成熔岩。熔透式喷发形成的火山岩分布范围很广，火山口一般不明显。这类喷发有时岩浆上升停留在中途，没能熔化顶部岩层便冷凝下来，只在地面隆起成丘，这种火山称为“潜火山”或“地下火山”。一些学者认为，远古时期地壳较薄，地下岩浆热力较大，常造成熔透式岩浆喷发；现代已不存在。

中心式喷发

点式喷发

中心式喷发的通道在平面上呈点状，岩浆沿交叉断裂而成的火山喉管喷出地表，喷出物在火山口及其周围堆积成下缓上陡的火山锥；而有的只表现为火山气体的爆炸，仅有少许岩浆碎屑物散落在火山周围，未能形成锥状体。此种类型是近代火山喷发常见的类型。中心式喷发可根据岩浆喷出的不同程度细分为激烈式、中间式和宁静式。

中心式喷发

激烈式

火山气体和碎屑物急速流出，常常造成重大灾害。

中间式

岩浆贮存于火山口底部，通常发生小型而连续的喷发。

宁静式

由岩浆通道或是山腹裂隙喷出，多为黏性较小的玄武岩质熔岩流。

激烈式喷发

此种类型的喷发产生猛烈的爆炸现象，同时喷出大量的气体和火山碎屑物。激烈式喷发又称"培雷式"喷发，其名字起源于西印度群岛马提尼克岛培雷火山。此火山在1902年的喷发造成3万多人死亡。这种喷发产生高黏度岩浆，爆发力特别强，最明显的特征是产生炽热的火山灰云，当它沿山坡向下移动时，足以产生飓风般的效果。在培雷式喷发中，向上逃逸的气体经常被火山口中的熔岩堵住；压力逐渐增大发生爆炸时，就像冲出峡谷的一阵疾风。

中间式喷发

中间式的火山喷发形式属于宁静式和激烈式喷发之间的过渡型。此种类型即使有爆炸，威力也不大，可以连续几个月，甚至几年长期平稳地喷发，并以间歇性的爆发为特征。中间式喷发以靠近意大利西海岸利帕里群岛上的斯特朗博利火山为代表，故又称"斯特朗博利式"。

宁静式喷发

宁静式火山喷发只有大量炽热的熔岩从火山口宁静溢出，顺着山坡缓缓流动。溢出熔浆温度较高，黏度小，易流动；火山喷发物含气体较少，无爆炸现象，夏威夷诸火山为其代表，故又称"夏威夷型"。此类火山人们可以靠近尽情地欣赏。

火山的形状

由熔岩性质和喷发形式决定

仔细观察火山的外貌，会发现它们不尽相同，有的比较尖，像个三角锥；有的比较扁，像个盾牌。这些形貌会依据火山活动所喷发的岩浆、气体与碎屑物的不同而改变。依据堆积于火山四周物质的性质及喷发时的不同形式，火山形状可分为盾状火山、锥状火山和复合型火山三种。

黏性很低的熔岩流流向四周，形成低矮的盾状火山。

盾状火山

低矮宽阔、坡度和缓、形似盾牌

盾状火山是具有宽阔顶面和缓坡度侧翼（盾状）的大型火山。此类火山由熔岩被(熔岩流直接冷凝形成)所构成，外形宽展平缓，底部较大。由于只有黏滞性较低的熔岩流才能够形成盾状火山，因此这一类的火山大多为玄武岩质，且多发生于海洋中，最著名的例子就是夏威夷群岛。夏威夷岛（大岛）是典型的盾状火山，由五个连续的火山连接而成，其中最大的火山从海底到山顶共9090米。

锥状火山

由层层火山灰堆积而成

当火山喷出物以火山碎屑物为主时，它们会堆积于火山口四周，形成锥状火山。此类火山又称为“火山碎屑锥”或“火山渣锥”。一般来说，喷发时间越长，火山锥越高。但由于火山碎屑物结构松散，故无法形成较高的堆积，通常都小于500米。锥状火山可以单独存在，也可以组成或小或大的群，或火山场。

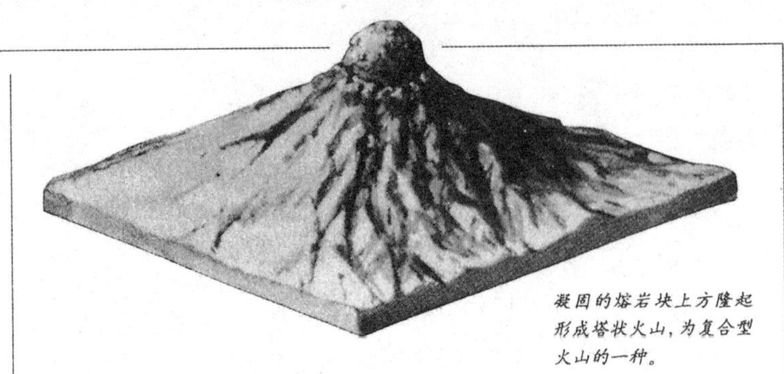

凝固的熔岩块上方隆起形成塔状火山，为复合型火山的一种。

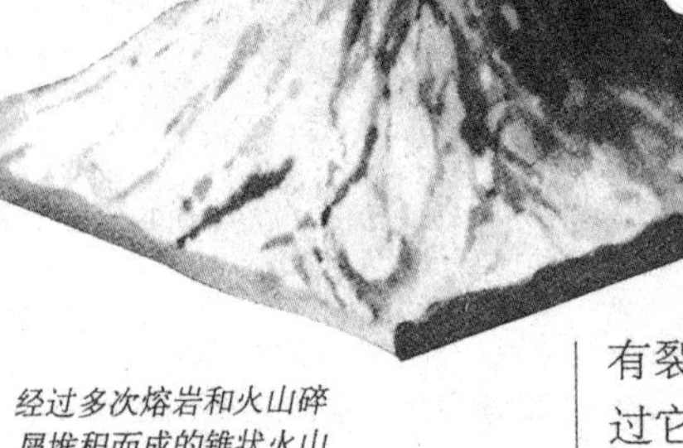

经过多次熔岩和火山碎屑堆积而成的锥状火山

复合型火山

层次多变而高耸

复合型火山又称为“成层火山”，这一类的火山熔岩和碎屑物相间成层，为多次喷发所形成，其复发周期可以是几十万年，也可以是几百年，很多高山都属此类。因其风光秀美常成为风景名胜，例如意大利的维苏威火山。由于此类火山太高，有可能因太陆、不稳定而在重力作用下垮塌。

泥火山

泥浆与气体同时喷出地表

泥火山由地下的天然气沿着地下裂隙上涌，沿途混合泥砂与地下水，形成泥浆，涌出地表堆积而成。其外形多为锥状小丘或盆穴状，丘的尖部常有凹陷，并由此间断地喷出泥浆与气体。泥火山的生成主要是因为地底储有巨大的压力；地底岩层有裂隙，气体与地下水可通过它们涌出地面；地底岩层中有胶结松散且易被地下水携带的泥质物质。

火山带

火山在板块边界上的有规律分布

火山的数量虽多，但其分布却是很有规律的。世界上主要有五个火山带：环太平洋火山带、大西洋火山带、地中海火山带、爪哇火山带和东非火山带。环太平洋火山带包括东西两岸；大西洋火山带中最引人注目的是海底火山爆发和随之而来的火山岛的形成；地中海火山带以火山活动频繁而著称，举世闻名的维苏威火山就在这条火山带上；爪哇火山带沿印度洋东岸分布；非洲大陆因受到两侧的拉扯力而形成断层，叫作东非大裂谷，这里也是火山活动十分活跃的地方。

世界火山带分布图

蓝色为爪哇火山带 棕色为地中海火山带
黄色为东非火山带 红色为环太平洋火山带
绿色为大西洋火山带

太空火山

根据太空探测获得的资料显示，火山活动是太阳系各行星最重要的地质运动。过去20年进行的各项太空探测已带回许多行星照片，甚至还有岩石样本。因此，有证据相信：和地球一样，月球、金星、火星也有火山造成的地表。不过，月球和火星上的火山已经熄灭了好几百万年。至于金星，科学家们猜测它的火山仍然十分活跃。整个太阳系中除了地球外，我们只能确定木星众多个卫星之一的爱奥卫星上，还有活跃且继续在喷发的火山。

火山喷发物

火山喷发的伴生物

通常，火山爆发会抛出大量喷发物，有液体、气体、和固体三种产物。蒸汽是造成火山喷发的主要因素，而大量产生的固体喷发物包括火山碎屑和火山熔岩流。火山喷发物和暴雨结合形成的泥石流能冲毁道路、桥梁，淹没乡村和城市；同时伴生地震、海啸等自然灾害。它们还对气候造成极大的影响，这些火山物质会遮住阳光，导致气温下降。然而火山喷发物也形成了宝贵的梯地资源，因为这些火山灰富含的养分能使土地更肥沃；而且在岩浆喷发的过程中，会在地下形成硫磺、铁、金刚石等矿藏；熔岩还可以用来修筑道路和房屋；火山运动还形成含营养成分的温泉。

DIY 实验室

实验：模拟火山喷发

准备材料：1个长颈塑料瓶、大托盘、小苏打、洗涤剂、食物色素、醋

实验步骤：

1.在瓶里放进四匙小苏打。

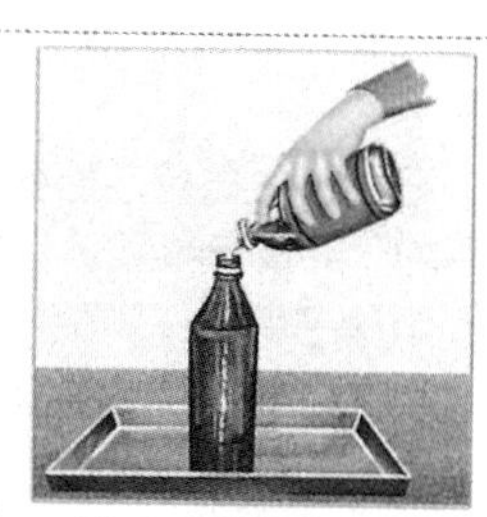

3.加几滴食物色素。

2.向瓶里注些洗涤剂。

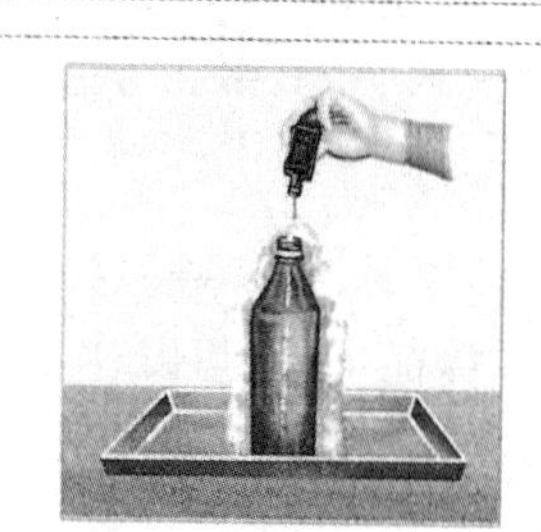

4.把瓶子放在托盘里，并往瓶子里倒些醋。

原理说明：醋和小苏打混合在一起时会产生气泡，使瓶内（相当于岩浆池）的压力逐渐增加。气体压迫泡沫（岩浆）上涌，最后溢出瓶口，沿着瓶壁流下形成“熔岩流”。

智慧方舟

判断：

1.地球是太阳系唯一有火山的行星。（　　）

2.热点就是地幔柱。（　　）

3.所有火山在喷发时都是十分激烈的。（　　）

4.海底也常有火山喷发现象。（　　）

5.火山喷发处地壳的岩石全都熔化了。（　　）

填空：

1.岩浆成分以______为主。

2.火山喷发的三种形式是______、______和______。

3.裂隙式火山喷发又叫______和______。

地震

·探索与思考·

在摇晃的地方建房子

1.在桌子一侧用方糖搭“房子”，它们形状不一，距桌子另一侧的距离或远或近。

2.用锤子砸另一侧桌角，观察现象。

3.有的“房子”受到震动，上下跳动着坍塌了。

4.离另一侧桌子近的“房子”很容易就坍塌了，而离另一侧桌子较远的“房子”因为受到的震动较弱，便“岿然屹立”。

想一想 为什么有的“房子”坍塌，有的没有？锤子砸桌子产生的震动以什么方式传给方糖？地震产生的震动与上述震动有何异同？

地震在人们心目中是一种十分可怕的“天灾”，其实绝大多数的地震都很小，只有灵敏的仪器才能测出来。而有些地震具有惊天动地的巨大破坏力，是人类主要预防的自然灾害。大部分地震由断层错动引发，是急剧释放积存于地球内部能量的一种形式。通过地震释放出来的巨大能量以地震波的形式从震源传向周围地区。地震发生时，人们在感到大的晃动之前首先感到上下跳动，这是因为地震的纵波首先到达的缘故，而横波接着产生大振幅水平方向的晃动，则是造成地震灾害的主要原因。

断层

断裂的岩石两侧沿断裂方向相互错开的构造

由于地表是由不同性质的岩石一层层相叠而成的，所以这一层层的岩层很有可能发生断裂，而断裂的地方就叫作“断层”，而断裂的一刹那便形成地震。断层由断层面和断盘构成。断层面是断层发生时相对位移的破裂面；断盘指断层面两侧的岩块，位于断层面之上的称为“上盘”，断层面之下的称为“下盘”，如断层面直立，则按岩块相对于断层走向的方位来描述。

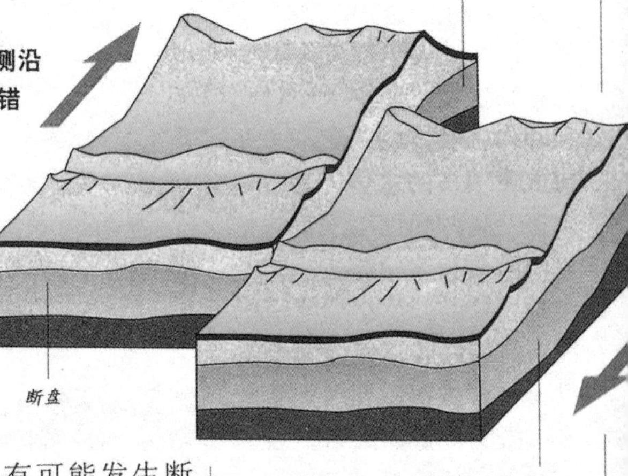

正断层

下盘相对上升的断层

正断层的断层面常常较陡，倾角一般在45° 以上，断层处较平直；它通常是在拉伸和重力作用下形成的。上盘、下盘互相分开，表示岩石受到张力后沿着断层面向两侧拉裂，也表示地壳在伸展，故正断层亦称“重力断层”或“张力断层”。在发生正断层运动后，往往生成明显的断崖。在同一地区，正断层多呈一组大致平行的断层，很少单独出现。

逆断层

上盘相对上升的断层

逆断层上下两盘互相掩蔽，表示地壳受到两侧压力的推挤，也表示地壳在收缩，故亦称为“压力断层”。逆断层是受水平压力造成的，断层面倾角一般小于45° ，而倾角大于45° 的逆断层称为“反断层”。

地表的断层

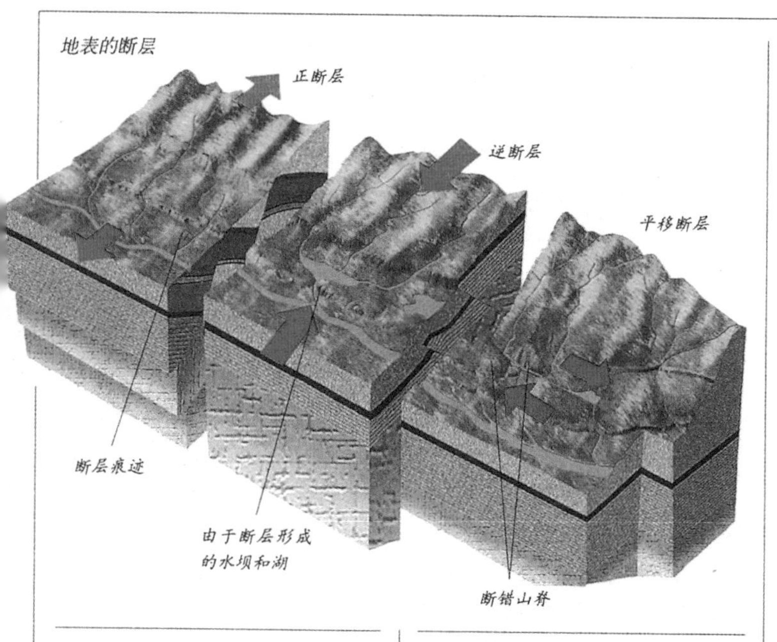

地震波

在地球内部传播的弹性波

凡由自然地震或人工爆破在地球内部产生的弹性振动波统称为地震波。按其成因的不同，可分为天然地震波和人工地震波；根据质点振动的形式，又可把地震波分成质点振动方向与波的传播方向一致的“纵波”和质点振动方向与波的传播方向垂直的“横波”（纵波与横波合称实体波）以及沿界面传播的“面波”。

平移断层

断盘沿断层面走向作相对水平运动的断层

平移断层上下盘只在断层面上作相对位移，而无上下垂直移动。平移断层因此分为左移断层和右移断层。判定的方法是，站在断层一侧看对面另一侧，若另一侧是向左手边移动则称为“左移断层”，反之为“右移断层”。

活动断层

潜在的地震发源地带

活动断层表示这个断层两边的岩层可能正受到力量的推挤或拉扯，因此，从这里继续发生断裂或引发地震的可能性比较大。通常活动断层是指最近（大约1万年左右）有过移动记录，或科学家根据某些证据认为这里很可能在未来发生移动或地震的地方。地震一旦沿活动断层发生，断层两侧岩层常会发生数十厘米至数米的水平或垂直方向的相对错动，这对地表建筑物的破坏非常大。

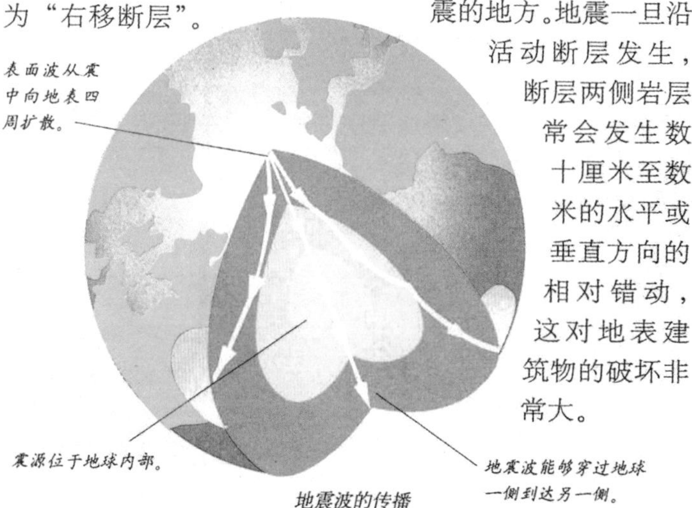

地震波的传播

实体波

可在地球内部和表面传播

P波(Primary wave)和S波(Secondary wave)是由震源产生的两种地震波，属天然地震波，这两种震波均可在岩体内部传递，故又合称为“体波”或“实体波”。P波在传播时，质点（传播介质）的运动方向与震波传播的方向一致，且质点在传播的方向上交替产生压缩与膨胀的变化，有如声波一般。P波可以在固体与液体中传播，传播速度为5000～6000米/秒。S波在传播时，质点运动的方向与震波传播的方向垂直，且质点在垂直传播的方向上振动而使介质扭曲。由于此种特性，S波无法在液体或气体中传播，因为液体或气体无法被扭曲；S波传播速度较P波慢，为3000～4000米/秒。

横波和纵波

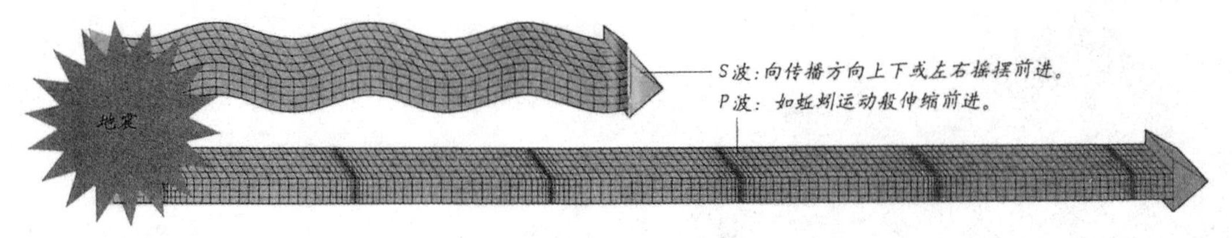

面波

只在地球表面传播

地震波在传播时，由于地球内部物质的层状构造及地表界面的作用，又可区分出只在近地表部分传播的面波，它会产生振幅很大的波动。面波又可分为两种，一种称为“洛夫波”，其传播介质的振动方式有如沿水平方向传播的S波，在垂直地面的方向上则没有振动。洛夫波对建筑物的伤害最大。另一种面波称为“雷利波”，它有如水波，其传播介质的振动方式是在垂直面上沿椭圆轨道运动。

地震发生示意图

震源

地球内部发生地震的地方

理论上常常将震源看成一个点，而实际上它是具有一定规模的一个区域。“震源深度”指从震源到地面的垂直距离。根据震源深度可以把地震分为“浅源地震”、“中源地震”和“深源地震”。发生在60千米以内的地震称为浅源地震；60～300千米为中源地震；300千米以上为深源地震。目前有记录的最深震源深度达720千米。

震中

震源在地面上的投影

实际上震中也不是一个点，而是指震源上方正对着的地面的区域。震中及其附近的地方称为“震中区”或“极震区”。震中到地面上任一点的距离称为震中距。震中距在100千米以内的称为“地方震”；1000千米以内称为“近震”；大于1000千米称为“远震”。

震级

表示地震大小的等级

当人们知道有地震发生时，自然就会知道地震发生的时间、地点和震级，这就是地震的三要素。其中，地震震级是衡量地震大小的一种度量，是地震时地球释放能量多少的一种标志，通常用字母“M”表示。每一次地震只有一个震级，可以通过地震仪器的记录计算出来，震级越高，释放的能量也越多。震级相差两级，其能量就相差1000倍。迄今为止世界上记录到的最大地震是1960年5月22日智利的8.9级地震。

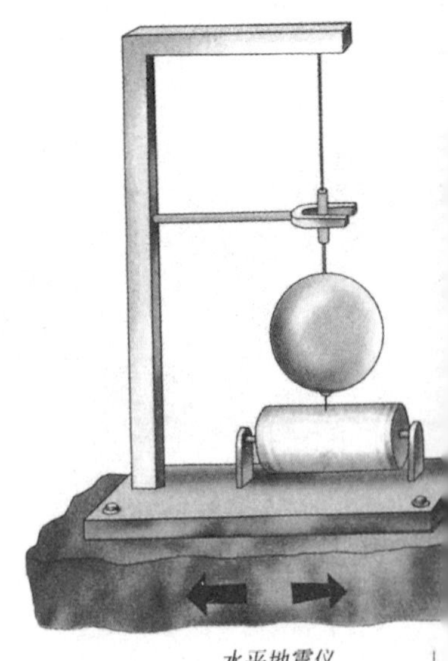

水平地震仪

地震烈度表

烈度	人的感觉	对建筑物的影响	其他现象
一	无感		
二	室内个别静止的人有感		
三	室内个别静止的人有感	门、窗轻微作响	悬挂物微动
四	室内多数人有感，室外少数人有感，少数人惊醒	门、窗作响	悬挂物明显摆动，器皿作响
五	室内人普遍有感，室外多数人有感，多数人惊醒	门窗、屋顶、屋架颤动，灰土掉落，抹灰出现微细裂缝	不稳的器物翻倒
六	部分人惊慌失措、仓惶出逃	发生损坏，个别砖瓦掉落，墙体微细裂缝	河岸和松散土上出现裂缝，饱和砂层出现喷砂并冒水
七	大多数人仓惶出逃	局部破坏、开裂，但不妨碍使用	河崖出现塌方、喷砂、冒水现象，松软土裂缝较多
八	摇晃颠簸，行走困难	结构受损，需要修理	干硬土上有裂缝
九	坐立不稳，行走的人可能摔跤	墙体龟裂，局部倒塌，修复困难	多处出现裂缝，滑坡塌方常见
十	骑自行车的人会摔倒，处不稳状态的人会摔出几米远，有抛起感	大部倒塌，不堪修复	山崩地裂出现，拱桥破坏
十一		毁灭	地震断裂延续很长，山崩常见，拱桥毁坏
十二			地面剧烈变化，山河改观

里氏地震

震级标准最先是由美国地震学家里克特于1935年提出来的，所以又称“里氏震级”。它是根据在不同震中距观测到的地震波幅度和周期，并且考虑从震源到观测点的地震波衰减，经过一定公式计算出来的地震的大小。

地震烈度

表示地震使地面受到影响的程度

地震烈度根据受震物体的反应、房屋等建筑物的破坏程度和地形地貌改观等表面现象来判定。因此烈度的鉴定主要依靠对上述几个方面的宏观考察和定性描述。地震烈度的大小与震源深浅、震中距、当地地质条件等因素有关。一般来说，距离震源越近，烈度越高；距离震源越远，烈度越低。因此，一次地震震级只有一个，但烈度却是根据各地遭受破坏的程度和人为感觉的不同而不同。一般说来，震中烈度最高，随着震中距的增加，烈度逐渐衰减直至消失。

垂直地震仪

构造地震

由地壳构造运动引起的地震

构造地震是由于地壳和地幔上部的刚硬岩石层受到地壳运动而产生的作用力的影响，发生断裂或者使原有的断层重新活动而引起的。构造地震的发生往往是很突然的，但它的孕育过程却很漫长。在地壳作用力产生的初期，岩层具有一定的硬度并不马上断裂；随着作用力不断加大到一定限度时，岩层断裂而发生地震。像这类因断裂或断层活动形成的构造地震占据了世界上地震总数的90%。其中一些强烈地震几乎都属于这种类型，如1960年智利南部的强震。这类地震给人类造成的危害是巨大的。

火山地震

火山活动引起的地震

火山内部，炽热的岩浆喷发前在地壳内聚集、膨胀和喷发时，产生的巨大冲击力都能造成岩层断裂或断层错动而引起地震。火山地震有它的特点：影响范围较小，而且以成群小地震的形式出现。全世界约有7%的地震属于火山地震。

塌陷地震

由岩石顶部和土层崩塌陷落而引起的地震

在石灰岩等易溶岩分布的地区，时常会发生塌陷地震。这是由于地下水溶解了可溶性岩石，使岩石中出现空洞并逐渐扩大，或由于地下开采形成了巨大的空洞，造成岩石顶部和土层崩塌陷落，引起地震。塌陷地震影响范围小，危害不大，只占地震总数的3%左右。

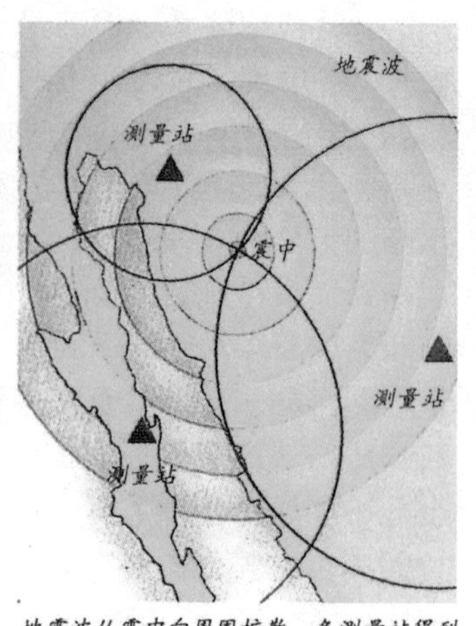

地震波从震中向周围扩散，各测量站得到不同的地震烈度。

诱发地震

特定地区因某种地壳外界因素诱发引起的地震

诱发地震也称“人工地震”，主要是由人类活动所引起的。一种是像爆破、打桩以及重型车辆通过时使地面发生的震动，这类地震一般不会造成危害；但对那些要求有高精密度和高稳定度的仪器设备来说则有很大影响。另外，进行地下核试验、大型水库蓄水也能引发地震，这是因为它们产生的巨大冲力或压力能引起地壳断层活动，从而导致地震。

可以看出：在板块俯冲边界，地震分布十分密集。

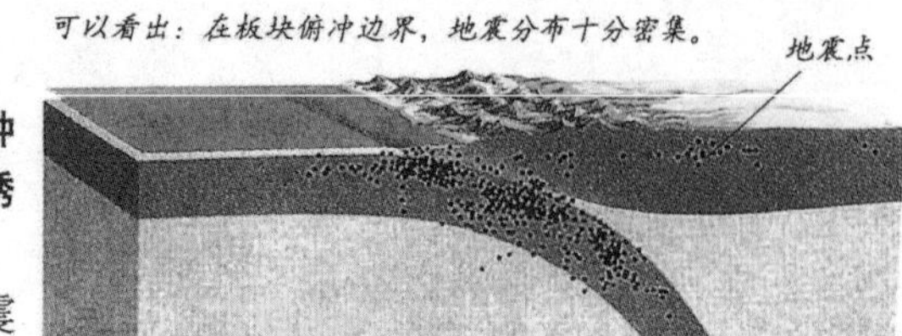

地震带示意图

地震带

地震广泛分布的地带

全球有五大地震带，即美洲西海岸地震带、太平洋西北边缘地震带、大洋岛弧地震带、亚欧地震带、全球海岭及裂谷系地震带。前三个地震带过去曾合称“环太平洋地震带”，是全球几个大板块的边界地带。大洋板块在边界处向地幔中消减，造成板块边界附近地区强烈的构造运动，从而形成全球最大的地震带；这里的浅源地震能量约占全球的75%，中深源地震约占全球的89%，深源地震则全部发生于此。

地震迁移

地震活动有规律地变迁现象

地震迁移是指强震按一定的时间、空间规律相继发生的现象。地震迁移的时空尺度可大可小、可长可短。可以沿着一条断裂带在十几年的时间内完成一个迁移过程；也可在一个地震区内，以地震带为迁移单元，在几百年内完成一个迁移过程；此外有的地震还沿纬度作更长距离的迁移。地震活动有规律地迁移仅仅是地震活动的一部分，还有相当一部分地震活动没有显示出规则的迁移过程。

直接灾害

地震发生时直接造成的灾害

强烈地震会带来直接灾害和次生灾害。强烈地震的巨大震波能造成房屋、桥梁、水坝等各种建筑物崩塌，产生人畜伤亡、财产损失、生产中断等直接灾害。这种损失在大城市、大工矿等人口集中、建筑物密集的地区尤为突出。

次生灾害

由大震引发的间接灾害

地震次生灾害是以地震的破坏后果为导因引发的一系列其他灾害，如：火灾、水灾、瘟疫、海啸、滑坡、放射性污染、火山喷发等。历史上许多震例证明，地震次生灾害所造成的影响和损失是非常严重的，有时甚至超过地震造成的直接损失。地震次生灾害目前已引起全社会的普遍关注。

全球地震带分布图

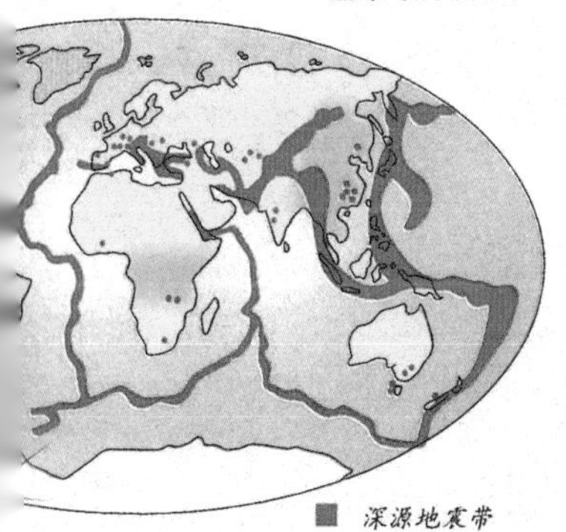

■ 深源地震带
⁘ 浅源地震带

地震前兆

能预示地震将要发生的自然现象和仪器反应

地震前兆在理论上是存在的，但在实际工作中尚未找到普遍适用的、可靠的前兆。已经发现的、认为可能是地震前兆的现象是从过去大地震发生之前的异常现象中筛选出来的；它们可以试用，但不是每次都有效。已观测到的震前异常现象有：地磁、地下水（或所含气体）异常，产生地声、地光以及动物行为异常等。

·DIY 实验室·

实验：自制地震测量仪

为了测量地震的威力，地质学家们使用了各种仪器，其中之一就是地震仪。地震仪是如何工作的呢？现在就动手制造一个地震仪。

准备材料：1 个装满水的果汁瓶、1 支铅笔、1 支水彩笔、1 块橡皮擦、1 张白纸、缝纫线、胶带纸

实验步骤：

1．按照下图所示将仪器装配起来放在桌子上，将水彩笔的笔尖尽量贴紧纸面，以不使缝纫线弯曲为宜。

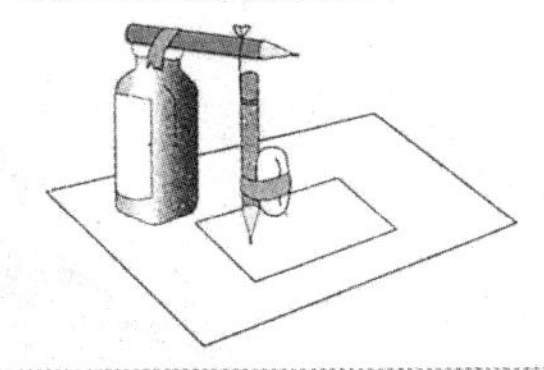

2．一个人轻轻地按直线方向拉动白纸，同时另一个人在桌子的不同位置用拳头砸桌面。

3．水彩笔在桌子被砸动的时候绘出了曲折的线。

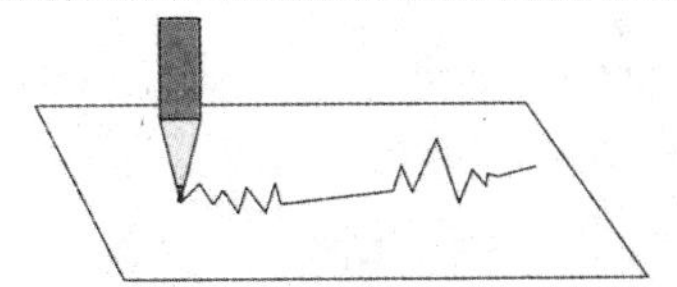

原理说明：向桌子每砸一拳都有波产生，它们以所砸的地方为核心向四周扩散，这跟地震波在地表的传播很像。尽管扩散路径上的物件会上下跳动，但由于水彩笔受到橡皮的压力，上下震动对它没有影响。因此这个“地震仪”只记录了水平方向上波的传播情况。通过对一场地震产生的各种波的综合分析（利用各种地震仪），地震学家就能判断出地震的震源和震级。

·智慧方舟·

填空：

1．大部分地震由______引起。

2．断层的结构由______和______组成。

3．地震波主要指______和______。

4．根据震源深度可以把地震分为______、______和______。

5．国际通用的震级标准是由______国人______提出来的。

—地球表面—

岩石和土壤

·探索与思考·

收集石头

1.去野外收集一些不同形态和质地的石头，试着用其中一块切割另一块。

2.你会发现，每块石头的坚硬度是不同的。

想一想 石头是由什么物质构成的？你能找到哪些不同类型的岩石？岩石与土壤有什么关系？

地球演化过程中，经过各种地质作用形成的固态物质构成了地壳和上地幔顶部——岩石圈。它构建了生物基本的生存环境。岩石圈的载体——岩石在内外地质力的作用下形成岩浆岩、变质岩和沉积岩。地表的岩石经过长年的风化侵蚀、生物作用等外力地质作用，逐步形成了不同类型的土壤，为动植物的生存提供着直接的养分，也为人类从事农业生产活动创造了条件。岩石圈和土壤圈贮藏着丰富的资源，是生物所需要的各种能量的源泉，也是万物生息繁衍的基地。

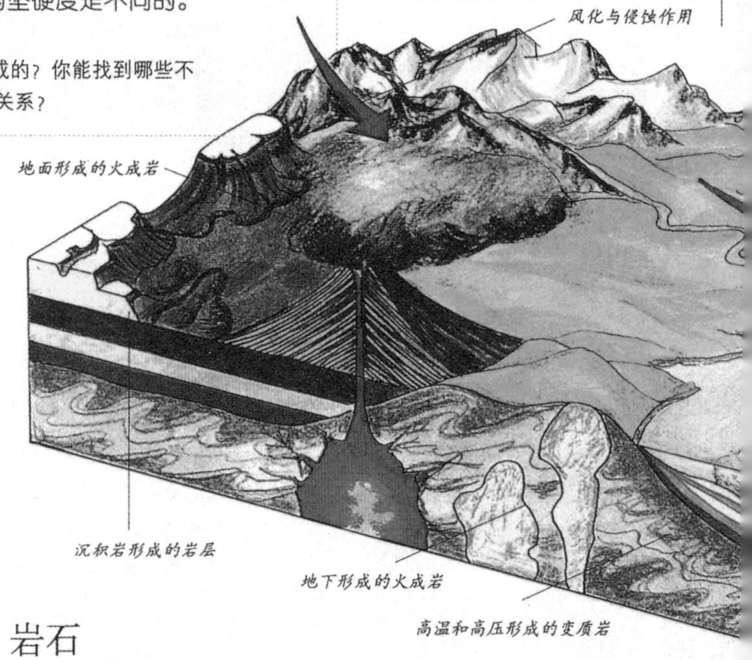

岩石

地壳的基本组成物质

岩石为矿物的集合体，组成岩石的化学元素基本上有8种，称为“八大元素”——氧、硅、铝、铁、钙、钠、钾和镁。岩石种类繁多，形态、结构、颜色各异，但就其成因来说，基本可以分为火成岩、沉积岩和变质岩三大类。

火成岩

由岩浆直接冷却形成的岩石

火成岩又叫“岩浆岩”，由来自地球内部的熔融岩浆在不同地质条件下冷凝固结而成，是组成地壳的基本岩石。地球内部不同地点、不同深度以及不同物质部分熔融的程度，会产生不同成分的岩浆；岩浆在上升的过程中，又因温度的差异而生成不同的火成岩。

玄武岩

岩浆从火山口喷出地表，直接冷却凝固形成的岩石叫“喷出岩”或“火山岩”。大陆地壳中最常见的喷出岩是玄武岩。玄武岩分布很广，颜色为灰褐及暗红等色。大部分海洋地壳皆由玄武岩构成，其纹理或致密或多孔，后者的孔隙常有方解石、石英等充填而成杏仁状构造。

花岗岩

岩浆从地球深处沿地壳裂缝处缓缓侵入而不猛烈喷出地表，然后在周围岩石的冷却挤压之下固结成岩石，这样形成的岩石叫“侵入岩”。地壳中最常见的侵入岩是花岗岩。花岗岩的颜色非常美丽，呈粉红色，其中还均匀地散布着黑色的云母晶体。花岗岩不透水，但能保持水分，而且还含有丰富的钾、钠等矿物，因此由花岗岩风化而成的土壤特别肥沃。

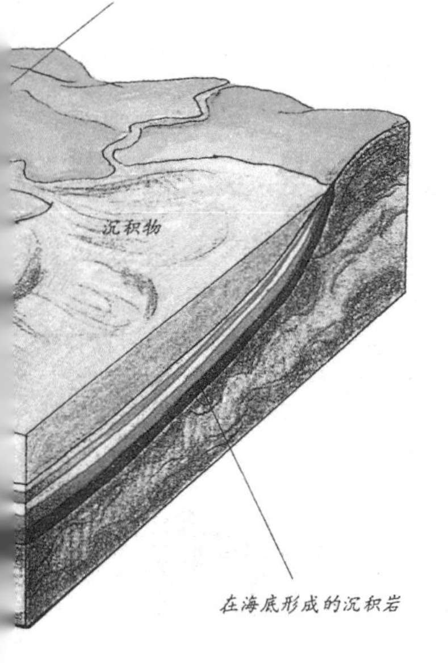

地壳深部的液态岩浆缓慢上升接近地表，岩浆在冷凝过程中形成岩浆岩；地球的运动使岩石上升到地表，并受到风化、侵蚀而暴露。在冰川、流水和风的侵蚀作用下，岩石破碎成较小的颗粒，并被冰川、河流和风搬运，逐渐在海洋、湖泊、三角洲和沙漠等地沉积下来，形成沉积层；大规模的造山运动中，在高温高压作用下，沉积岩和岩浆岩变成变质岩，温度和压力进一步升高，则岩石重新熔化，变成岩浆，完成造岩的一个循环。

构成火成岩的七种成分

石英：无色透明，形状呈美丽的六角柱状结晶，特称为“水晶”。

石英

正长石

正长石：通常为白色，有时白中带红。溢流岩（迅速冷凝的火成岩）中的正长石为长方形柱状，但深成岩中的正长石则为不规则形状。

斜长石：灰白色，遭受外力时，有顺着一定方向破裂的性质。

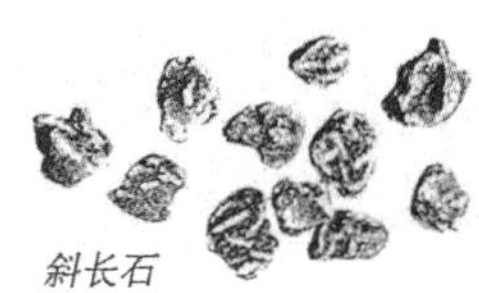

斜长石

云母

云母：薄且容易剥落，为六角板状的结晶体，在岩石中以不规则的形状存在。黑色为黑云母；白色为白云母。存在于花岗岩或闪长岩中的黑云母以大头针轻挑，就会一层层剥落。

角闪石：暗绿色或黑色，结晶体为六角柱状。在深成岩中为不规则形状，但在溢流岩中则呈细条的长方形。

角闪石

辉石

辉石：暗褐色或暗绿色，结晶呈四角形或八角形短柱状，存在于深成岩中的辉石大部分有不规则的形状，而在溢流岩中则为长方形。

橄榄石：橄榄色，其结晶并不在某一地方特别发达，橄榄石与石英绝对不会同时并存，此外橄榄石变质后就会成为蛇纹岩。

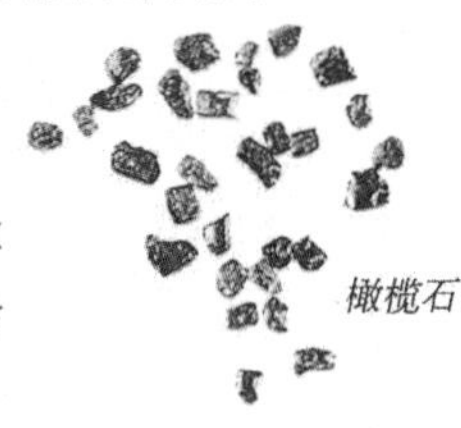

橄榄石

花岗岩是典型的大陆岩石。我们用显微镜观察会发现其呈现出镶嵌结构。图中的白—蓝矿物为石英和长石晶体，棕色、黄色、粉红色和绿色是云母类矿物。

沉积岩的形成

沉积岩

由泥砂沉积，或者由石灰质、硅质等物质沉淀而成的岩石

沉积岩是地壳最上部的岩石，它是由亿万年前的岩石和矿物经水、风或冰川的侵蚀、搬运、冲刷、堆积作用而形成的，为地表的主要岩类。层层叠叠的结构是沉积岩最显著的特征。常见的沉积岩有砂岩、页岩、石灰岩等。根据岩石的形成方式，可将沉积岩分为化学性的沉淀岩、机械性的碎屑岩和生物性的沉积岩三类。

化学性的沉淀岩

化学性沉淀岩受环境条件等因素的限制很大。在干燥的沙漠地带，湖水由于蒸发作用很快干涸。注入湖中的河水常挟带着各种溶解的物质，当水分被蒸发后，就在湖底留下许多盐类的沉淀物，并逐渐形成岩石。岩盐、石灰岩、燧石等都是化学性沉淀岩的代表性例子。

机械性的碎屑岩

依据促使岩石破碎的不同作用，可将机械性碎屑岩细分为水成碎屑岩、冰成碎屑岩、风成碎屑岩和火山碎屑岩等多种，其中最重要的是水成碎屑岩。水成碎屑岩依照其颗粒的大小又分为砾岩、砂岩、粉砂岩、泥岩。火山碎屑岩若是由火山喷出物，如火山弹、火山砂、火山灰、浮石等凝固、沉积而成的沉积岩，可分为凝灰岩或集块岩。此类沉积岩主要依据其沉积物颗粒的大小来区分。

生物性的沉积岩

化石、煤炭、石油等就是以生物遗骸为基础而形成的生物性沉积岩。这类岩石在地球上分布最多的是石灰岩，但石灰岩并非全部属于生物岩，也有许多是因为化学性沉淀而形成的。此外，含有丰富纺锤虫和珊瑚虫等成分的石灰岩也属于以生物遗骸为基础的石灰岩。

石灰石

沉积岩的应用

在各种沉积岩中，最为人类所广泛应用的是石灰石。由于石灰石质地较软，容易精细加工，且经过研磨后会显露出美丽的纹理光泽，所以最直接的应用就是做为雕刻和建筑的材料。石灰石可直接加工成石料和烧制成生石灰；农业上，用生石灰可以配制各种农药。另外，破碎的石灰石也可以用于道路的修筑，或制造清洁剂和肥料等。

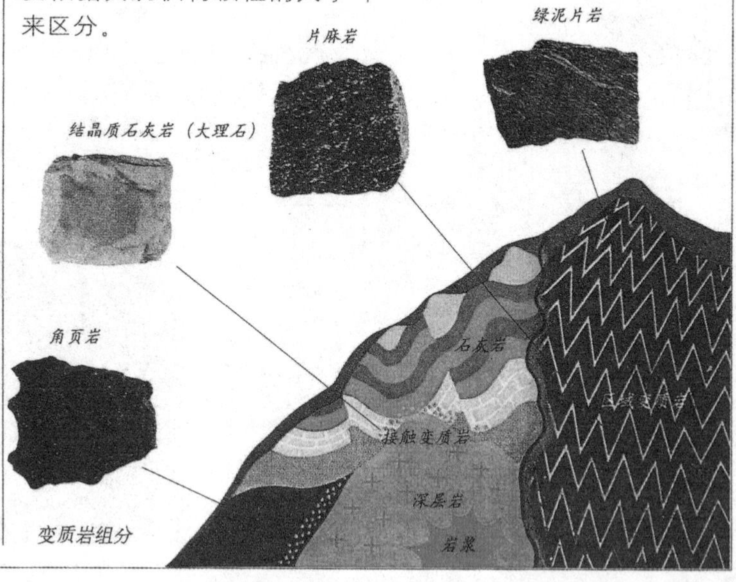

变质岩组分

岩石循环

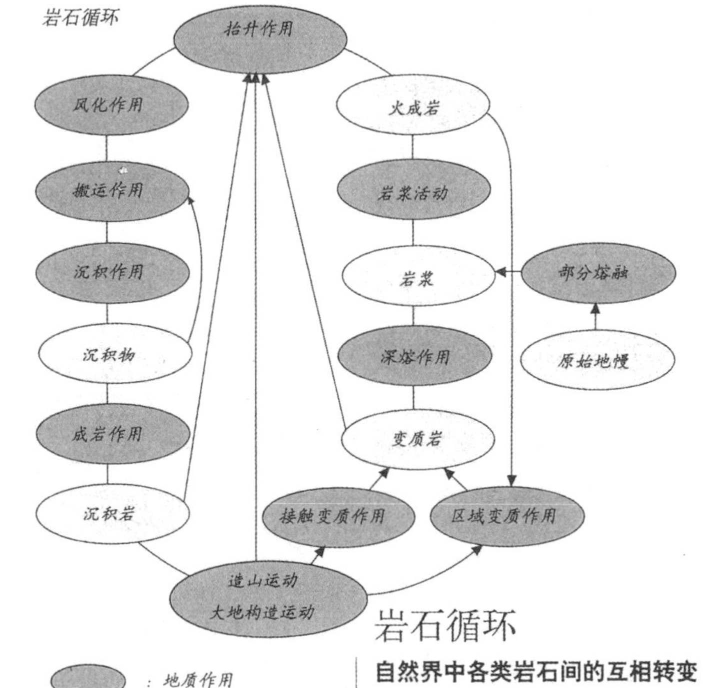

变质岩

原岩经变质作用而形成的岩石

岩浆岩和沉积岩在受到高温、高压或外部各种化学溶液的作用时，其内部结构要重新组合，矿物也会发生重结晶现象，这样便形成了变质岩。岩石的变质是由地球内力引起的，基本上是在固体状态下进行，因而既不同于沉积作用，也不同于岩浆作用。地壳中变质岩的分布很广，而且具有很大的实用价值，许多矿床，如铁、金、石墨、石棉等都和它有密切关系。常见的变质岩有碎裂岩、角岩、板岩、片岩、片麻岩、大理岩、石英岩、角闪岩、片粒岩、榴辉岩、混合岩等。

岩石循环

自然界中各类岩石间的互相转变

火成岩、沉积岩和变质岩三者间彼此都有一定的关系。沉积岩和岩浆岩可以通过变质作用形成变质岩。在地表常温、常压条件下，岩浆岩和变质岩又可以通过风化、剥蚀和一系列的沉积作用而形成沉积岩。变质岩和沉积岩进入地下深处后，在高温高压条件下又会发生熔融形成岩浆，再经结晶作用而变成岩浆岩，从而使三大岩类处于不断演化之中。

土壤

各种成土因素综合作用的结果

土壤可以由岩石原地风化或任何堆积物演变而成，土壤是在母质、地形、气候、生物、时间等成土因素共同作用下形成的，是自然地理环境的一个重要组成部分和联系有机界与无机界的中心环节。岩石或堆积物的性质、构造、颜色和成分，对土壤有直接的影响，而母质的差异会影响土壤形成的速度和土层的厚薄。土壤的特征是具有不断供给植物生长发育所必需的养分和水分的能力（肥力）。自人类开创农业以后，农业生产活动也影响着土壤发育的方向和过程，直接改造着土壤的基本性质，并形成新的土壤，因此土壤有自然土壤和农业土壤之分。

热变质岩

变质岩的剖面图

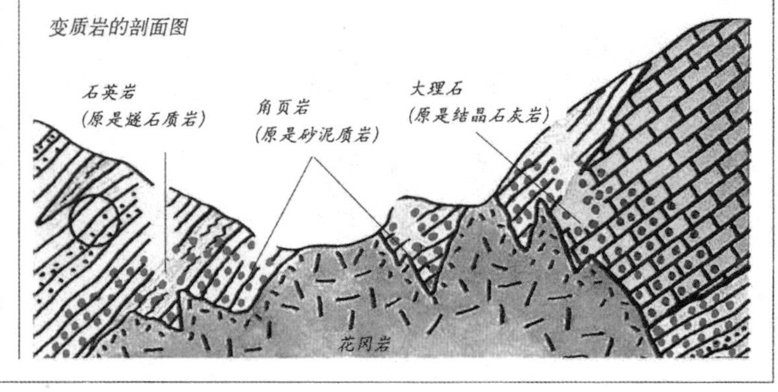

母质

土壤形成的物质基础

母质为土壤的形成提供最基本的矿物质成分和最初的无机养分，是土壤形成过程的直接参与者；其理化性质影响着土壤的发育过程和性质，在土壤形成上具有极重要的作用。同一母质类型在不同的生物、气候条件下可发育成不同的土壤类别，所以母质并不等于土壤。若母质中含砂粒较多，则土壤的质地也较粗，通透性好，养分较贫乏；含泥质较多的母质，情况相反。

腐殖质

土壤有机质的主要部分

腐殖质一般占土壤有机质总量的85%～90%，是作物养分的主要来源，经微生物分解可以释放出供作物吸收利用的营养。腐殖质有很强的吸水保肥能力，还可以提高土壤的疏松度和通气性。同时，由于它的颜色较深，有利吸收阳光，提高土壤温度。

成土因素

土壤形成过程中必需的自然条件

成土因素包括母质、气候、生物、地形和时间五个方面，缺一不可。气候对土壤的直接和间接影响是土壤形成的动力。生物是土壤有机物质的来源和土壤形成过程中最活跃的因素，是土壤形成的主导因素。地形因素通过地表形态的差异间接影响土壤。时间因素决定着土壤发育的进程与土壤的演化。各成土因素之间相互影响，相互作用，综合地制约着土壤的形成。

成土过程

母质转化为土壤的过程

在微生物的作用下，有机残体经化学作用，形成了母质中前所未有的腐殖质。腐殖质的出现增强了土壤对水分、养分、热量的供给与调节能力，并产生了明显的肥力属性。土壤熟化过程则是指耕作土在自然和人为因素综合影响下进行的土壤发育过程。

岩石风化成土壤微粒形成C层

地表的机械和化学风化作用使A层从C层中发育完成。

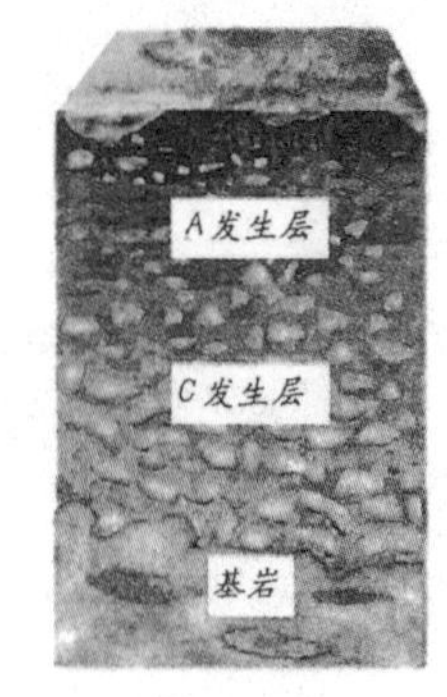

降水滤过A层黏土层到达C层以上，形成亚土层(B层)。

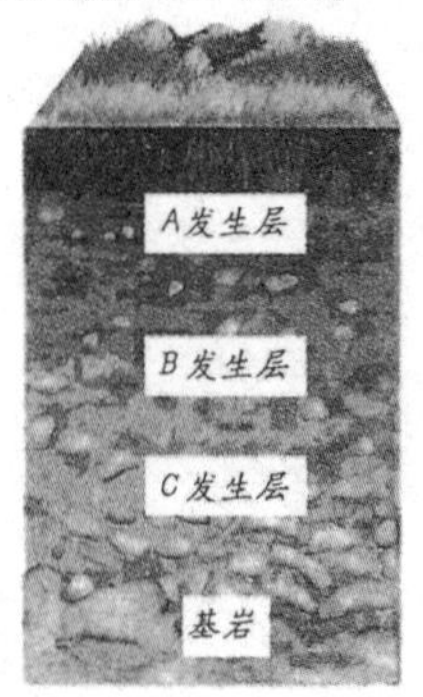

土壤颗粒的种类

沙土

黏土

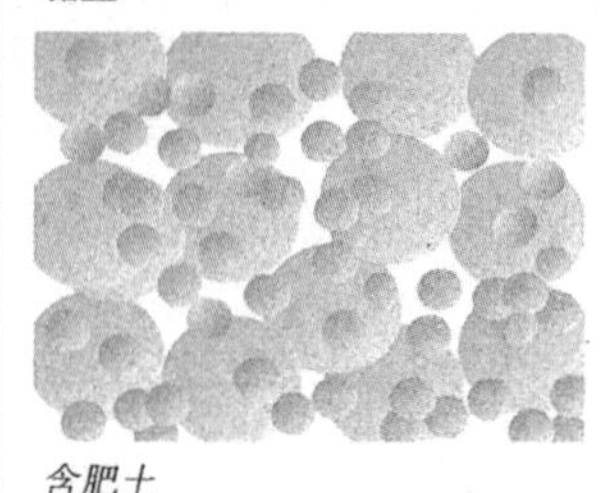

含肥土

土壤剖面

从地面延伸到母质层的垂直断面

土壤的剖面构造是土壤最典型、最综合的特征之一，由形态上和性质上各不相同的土层组合而成，并按一定的上下层次排列，构成了一个相互关联的整体。土壤中这些层次的数量、组合特点和显现程度等综合特征，称为“剖面构造”或“土壤构造”。不同的土壤具有不同的剖面构造特征。它们是物质在土壤形成过程中经过移动、转化、积聚等作用造成的结果。因此，土壤剖面又称为“发生剖面”，其中的层次称为“发生层”。

土壤结构

土壤颗粒的排列形式

土壤中的固体颗粒相互胶结，组成大小不同、形状各异的团聚体，这种团聚体的排列组合，叫“土壤结构”。土壤结构是土壤的重要物理性质。通常最容易认出的土壤结构有粒状结构、块状结构、柱状结构和片状结构四种。土壤结构对植物根系的生长，微生物的活动，土壤中水、热、气的保持和运行，养分的有效性和供应速率以及土壤的一系列机械物理特性的影响很大。

土壤分类

以土壤的属性、成土因素和成土过程为依据

土壤分类的目的在于将外部形态和内在性质相同或相近的土壤纳入一定的分类系统，以反映它们的肥力和利用价值，为合理利用土壤、改造土壤和提高肥力提供依据。土壤分类能反映各种类型土壤间的联系和本质上的区别。目前国际上尚无统一的土壤分类原则和方法。我国对土壤的分类是以土壤属性为基本原则，采用土类、亚类、土属、土种、变种五级分类制，并在土类以上归纳为土纲，以反映土类间发生上的联系。其中土纲、土类、亚类属高级分类单元，土属为中级分类单元，土种为基层分类单元。

· DIY 实验室 ·

实验：了解土壤的成分

准备材料： 2个带盖子的干净空果酱瓶、2份土壤试样(不同成分的土壤)、水

实验步骤：

1.将两份土壤分别放入两个果酱瓶中（最好占果酱瓶的1/2)。

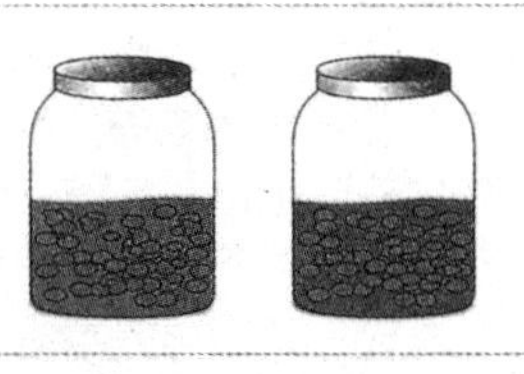

2.把其中一个果酱瓶加满水。

3.把果酱瓶盖好盖子后摇匀里面的东西。

4.把果酱瓶放置几个小时。

5.装水的果酱瓶中的土壤试样发生了分层现象。瓶子底部沉淀了一层粗沙粒，上面覆盖了一层像黏土一样的土壤微粒，最上面漂浮着一层腐殖质。

原理说明： 土壤微粒的重量决定了它们在土壤和水的混合物中的下沉速度。所以像沙子这样比较重的微粒沉到了最下面，像腐殖质层这样比较轻的物质就会漂浮在最上面。

· 智慧方舟 ·

填空：

1.岩石就其成因可以分为______、______和______。

2.地壳中最常见的侵入岩是______。

3.石灰石是______岩在日常生活中的主要应用。

4.土壤形成的物质基础是______。

5.______的出现使土壤具备了明显的肥力属性。

6.______因素通过地表形态的差异间接影响土壤。

陆地

·探索与思考·

制造石钟乳

1.找两个广口瓶，倒入浓度较高的小苏打溶液。

2.把一根毛线的两头分别放入两个瓶中，最好用重物系住线头以起固定作用，毛线中间自然下垂。

3.在毛线下方放一个盘子。

4.过一两周再去看看，毛线上长出什么来了？

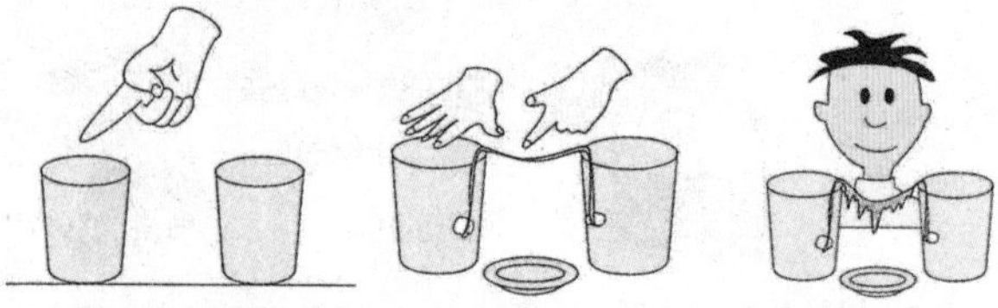

想一想 石钟乳属于什么地貌的特殊现象？地球表面还有哪些基本的地貌类型呢？

陆地环境是由多个地理圈层和地理要素构成的综合有机整体。而多变的地貌是地表各种自然地理要素相互作用最为活跃的表现，也是人地相互作用最集中、最强烈的场所。陆地起伏的形态，如山地、平原、河谷、沙丘等都是地貌要素的重要表现，它们在内外力的作用下不断地发展变化。了解各类地貌及其成因，对于进一步理解地理环境的整体性和地域差异，对于指导人类生产活动、开发利用自然资源、防御地质灾害等都具有重要意义。

山地

大陆的基本地形

山地是地表高度较大、坡度较陡、由山岭和山谷组合而成的高地的统称。山地由山顶、山坡和山麓三部分组成，通常把具有尖状峰顶的部分称为“山峰”，平均海拔高度在500米以上。山地按成因划分为构造山、侵蚀山和堆积山；按起伏高度分，小于500米的称小起伏山地，500～1000米的称中起伏山地，1000～2500米的称大起伏山地；按海拔高度划分，小于1000米的为低山，1000～3500米的为中山，3500～5000米的为高山，大于5000米的为极高山。

山脉

由于一定构造因素而呈条状分布的连绵山体

山脉是一组山地的统称，它们沿一定方向有规律地分布，因呈脉状，故名。其中构成山脉主体的山岭为主脉，从主脉延伸出去的为支脉。连续的多条山脉可以组成庞大的山系，例如喜马拉雅山脉、阿尔卑斯山脉和阿特拉斯山脉，构成了横贯亚洲、欧洲、非洲的横向山系。山系往往是由于两个板块相互挤压而使地壳隆起造成一系列山脉而形成的。

山地的夷平

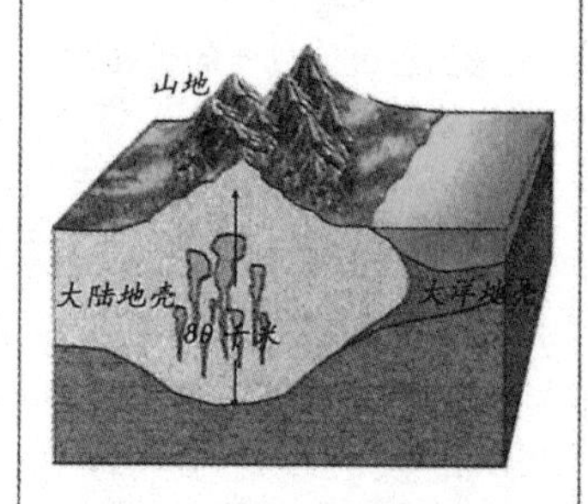

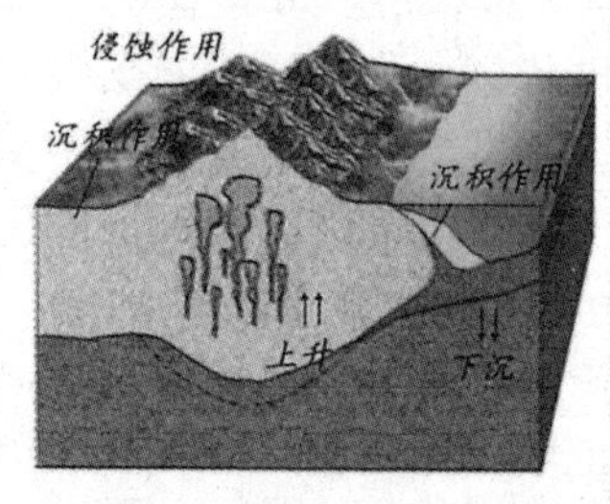

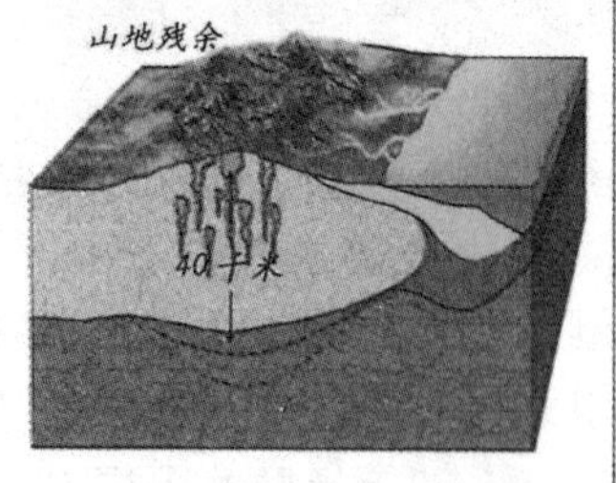

高山形成示意图

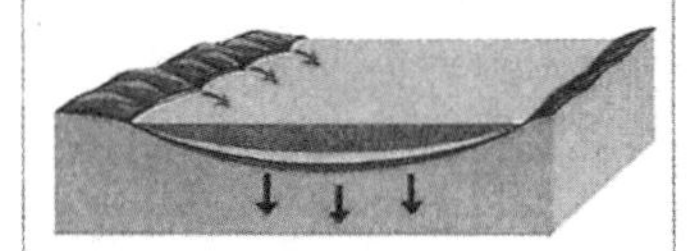

来自大陆的沉积物在浅海底部堆积形成地层。

↓

地球内部的岩浆活动使海底的堆积物喷出地表形成火山。

↓

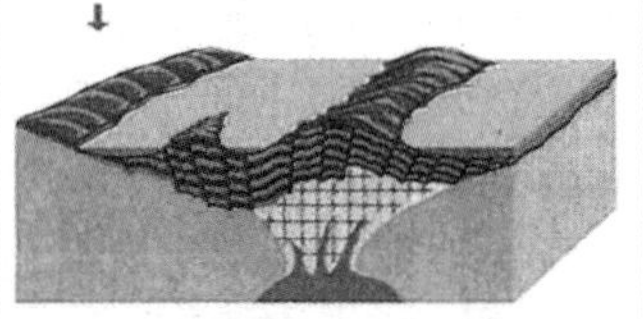

这一地区经地壳运动逐渐形成褶皱或断层等构造，进一步形成了隆起的高地。

↓

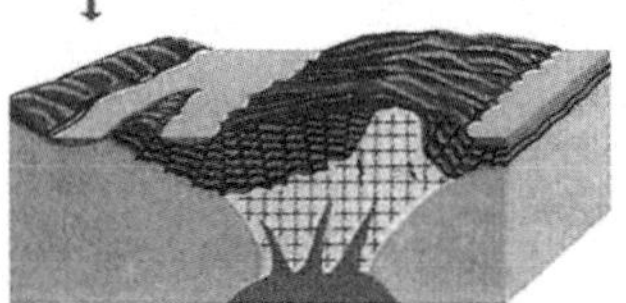

再经过反复不断的造山运动，终于形成很高的山脉。

造山运动

山脉形成的过程

造山运动主要指在地球历史上的一个时期(造山期)在特殊地区(造山带)发生的地质运动。它是形成山脉的主要过程，是地壳受到强烈压缩而引起的。岩层因地壳变动而发生褶皱，在汇聚型板块边界附近受挤压隆起形成山脉。褶皱断裂、岩浆活动和变质作用是造山运动的主要标志。

造山带

造山运动的主要发生地

造山带是指经受强烈褶皱及其他变形作用而形成的规模巨大的线（带）状地球构造单元，并由一定地质历史时期中的活动带演化而成。造山带在经历先下沉后上升的构造运动、强烈构造变形或岩浆活动过程最后由强烈隆起的造山运动而形成，又称为“褶皱带”。造山带是岩石圈板块汇聚型边界上的重要地质标志，也是板块碰撞的直接产物。造山带的分布和走向随着板块边界的形态和碰撞过程的不同而不同。如今的大山脉地带显示着千万年前造山带的运动轨迹。

褶皱

岩石受力发生的一系列弯曲

地壳中的岩石在形成时一般是水平的，但由于受到地壳运动挤压力的作用，逐渐弯曲变形，有的向上弯曲，有的向下弯曲。许多情况下，多个弯曲形成一系列连续起伏的弯曲变形，叫作“褶皱”。褶皱在层状岩石中表现得最为明显，是常见的地质构造。单个的弯曲称为“褶曲”，许多褶曲形成褶皱。褶皱的基本形态有两种，即“背斜”和“向斜”。背斜在形态上一般向上弯曲形成山岭；向斜则向下弯曲形成山谷。

褶皱山

褶皱构造山地

褶皱构造山地常呈弧形分布，延伸数百千米以上。褶皱山的形成和排列与其受力作用方式密切相关，某一方向的水平挤压作用，会使弧形顶部向前进方向突出。有些弧形山地不仅地层弯曲，而且常有层间滑动或剪切断层错动，使外弧层背着弧顶方向移动，内弧层向着弧顶方向移动，因而在褶皱山的外侧形成剪切断层。

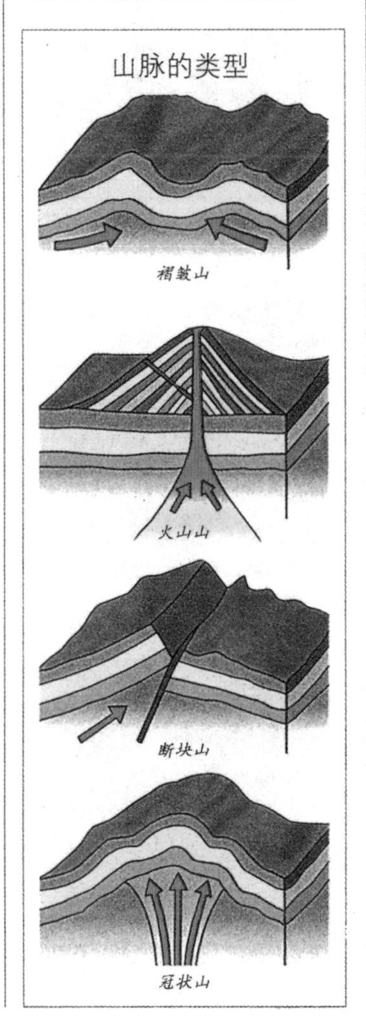

褶皱的结构

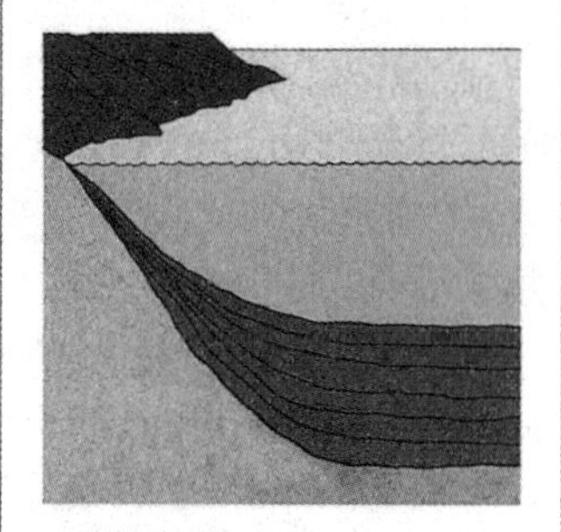

河流搬运的泥砂沉积于海底，又被随后而来的泥砂所覆盖。

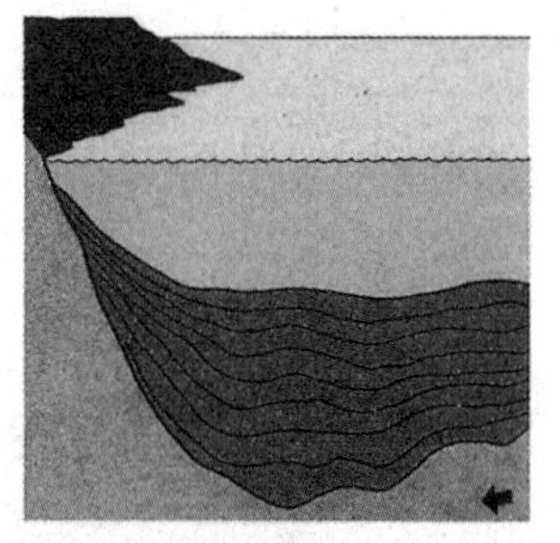

沉积的泥砂形成很厚的地层，并由于地慢动力作用而压缩。

沉积岩越来越厚，褶皱变得复杂，地层向下沉。

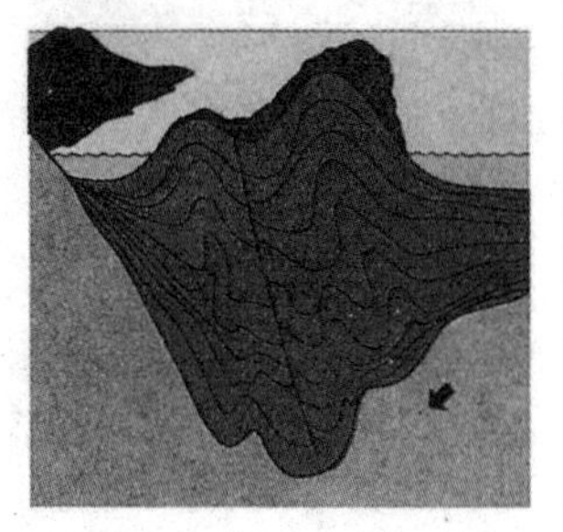

地层更厚，沉积全部向上浮，形成高的山地。

断块山

在断层力作用下形成的山地

断块山是受断层控制的山体，呈整体抬升或翘起抬升状态，并受河谷影响而发育。断块山有时两侧山坡较对称；有时山体一侧沿断层翘起，翘起的一坡短而陡峭，倾斜的一坡长而缓。断块山的山麓地带常形成多级阶梯，这是山地在抬升过程中形成的，记录了山地早期抬升的历史，证明了山地是构造运动在较长的稳定时期之后再抬升而成的。断块山地的这些山麓阶梯面常受断裂活动影响而发生断裂变形或倾斜变形。断块山按断层形式可分为地垒式断块山，如中国江西庐山；掀斜式断块山，如中国山西五台山；还有台地式断块山，如中国小兴安岭。

丘陵

起伏和缓、连绵相续的高地

丘陵是地球表面绝对海拔在500米以内，由各种岩类组成的坡面组合体，是山地久经侵蚀的产物。相对高度在200米以上的为高丘陵，200米以下的为低丘陵；按坡度陡峻程度可分为陡丘陵和缓丘陵。丘陵地区，尤其是靠近山地与平原之间的丘陵地区，往往由于山前地下水与地表水的供给而水量丰富，自古就是人类重要的栖息之地。

高原

海拔较高、地形平坦的地表区域

高原是以宽阔平坦地面为主的、面积广大的高海拔地区；一般以较大的海拔高度区别于平原，以较广的平坦地面和较小的起伏区别于山地。根据其分布状况，可划分出山间高原、山麓高原、大陆高原、海底高原等。山间高原是与其周围山脉同时形成的高原，部分或全部被山脉包围；山麓高原是介于山脉和平原之间、分布于山脉外缘的高原；大陆高原是从低地或海边陡然升起的高原。按组成岩性不同，高原又分为黄土高原和岩溶高原等。

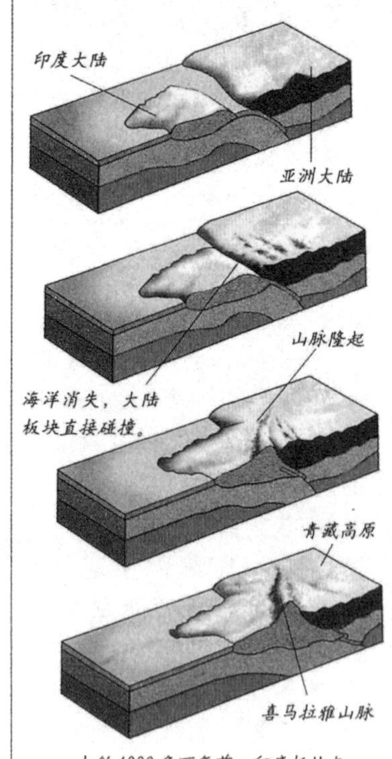

大约4000多万年前，印度板块与亚洲板块相撞，逐渐形成世界屋脊——青藏高原。

冲积平原的形成

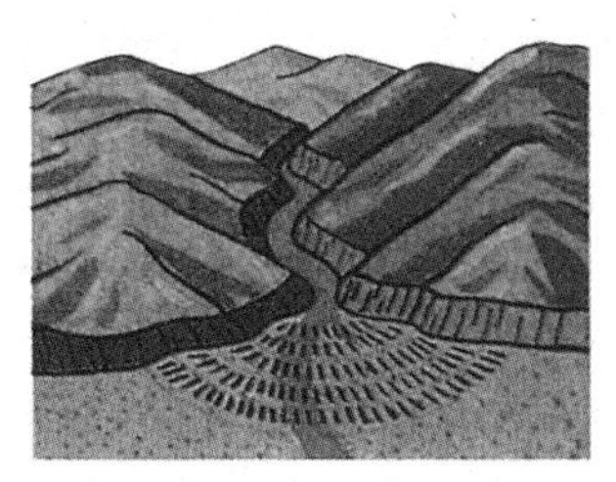

河流由山地流至平原区，泥沙开始沉积。

形成以出口为中心、呈放射状的水流行程，继续沉积的泥沙形成冲积扇（沉积平原的一部分）。

随着沉积面积的扩大，冲积扇也更为广阔。

平原

陆地上最平坦的区域

平原地貌宽广低平，起伏很小，海拔高度多在200米以内。由于平原的组成和使其形成的动力不同而分为不同的类型。由堆积作用形成的称“堆积平原”，由剥蚀作用形成的称“剥蚀平原”。堆积平原可分为：冲积平原、洪积平原、风积平原、冰碛平原、冻土平原、海积平原等，其中分布最广的是冲积平原；剥蚀平原可分为：溶蚀平原、冰蚀平原、风蚀平原等。

冲积平原

冲积平原是河流搬运的碎屑物因流速减缓而逐渐堆积所形成的平原。其主要特征为地势平坦、沉积深厚、面积广大，多分布在大江、大河的中下游两岸地区。冲击平原的沉积结构常常下部是砾石层，上部是粉砂黏土层。下部砾石层是河床堆积，上部粉砂黏土层是洪水溢出河道时在河两旁地面的沉积物。所以，冲积平原河槽两旁的地面也称为〝泛滥平原〞。

三角洲

三角洲是在入海（湖）河流与海（湖）水动力的共同作用下，形成的外形似三角形、向海（湖）突出的沉积地。河流在入海或入湖的河口区，水流流速降低，水流分散，便将搬运的泥沙渐次沉积下来；这样，在河口附近便形成扇形堆积体。开始时是浅滩，然后逐渐形成三角洲，最后形成低平的陆地，与泛滥平原连结在一起。

盆地

中间低四周高的陆地盆状地貌体

陆地上的盆地按成因可以分为构造盆地和侵蚀盆地两大类。构造盆地主要是内力地质作用的产物；侵蚀盆地主要是外力地质作用的产物。构造盆地又可分为因断层陷落形成的断陷盆地、由于局部构造凹陷形成的凹陷盆地、由较大规模的火山口保留下来形成的火山口盆地等；侵蚀盆地包括由河流摆动拓宽河谷形成的河谷盆地和因强风长期吹蚀形成的风蚀盆地。根据水流的形式，盆地还可分为内流盆地和外流盆地。

沼泽

具有明显潜育层的地段

沼泽是常年积水、地表过湿、长有湿生和沼生植物、有泥炭堆积或土壤具有潜育层的地段，一般地势平坦，排水不畅。沼泽可因江、河、海的边缘或浅水部分淤塞而成；也可在森林地带、高山草甸、洼地和冻土中因地下水聚集而成；另外有些沼泽是湖泊淤积变浅形成的。按供给水源和演变过程，沼泽可分为低位沼泽、中位沼泽和高位沼泽；按地貌条件，可分为山地沼泽、高原沼泽和平原沼泽。

盆地地貌

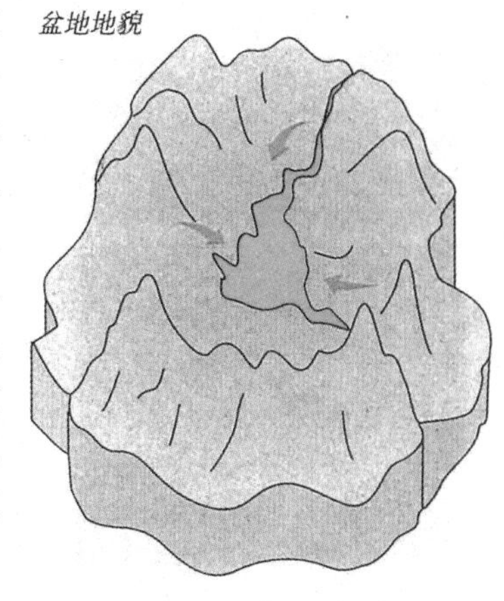

雅丹地貌

经长期风蚀，由一系列平行的垄脊和沟槽构成的地貌

雅丹地貌的形成有两个关键因素：一是发育这种地貌的地质基础，即湖泊环境中的沉积地层；二是外力侵蚀，即荒漠中强大的定向风的吹蚀。荒漠区剧烈变化的温差产生的胀缩效应导致泥岩层最终发生崩裂，暴露出来的沙土层被风和流水带走，演变为凹槽状；但依然有泥岩层覆盖的部分相对稳固，形成或大或小的长条形土墩，雅丹地貌的形态逐渐形成。

雅丹地貌

冻土地貌

由处于0℃以下、含有冰的土（岩）层组成的地貌

多年冻土地貌以地下最高地温0℃为界，分为上层夏融冬冻的活动层和下层终年冻结的永冻层。全球冻土的分布，具有明显的纬度和垂直地带性规律。自高纬度向中纬度，多年冻土厚度不断减小；极地区域冻土层出露地表，厚达千米以上，年平均地温 −15℃。

丹霞地貌

砂岩地貌

丹霞地貌发育始于地质年代第三纪晚期的喜马拉雅造山运动时期。这次运动使部分红色地层发生倾斜和褶曲，并使红色盆地抬升。流水向盆地中部低洼处集中，沿岩层垂直节理进行侵蚀，并形成坡度较缓的崩积锥。随着进一步的侵蚀，缓坡丘陵形成。在红色砂砾岩层中有不少石灰岩砾石和碳酸钙胶结物，碳酸钙被水溶解后常形成一些溶沟和溶洞，或者形成薄层的钙华沉积，甚至发育成石钟乳。丹霞地貌主要分布在中国、美国西部、澳大利亚、欧洲中部等地，以中国地区最为典型。

喀斯特地貌

化学溶蚀作用为主而形成的地貌

喀斯特地貌指地表中溶性岩石（主要是石灰岩）受水的溶解而发生溶蚀、沉淀、崩塌、陷落、堆积等现象形成的各种特殊地貌。水对可溶性岩石所产生的作用以溶蚀为主，还包括流水的冲蚀、溶蚀以及塌陷等机械侵蚀过程。喀斯特地貌分布在世界各地的可溶性岩石地区，占地球总面积的10%。从热带到寒带、由大陆到海岛，都有喀斯特地貌发育。

高纬度苔原地区薄薄的表层土之下是极地厚厚的永久冻土层。

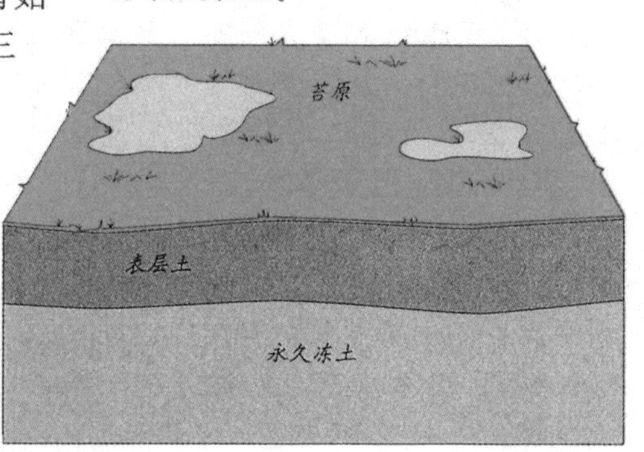

地下地貌

地下地貌是岩溶作用的特有地貌，包括落水洞、溶洞和地下河、地下湖等。其中，"溶洞"从广义上说包括了地下大小不同的各种类型的洞穴，有时也包含落水洞。溶洞是世界上规模最大，最富有地理意义和研究得最为详细的地下地貌类型。溶洞的形态非常复杂，其规模大小相差悬殊，这反映了它们形成机制、形成因素和演化历史的不同。

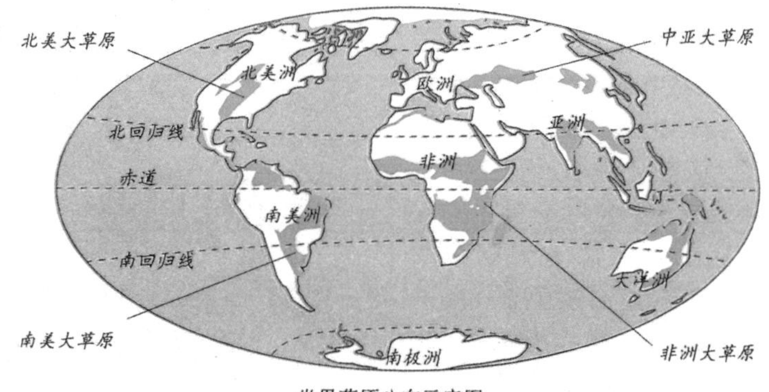

世界草原分布示意图

草原

草丛高度1米左右的天然草地

草原区由于水热条件的差异，并根据生物学和生态学特点，其植被分为草甸草原、典型草原（干草原）和荒漠草原；而在区域上主要分为欧亚草原区和北美草原区。在欧亚大陆，草原从欧洲匈牙利往东经黑海沿岸进入前苏联境内，再向东进入蒙古，延伸到中国，构成世界上最宽广的草原带；在北美洲，从加拿大到美国的得克萨斯州，形成南北走向的草原带；此外，非洲草原主要分布于南部，面积较小。

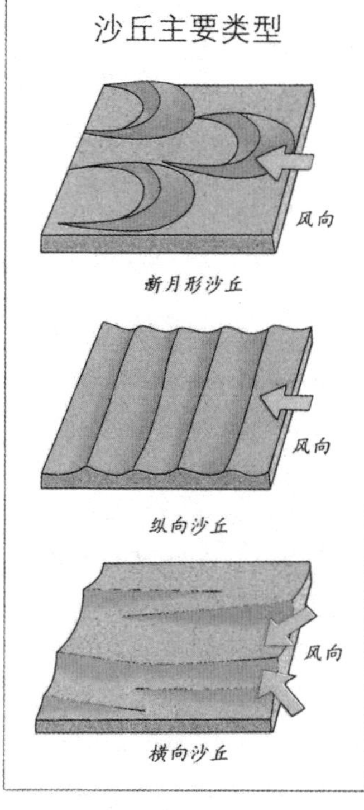

沙漠

由地表大面积的流沙堆积形成的各类风蚀、风积地貌

沙漠有两种概念，一是荒漠的通称；二是指表面覆盖大片流沙、广泛分布各种沙丘的地面，是荒漠中分布最广的一种类型。沙漠的形成有许多的原因，最重要的是岩石的风化。由于降雨量少，气候干燥，日照强烈，水分蒸发快，昼夜温差大，岩石在这种条件下，终年经历着热胀冷缩的变化，最终碎裂成砂粒，形成沙漠。

沙丘

风积地貌的基本类型

沙丘是流沙遇阻堆积于地面形成的丘状地貌。沙丘按形状主要分为新月形沙丘、纵向沙丘、横向沙丘、抛物线沙丘、金字塔沙丘、蜂窝状沙丘和沙地等。新月形沙丘是最常见的一种沙丘，是流沙在定向风的作用下遇到草丛或灌木的阻挡而堆起的沙堆。

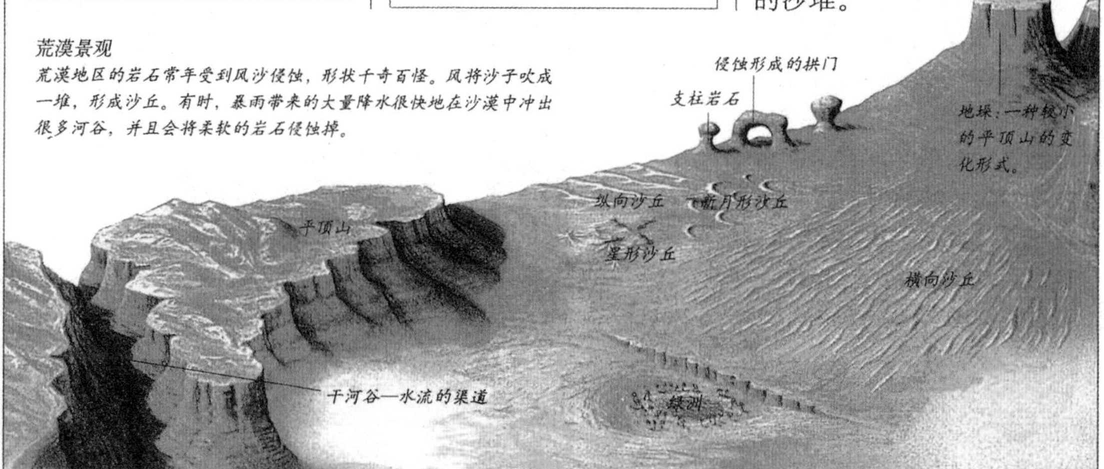

荒漠景观

荒漠地区的岩石常年受到风沙侵蚀，形状千奇百怪。风将沙子吹成一堆，形成沙丘。有时，暴雨带来的大量降水很快地在沙漠中冲出很多河谷，并且会将柔软的岩石侵蚀掉。

绿洲

荒漠中地下水或地表水较丰富、植物繁茂的地区

沙漠绿洲大都出现在背靠高山的地方。夏季时，高山上的冰雪融化，雪水汇成了河流，流入沙漠的低谷，就形成了地下水。地下水在流到沙漠的低洼地带时就会涌出地面，形成湖泊。由于地下水滋润了沙漠，植物草丛开始慢慢生长，于是形成了沙漠中的绿洲。绿洲的面积一般不大，而一些较大的绿洲会成为农业发达和人口集中的居民区。

森林

大片生长的树木

森林分布范围相对广阔，约占陆地面积的30%，寒带、温带、亚热带、热带的山区，丘陵，平地，甚至沼泽、海涂滩地等地方都有分布。森林的生命周期长，其主体成分——树木的寿命可长达数十年、数百年甚至上千年。森林从原生演替的先锋树种（灌木）开始，经历发展强化阶段和相对稳定的亚顶极阶段，到成熟稳定的顶极阶段，通常要经过百年以上。森林可凭借庞大的林冠、深厚的枯枝落叶层和发达的根系，起到良好的蓄水保土和减轻地表侵蚀的作用。

森林群落

一片森林中全部生物种类的集合

森林群落中的植物很多，这些植物常常在空间上分出层次。枝叶交错、生有树冠的高大树木构成乔木层；树下丛生的植物，枝干比较矮小，构成灌木层；低矮的草本植物构成草本层；紧近地面绿茵如毯的植物构成地被层。这些不同层次的绿色植物与森林中所有的生物一起，共同构成了一个奇妙、复杂的生物世界。

林型

森林类型

林型是按森林的综合自然性状划分的自然分类单位。森林类型的划分包括以下内容：森林树种的组成、结构、组合特点及分布于其间的其他植物层、动物区系和微生物，地表岩石、气候、土壤和水文条件，即植物与环境的相互关系，以及生物群落内部的物质和能量交换等。

雨林剖面示意图

森林的具体分类

森林按其在陆地上的分布，可分为针叶林、针叶阔叶混交林、落叶阔叶林、常绿阔叶林、热带雨林、热带季雨林、红树林、珊瑚岛常绿林、稀树草原和灌木林；按发育演替又可分为天然林、次生林和人工林；按起源可划分为实生林和萌芽林（无性繁殖林）；按树种组成可分为纯林和混交林；按年龄结构可分为同龄林和异龄林等。

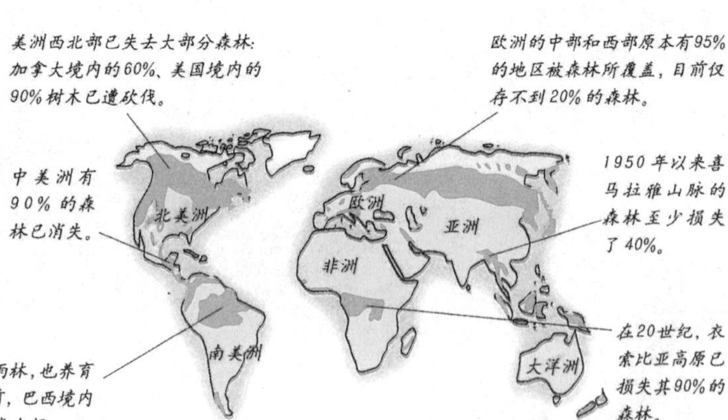

热带雨林

孤立乔木的巨大树冠散布在林冠之上。

大多数动物生活在这里，此处阳光温暖、雨露充沛，且食物丰富。

热带雨林由无御寒、无抗旱能力的树种组成，乔木种类非常丰富，层次多而界限不清，没有明显的优势种。热带雨林乔木具有板状根、支柱根、气生根和老茎生花现象。层间藤本植物和附生、寄生植物发达，并有绞杀植物（一些具粗大缠藤或气生根发达的树种，常缠绕或包卷支持它的树木，将其"绞杀"至死）。热带雨林主要分布于南美洲亚马逊河谷盆地、非洲刚果盆地、亚洲马来半岛及其附近地区、澳大利亚东北部及太平洋群岛。热带雨林不仅对调节地球气候起着重要作用，医学上的许多珍贵药物也是从热带雨林的植物中提炼出来的；更重要的是全世界半数以上的动、植物都以热带雨林为家。但由于人为的破坏，热带雨林正在迅速减少，直接造成了物种的灭绝。

森林覆盖率

单位土地面积中森林所占水平面积的数量，称为森林覆盖率。森林面积通常以树冠在地面上的垂直投影面积来计算。由于森林在保持水土、调节气候、净化大气、防治噪声、维持自然界生态平衡上起重要作用，所以，在国际上常用森林覆盖率来衡量一个国家自然保护事业发展的情况。

· DIY 实验室 ·

实验：悬崖是如何形成的？

准备材料： 一个空塑料瓶、橡皮泥、刀子、面粉、两块石头、沙子、硬纸板

实验步骤：

1. 纵向剖开塑料瓶。
2. 用硬纸板剪一个圆盘，大小恰好能放进瓶里。
3. 放倒塑料瓶，铺一层沙，厚约1厘米。
4. 将圆盘卡在瓶颈位置，把两块石头埋入沙中，露出石子的上端。

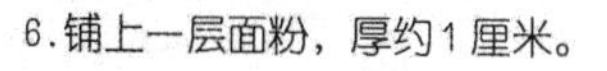

5. 把充分揉搓的橡皮泥盖在沙层和石子之上。

6. 铺上一层面粉，厚约1厘米。
7. 朝瓶底方向推动圆盘。

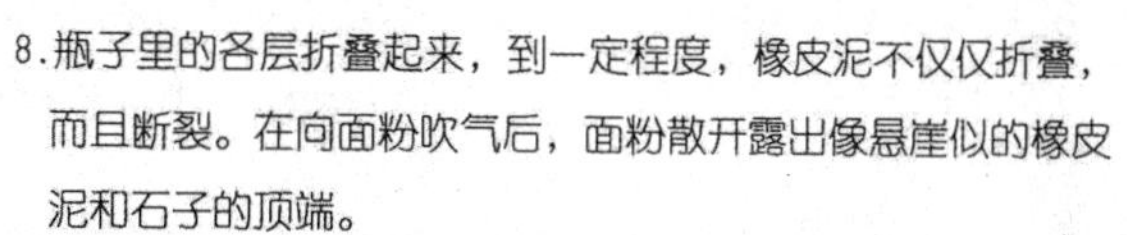

8. 瓶子里的各层折叠起来，到一定程度，橡皮泥不仅仅折叠，而且断裂。在向面粉吹气后，面粉散开露出像悬崖似的橡皮泥和石子的顶端。

原理说明： 当两个大陆板块相遇时，其中一个俯冲到另一个下面，撞击和摩擦使山脉隆起，原来深藏地下的岩层以悬崖和高地的形式裸露出来。

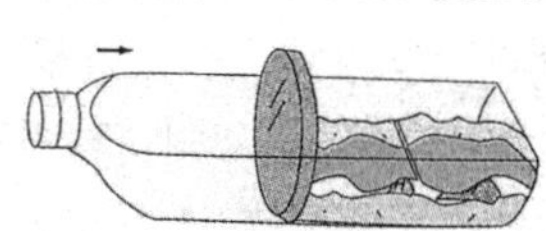

· 智慧方舟 ·

选择：

1. 造山带是岩石圈板块什么边界上的重要地质标志？

   A. 分离型板块边界　B. 汇聚型板块边界　C. 平错型板块边界　D. 转换断层

2. 褶皱的基本形态包括哪些？

   A. 褶曲　B. 背斜　C. 地层　D. 向斜　E. 断层

3. 分布在大江、大河中下游两岸地区、由河流搬运的碎屑物堆积而成的地貌是什么？

   A. 溶蚀平原　B. 三角洲　C. 冰碛平原　D. 冲积平原

4. 属于构造盆地的是哪些？

   A. 断陷盆地　B. 拗陷盆地　C. 火山口盆地　D. 河谷盆地　E. 风蚀盆地

5. 按发育演替的自然规律可将森林分为哪些类型？

   A. 热带雨林　B. 针叶林　C. 天然林　D. 混交林　E. 次生林　F. 人工林

海洋

·探索与思考·

制造海浪

1. 找一根长绳子。
2. 迅速地抖动手腕，让绳子上下起伏地舞动起来。
3. 震动的绳子形成了一道“波浪”，这道波浪既有“波峰”又有“波谷”，而且波峰、波谷有规律地相继出现。

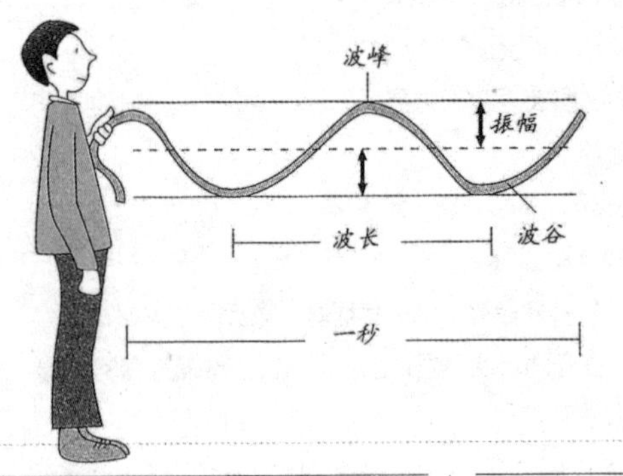

想一想 为什么会有海浪？海浪有哪些作用？海水的运动还表现为何种形式，对地球有什么影响呢？

海洋占地球表面积的71%，全球有超过97%的水都聚集在海洋中。海和洋不同，洋的面积大，彼此相连，占海洋总面积的89%；而海的面积只占海洋总面积的11%，可分为多种类型的海域。除地球生物资源的80%以上在海洋里外，海洋里的潮汐能、海浪能、温差能都是取之不尽、用之不竭的能量来源。海洋提供我们赖以生存的基础，但可怕的海啸等海洋灾害也会危及人类的生命安全。

海水来源

地球内部的水凝聚于地表而形成

海水占全球总水量的97%以上，是地球水圈的主要组成部分。地球形成之初并没有海水，它们以结构水、结晶水等形式贮存于矿物和岩石之中。随着地球的演化，轻重物质的分异，它们逐渐从矿物、岩石中释放出来，成为原始海水。譬如，在火山活动中总是有大量的水蒸气伴随岩浆喷发出来。海水的水量便是通过这样的方式经过数亿年的积累逐步形成的。

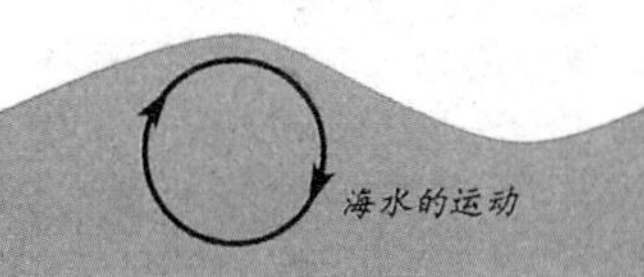

洋

地球表面上特别广大的水域

地球上大洋的面积约占海洋总面积的89%，深度一般都大于3000米，水温不受大陆的影响，有独立的潮汐和海流系统，沉积物多是钙质软泥、硅质软泥和红色黏土等。全球共有四个大洋，即北冰洋、印度洋、大西洋和太平洋。其中太平洋是世界面积最阔、深度最大、边缘海和岛屿最多的大洋；北冰洋是四大洋中最浅、最小的一个，且大部分为浮冰所占。

大洋面积的比较

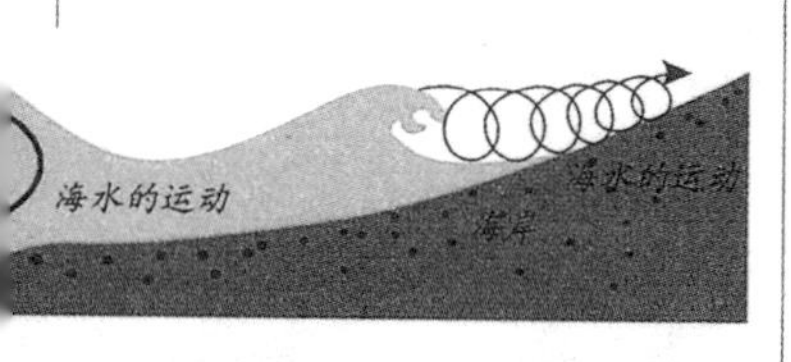

本来作圆周运动的水分子在波浪靠近海岸时，运动轨迹逐渐破碎，最后涌上海岸。

海

大洋的边缘部分

在大洋和陆地接触的地方便是海。其面积约占海洋总面积的11%，深度一般小于3000米。海在水文特征上兼受大洋和大陆的双重影响，有明显的季节性变化，没有独立的潮汐和海流系统。因有许多陆上河流注入，故含盐度较低，常在32‰以下，其沉积物多来源于陆地。按海所处的位置不同，可分为边缘海、地中海和内陆海。

边缘海

仅以海峡或水道连接大洋的海域

边缘海又称“陆缘海”，位于大陆边缘，以岛屿、群岛或半岛与大洋分隔，仅以海峡或水道与大洋相连。边缘海主要潮汐和海流系统直接来自大洋，水文特征受大陆影响，变化比大洋大。边缘海可按其主轴方向分为纵边缘海和横边缘海。主轴方向平行于附近陆地的主断层线，如白令海、日本海等，为纵边缘海；主轴线与断层线大体垂直，如北海等，为横边缘海。

地中海

大陆之间的海域

地中海有两层意思：一是指位于大陆与大陆之间的海，四周被大陆包围，有较宽的、为数较多的水道与大洋相通；二是特指位于南欧、北非、西南亚之间，世界最大的“陆间海”。它东西长约4000千米，南北平均宽度为长度的1/5，平均深度为1500米，是世界第六大海域；以半岛和海中的岛屿为界，此地中海还可划分为利古里亚海、第勒尼安海、亚得里亚海、伊奥尼亚海、爱琴海等七个子海。

内陆海

以狭窄水路与大洋或其他海相沟通的水域

内陆海又称“内海”或“封闭海”，是指位于某一大陆内部的海。内陆海通常被大陆、岛屿或群岛所包围，但有狭长的水道或海峡与大洋相通。内陆海面积小，深度不大，海底地貌较单纯，海底构造与毗邻陆地的地质构造无多大差异，海洋水文特征受大陆影响显著。

海岸

陆地和海洋相互作用的地带

海岸是指波浪对地面的作用范围，包括狭义的海岸、海滩和近岸带。狭义的海岸是指紧邻海滨向陆的一侧；海滩是海岸带泥沙在击岸浪流的作用下形成的堆积体，根据主要组成物质的不同可分为泥滩、砂滩、砾石滩数种，海滩大规模发育的结果可扩展成海积平原；近岸带包括海滩和水下泥沙活动的地带，其水深约在10~20米的范围内。

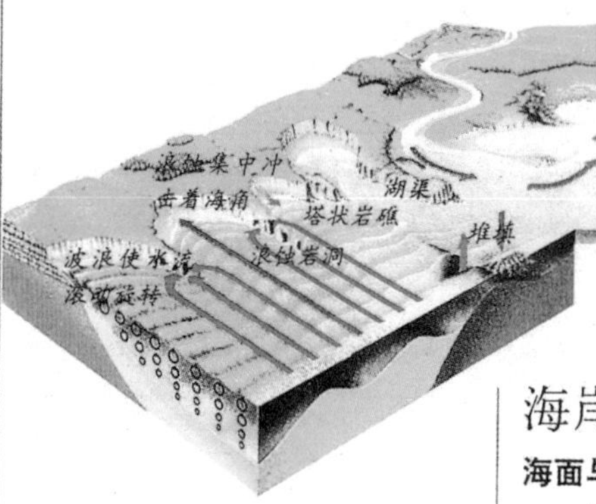

海岸构造示意图

海岸线

海面与陆地接触的分界线

海岸线是海水与陆地接触的分界线，一般指海边在多年大潮的高潮时所到达的界线。海岸线从形态上看，有的弯、有的直，而且这些海岸线还在不断地发生着变化。海岸线发生变化的主要原因是地壳的运动，由于受地壳下降活动的影响，引起海水的侵入（海侵）或海水的后退(海退)现象，造成了海岸线的巨大变化；海岸线的变化还受冰川融水和入海河流中泥沙的影响。

大陆架

环绕大陆的浅海地带

大陆架又称“大陆棚”、“陆架”、“陆棚”，是指从海岸起在海水下向海底延伸的一个地势平缓的海床及底土。大陆架范围内海水的深度一般在20～550米之间，总面积约占全球面积的5.3%，约占海洋总面积7.5%，几乎所有大陆岸外均有大陆架发育。大陆架的地质结构与相邻的大陆一致，其海底地貌是由原来陆地上的地貌沉溺于海水之下构成的。大陆架蕴藏着石油、天然气和其他矿物资源。

海峡

沟通两个海（洋）之间的狭窄水道

海峡是指海洋中连接两个相邻海区的狭窄水道，是两块陆地之间的狭窄水域。如连接太平洋与北冰洋的白令海峡、连接东海与南海的台湾海峡等。海峡是地壳运动造成的，地壳运动时，临近海洋的陆地断裂下沉，出现一片凹陷的深沟，涌进的海水把大陆与邻近的海岛或相邻的两块大陆分开，就形成了海峡。一般来说，海峡中水深流急，物质组成是基岩或粗大砾石，是航运要道。

原始海洋形成示意图

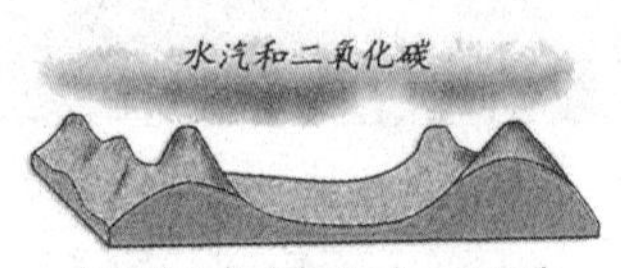

熔融的地表冷却时，火山爆发喷出混合气体，形成早期的大气。

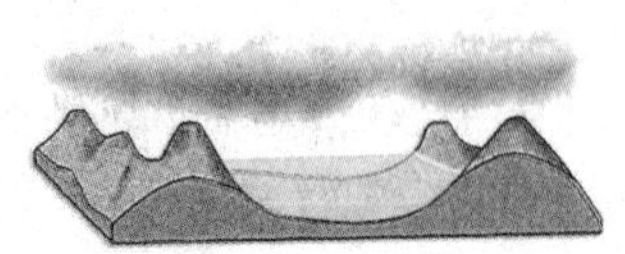

水汽在大气中凝结成雨降下，雨水使灌满广阔的低地。

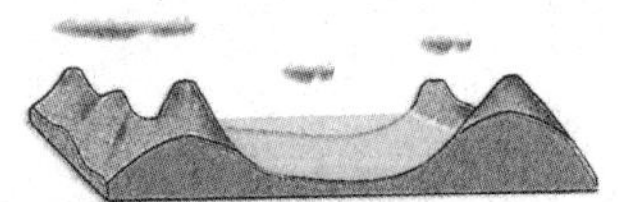

地球冷却，火山喷发逐渐减少。这些巨大的水洼变成又热又酸的原始海洋。

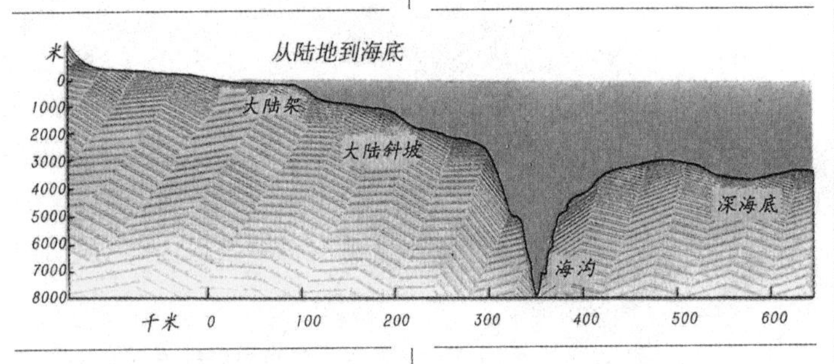

海湾

海伸入陆地的部分

海湾指两个岬角(突出海中的尖状陆地)之间向陆地凹进的部分，伸入大陆最远处为湾角。海湾三面为陆，一面为海，形状不一（有U形或圆孤形），其深度和宽度在向陆地推进的过程中逐渐减小。海湾从成因上说，有构造成因的，如中国的胶州湾、日本的富山湾；有的是在海面上升过程中沉入水中的，如渤海湾、东京湾。

海洋岛

海洋中自行生成的岛屿

海洋岛又称“大洋岛”。这种岛屿一般与大陆的构造、岩性、地质演化历史没有关系，是独立形成的，故也称“独立岛”。它不是毗邻大陆的一部分，而是在海洋中由于海底火山的喷发作用形成的火山岛或由于造礁珊瑚建造而成的珊瑚岛和由珊瑚碎屑构成的沙岛等。火山岛的形态很不规则，有的呈长条形，有的呈弧形。

海洋沉积

海底沉积物

海洋沉积物分布面积广、类型多、层位稳定，沉积包含物理、化学和生物等过程。海洋沉积一般是在地表正常温度、压力条件下形成的，呈未固结的松散状态，是现存海底的泥、砂、砾石及生物碎屑物的统称。海洋沉积传统分为大陆边缘沉积和深海沉积两类，主要包括陆地岩石风化剥蚀而成的砾石、砂、粉砂和黏土等；此外还包括海水中由生物作用和化学作用生成的固体物质，如生物遗体、磷酸盐、二氧化锰等；也有一部分火山碎屑、溢出地幔的物质、宇宙尘等。

海洋水色

海水的颜色

海洋水色主要由海洋水分子和悬浮颗粒对光的散射决定；但是大洋中悬浮质较少，颗粒也很微小，因此其水色主要取决于海水分子的光学性质。由于蓝光和绿光在水中的穿透力最强，所以它们回散射的机会也就最大，因此海水看上去呈蓝色或绿色。由于近岸的海水悬浮颗粒多，而且大，所以从远海到近岸水域，海水颜色依次由深蓝逐渐变浅；在含沙量较多的河口附近，海水中有大量陆地植物分解产生的浅黄色物质，因此海水看上去为黄绿色。

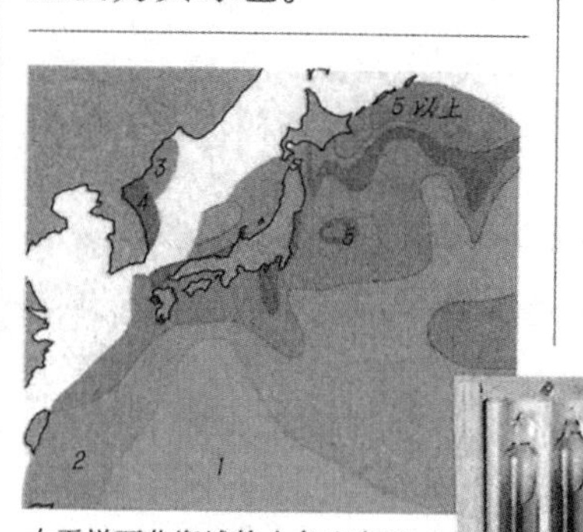

太平洋西北海域的水色分布图

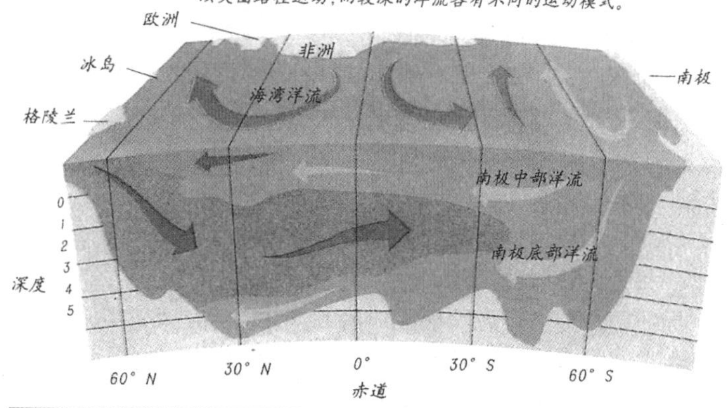

大西洋的海水处于不停的运动当中。表面洋流如湾流，以大圈路径运动；而较深的洋流各有不同的运动模式。

赤潮

赤潮是水体中某些微小的浮游植物、原生动物或细菌，在一定的环境条件下突发性地增殖和聚集，引起一定范围内一段时间里水体的变色现象。通常水体颜色因赤潮生物的数量、种类的不同而呈红、黄、绿和褐色等。发生赤潮的生物类型主要为藻类，一般发生在近岸海域晚春至早秋季节；由引起赤潮的生物利用氮、磷、碳等营养物质大量增加和聚积所致。

波浪

由海水的波动引起

波浪是海水的运动形式之一，也称“海浪”，包括风浪、涌浪和海洋近岸波等，并具有明显的周期性。风浪以风力为直接动力；涌浪是风浪传播到风区以外的海域中所表现的浪；海洋近岸波是风浪或涌浪传播到海岸附近，受地形的作用改变波动性质的浪。波浪的要素包括：波峰、波谷、波长、波速、周期、波陡和波高。

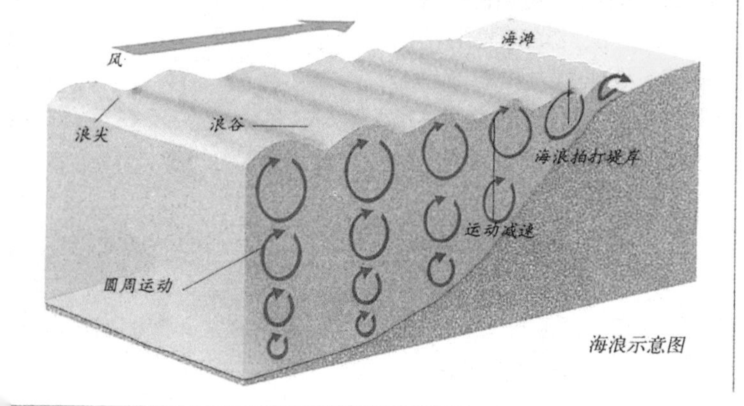

海浪示意图

洋流

沿一定方向作大规模流动的海水

洋流也叫“海流”，是海水运动的形式之一。洋流既可以出现在海洋表层，也可以出现在海洋深处；按水温可分为寒流和暖流。洋流具有非常大的规模，是促成不同海区间大规模物质交换和能量交换的主要因素，对其上空的气候和天气的形成及变化都有影响和制约作用。

海洋潮汐

海水因引潮力而周期性涨落的现象

海洋潮汐主要是受月球和太阳"引潮力"引起的，有垂直和水平两个方向的运动形式。海水的垂直性运动称为"潮"；水平运动称为"潮流"。"潮涨"与"潮落"就是"潮"配合"潮流"而呈现的一种周期性现象，两者相合就是所谓的"潮汐"。海洋潮汐的大小和涨落时刻逐日不同，因月球对地球的引潮力约为太阳对地球的2.17倍，故海洋潮汐现象主要随月球的运行而变化，且受各地纬度、海洋深度和地形等因素的影响。

波浪的要素

波高比波长的1/7更高时，波浪就会破碎。

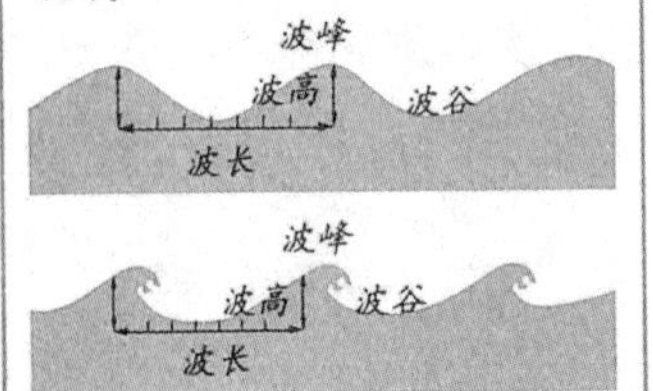

波峰—波浪运动的最高点

波谷—波浪运动的最低点

波长—相邻的波峰或波谷间的水平距离

波速—波形传播的周期即两相邻的波峰或波谷通过一固定点所需的时间

波高—波峰至波谷间的垂直距离

波陡—波高与波长之比

潮汐循环周期示意图

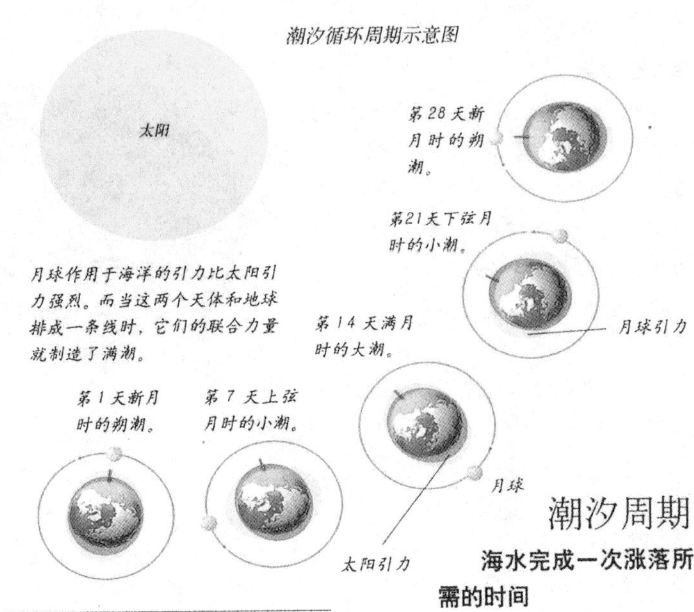

月球作用于海洋的引力比太阳引力强烈。而当这两个天体和地球排成一条线时，它们的联合力量就制造了满潮。

引潮力

引发潮汐的原动力

形成引潮力的主要因素是月球的引力。第二个因素是地球绕地月公共质心转动而产生的离心力，这股离心力刚好和月球对地心的吸引力大小相等、方向相反，从而使地月之间能够保持一定距离。但是在地球上不同的地方，月球产生的引力是方向不同、大小不等的；但地球在绕公共质心运动时产生的离心力是方向相同，大小相等的。因此地球上的不同地方，月球引力和地球离心力产生大小不同的合力，即使海水发生潮汐现象的引潮力。

潮汐周期

海水完成一次涨落所需的时间

一般说来，月亮绕地球一周是24小时48分，潮汐的周期也是24小时48分；一昼夜之间大部分海水有一次面向月亮，一次背对月亮，海水也就有两次涨落。在一些地方，两次涨落的时间几乎相等，称"半日潮"；另一些地方只有一涨一落，高潮和低潮之间大约相隔12小时25分，则称"全日潮"。

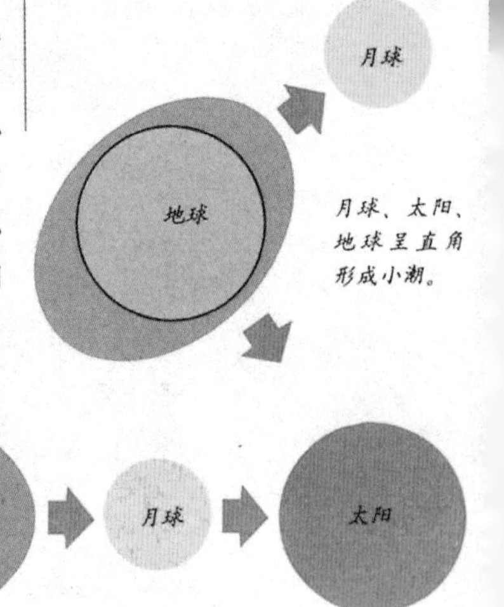

月球、太阳、地球呈直角形成小潮。

月球、太阳、地球呈直线形成大潮。

大潮和小潮

由太阳、月亮和地球三者关系决定

地球、月亮、太阳的位置有时成一条直线，有时又成直角。每当农历初一或十五，地球、月球、太阳的位置几乎在同一直线上，月球和太阳的引潮力是一致的，两种力量叠加在一起，就使海水出现大潮；每当农历初七八或二十二三时，月球对地球的引潮力与太阳对地球的引潮力互相垂直，便出现了小潮。

从海面到海底；海啸波流速几乎一致，在近岸处骤然形成水墙，水珠有时可溅到50米以上的空中。

海啸

一种具有强大破坏力的海浪

海啸是由火山爆发、海底地震、海岸和海底发生滑坡等造成的巨浪。其特点是波长很长，虽然历时很短，但能释放巨大的能量；它在滨海区域的表现形式是海水陡涨，骤然形成“水墙”。这种“水墙”内含极大的能量，瞬时侵入陆地，吞没港口、城镇、村庄和农田；有时还会往复多次，严重威胁人类的生命和财产安全。

DIY 实验室

实验：什么是潮汐力

准备材料：一个带把手的塑料桶、水

实验步骤：1.在塑料水桶中装入半桶水。

2.将水桶绕着圈子甩动起来（幅度越大越好）。

3.塑料桶在做圆周运动时，尽管会在短时间内出现开口向下的情况，但桶里的水并没有洒出来。

原理说明：和固体一样，液体也会受到离心力的作用。桶里的水在离心力的作用下被压在了桶底，离心力对物体的影响大过物体本身受到的重力，因此，桶里的水始终没有洒出桶外。海水随着地球自转也在旋转，而旋转的物体都受到离心力的作用，使它们有离开旋转中心的倾向，但同时海水还受到月球、太阳和其他天体的吸引力，这样海水在这两个力的共同作用下形成了引潮力，使潮水既没有离开地球表面，又形成潮涨潮落的周期运动。

智慧方舟

选择：

1.下列哪些是原始海水的来源？

A.矿物 B.岩石 C.岩浆 D.陨石 E.彗星 F.太阳星云

2.对地中海的描述以下哪些是正确的？

A.指南欧、北非、西南亚之间的海域

B.地中海只有很少的海道能与大洋相连

C.地中海又称“内海”或“封闭海”

D.白令海、日本海属于地中海

E.地中海的深度往往在3000米以上

3.海洋岛通常由什么形成？

A.海底火山 B.海峡 C.沙岛

D.大洋中脊 E.珊瑚岛

河流和湖泊

· 探索与思考 ·

自制喷泉

1.把一支漏斗口朝下放入一个较深的平底锅里。
2.把漏斗一侧稍稍垫高。
3.向锅里添水，只让漏斗的管口露出水面。
4.给平底锅加热。
5.水烧开时，就会有一股小小的泉从管子里喷出来。

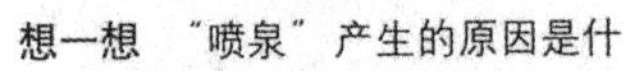

想一想 “喷泉”产生的原因是什么？真正的喷泉是怎样形成的？河流和地下水有哪些特殊的构造，又会形成什么样的独特现象呢？

河流是陆地上的固定水流，它与人类的生活生产有着极其密切的关系。河流是陆地上最活跃的地质动力，一条河可以注入海洋，也可以注入另一条河或湖；有的河干枯于沙漠之中，也有的河会渗入地下成为地下水源。而湖泊是指陆地上低洼地区储存的不与海洋发生直接联系的水体，有些湖泊还是河流的源头，左右着河流的水量。

河流

集中于地表的经常性或周期性水流

河流是一种天然地表水流，多由来自大气的降水组成。降水一部分渗入地下，一部分蒸发返回大气层，剩下的沿地表流动，通过河流进入海洋。较大的河流称江、川，较小的称溪、涧。河流从河源到河口分为上游、中游和下游三段。石灰岩地区有些河流经溶洞或裂隙流入地下，称为地下河。河流作用是陆地上最普遍和活跃的地质作用。

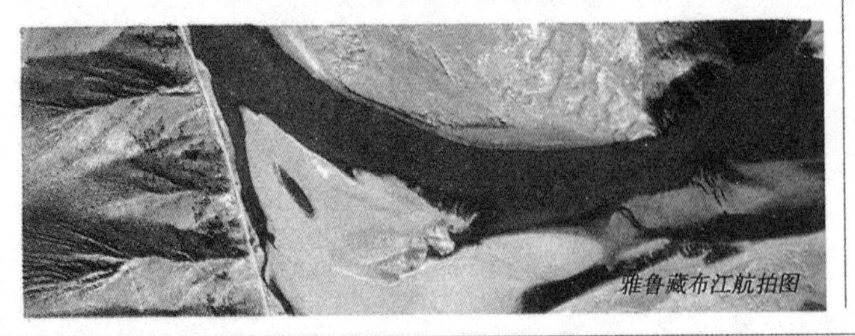

雅鲁藏布江航拍图

河源

河流的发源地

河源是指河流最初具有地表水流形态的地方，常年流水的河流，河源往往是泉、冰川、沼泽或湖泊。当一条河流由两条支流汇合而成时，一般以长度较长、水流较大的河流的源地为河源。在河流溯源侵蚀的作用下，河源可不断向上移动而改变位置。确定河源一般要根据流域面积、河道长度、水量大小、源头形势、河道形态以及长期习惯来综合判定。

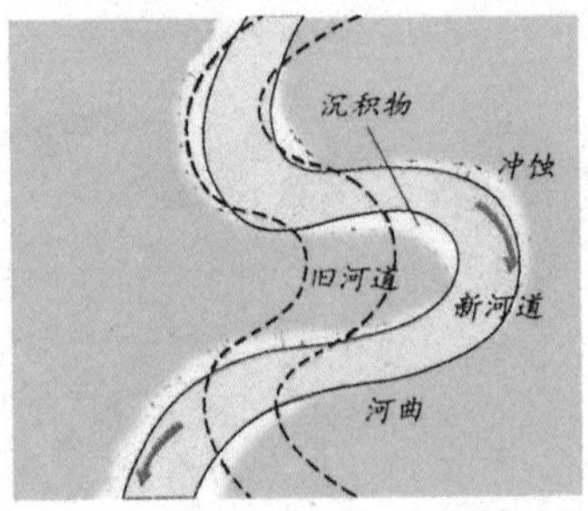

由于水流不断冲蚀外河岸，泥沙不断在内河岸沉积，河曲就渐渐改变了形状。

河曲

又称“曲流”或“蛇曲”

河流蜿蜒如蛇形来回弯曲，称为“曲流”或“河曲”。河曲形成的原因较多，往往受到河水流量和搬运力、河床坡度与阻力以及河流沉积物质等因素的影响。例如，当河水冲向河岸时，会在受流水冲击的两岸形成凹岸及凸岸，两岸合成的河湾就形成了曲流；环流作用使河流一岸受冲刷，另一岸堆积，也能形成曲流。

河口

河流进入其他水体的地段

河口是河流注入海洋、湖泊或河流支流汇入主流的地段。因此，河口可以分为入海河口、入湖河口和入主流河口。在河流注入新的水体、水流开始明显分散的地方，称为“口门”。河口的动力特征受河流及其注入水体的双重影响。如果堆积作用明显，大多有三角洲发育。入海河口由于海水(特别是潮汐、波浪)的作用，其动力作用更为复杂。在河流与潮流相互接触或淡水与咸水相互交汇的地带，常会引起明显的堆积作用。

河谷

由河流作用形成的长条形凹地

河谷主要由河流切割并流经形成，由谷底和谷坡两部分组成，常见于流水作用的山地、丘陵或台地地区。谷底大部分为河漫滩所占据；谷坡为河谷两侧的斜坡，有的有河流阶地。有宽阔的河漫滩而没有阶地发育的河谷，称“河漫滩河谷”。有河流阶地发育的河谷称“成型河谷”。

河谷地形

“V”形的上游河谷

被截断的曲流形成牛轭湖。

雨水沿山谷而下。

河流蜿蜒前进。

河口峡谷变宽。

河口处形成扇形三角洲。

河谷越来越宽阔平坦，水流变慢。

河床

河谷中被水淹没的谷底部分

河床是河谷中被枯水期水流占据的谷底部分，为狭长的凹地。根据河床平面形态和演变规律，可分为顺直微弯、弯曲、分汊和游荡四种类型。河床中的主要形态有浅滩、深槽、壶穴、岩槛等。浅滩是河床上的冲积物堆积体；深槽指浅滩之间相对较深的河段，由基岩或冲积物组成；壶穴指深槽上形成的凹坑；岩槛指河床上的基岩突起或陡坎。

河流流程

由上游、中游和下游组成

河流上游是紧接着河源的河段，其特征是：落差大、水流急速、下蚀作用强；河床深而狭，多急流、瀑布，两岸多高山；在发育阶段上属于河流的幼年期。河流中游是河流的中间河段，河床比较稳定，水流旁蚀作用强，河道弯曲并有河漫滩和阶地出现；在发育阶段上为成熟期。河流下游介于中游与河口之间，河水流量大，淤积作用显著，浅滩、沙洲发育，河道开阔并多汊河、弯道；在发育阶段上为老年期。

河流流程示意图

河流类型

常流河

常流河全年都有水流，常见于全年都有降雨的温带和热带。

我们能见到的大多数河流都是常流河。

季节河

季节河仅在雨季有水流。许多地中海国家都有季节河，在多雨的冬季流水，而在夏季干涸。

季节河地貌

暂时河

暂时河通常是干涸的，许多沙漠河流都是暂时性的，例如澳洲中部的托德河就难得有水流。

澳洲中部的托德河

河流长度

河流长度指河源到河口的轴线长度。确定河流长度可以在大比例尺地形图上，用两脚规量取。地图的比例尺越大，量得的河长越精确。河流的弯曲程度和两脚规跨度的大小都影响河长的量算结果。两脚规跨度大或河流小弯道过多时，两脚规会因忽略小的弯曲而使测得的结果偏小。河流长度的量算由于采用的方法与选取的河源不同，量得的结果往往有较大出入。

河系

由主流和支流汇集连通而构成

河流的主流与它的全部支流和流域内的湖沼以及地下水，可彼此联系成脉络相通的泄水系统，这个系统可称之为“本河水系”或“河系”。河系按河网结构，可分为树枝状水系、羽状水系、格状水系、辐合状水系、辐散状水系、平行状水系等类型。较大的河流，往往由两个以上的水系类型组成。河流的集水区，人们又把它称为“流域”。一般来说，流域面积越大河流水量也就越大，反之愈小。

地下水

储存在地下岩土空隙中的水

地下水根据埋藏条件可分为浅层地下水（潜水）和深层地下水（承压水）。浅层地下水是储存于地表冲积物中的地下水；深层地下水是渗入地下深处蓄积起来的地下水，并以泉水的形式徐徐流出，是河流最稳定的补给来源。地下水可开发利用，作为居民生活用水、工业用水和农田灌溉用水的水源。根据补给量形成的阶段和方式，地下水可进一步分为天然补给和人工补给。天然补给主要来源于大气降水；人工补给是用人工回灌的方法增加其水量，如地面渗水补给和向含水层注水补给等。

泉

由地下水集中流出地表形成

在适宜的地形、地质条件下，浅层地下水和深层地下水均能集中排出地面形成泉，它是地下水的一种重要排泄方式。泉水多出露在山区沟谷、河流两岸和断层带附近。泉按水力性质可分为上升泉和下降泉。上升泉是由深层水补给由下而上涌出地表形成的；下降泉是由潜水补给、在重力作用下自上而下流出地表形成的。

温泉

温泉多是由降水或地表水渗入地下深处，吸收四周岩石的热量后又上升流出地表形成的。水温超过20℃（或超过当地年平均气温）的泉称温泉；能周期性地、有节奏地喷水的温泉称间歇泉；水温等于或略超过当地水沸点的泉称沸泉。温泉含有特殊的化学成分、有机物、气体或具有放射性。饮用或沐浴后能治疗疾病的泉称为矿泉，温泉往往也是矿泉。

冰岛的大间歇泉形成于一次地震。当它喷发时，水雾从地底喷涌而出，冲天而起。

瀑布

陆坡悬崖处倾泻下来的水流

河床处规模较小的岩槛常造成跌水；规模较大的岩槛，河水由其高处倾泻而下，便成为瀑布。瀑布形态由造瀑层、瀑下深潭和潭前峡谷三部分组成。主要由水流对河底软硬岩层的侵蚀或山崩、断层、熔岩阻塞造成。邻近的若干瀑布联合可形成瀑布带，主要形成于坚硬的岩石边缘或断层崖处。瀑布由上而下的冲击力相当大，强大的水柱会一直侵蚀河床，使岩石崩落，而一直侵蚀下去就会形成一处凹洞——瀑下深潭。

湖泊

陆地上洼地积水形成的水域

陆地上比较宽阔的天然洼地中蓄积着停滞或缓慢流动的水体，称为湖泊。它是地表水的组成部分之一，是湖盆和运动的湖水相互作用的综合体。湖泊因其换流异常缓慢而不同于河流，又因与大洋不发生直接联系而不同于海。在自然地理条件的影响下，湖泊的湖盆、湖水和水中物质的相互作用，使湖泊不断演变。

湖泊类型

按照不同标准划分的湖泊种类

采用不同的分类指标，可划分出不同的湖泊种类。按照湖盆的形成可分为内力湖盆作用下的构造湖、火口湖和堰塞湖，外力湖盆作用下的河成湖、风成湖、冰川湖、岩溶湖和海成湖，以及人工作用下的人工湖。按照湖泊与海洋的关系可分为外流湖和内流湖。按湖水的矿化度可分为淡水湖、咸水湖和盐湖。按照湖水中所含营养物质的多少又可分为贫营养湖、中营养湖和富营养湖。

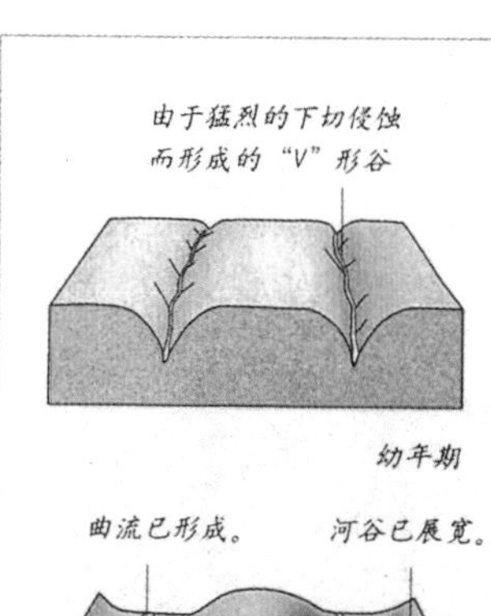

幼年期

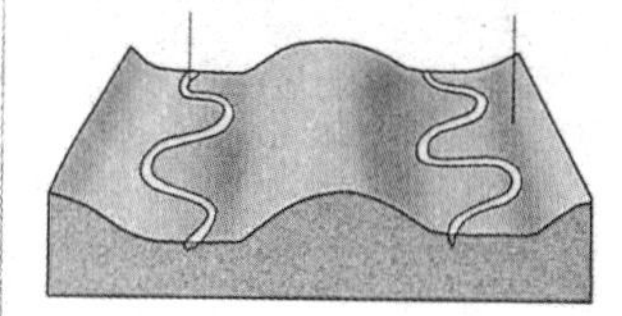

成熟期

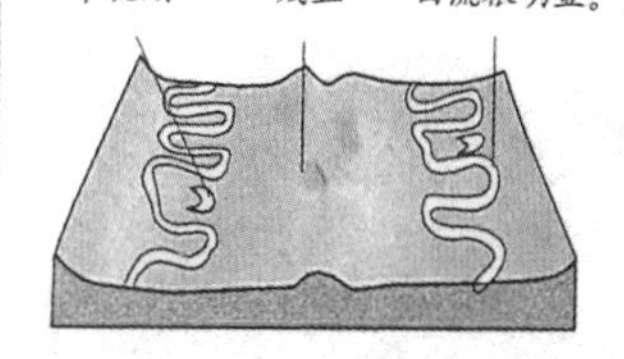

老年期

侵蚀循环理论认为，河流等地貌都有自己的生命历程，会随着时间的推移而经历幼年期、成熟期和老年期。

运河

人工开挖用于通航的河

运河是用以沟通不同河流、水系和海洋，联接重要城镇的工矿区，发展水上运输，兼顾灌溉、给水、排水等目的而修建的人工水路。位于近海陆地上，沟通内河与海洋或海洋与海洋的海运河主要供海船行驶，如苏伊士运河和巴拿马运河；位于内陆地区，供内河船舶通航的运河是内陆运河，如我国著名的京杭大运河、美国的伊利运河、英国的曼彻斯特运河等。

湖盆

储蓄湖水相对封闭的洼地

湖盆的形成是湖泊发生、演变的先决条件和湖水赖以存在的前提，分为自然湖盆和人工湖盆两大类。自然湖盆包括在内部营力作用下形成的内力湖盆和在外力作用下形成的外力湖盆。自然湖盆的形成原因是多种多样的，往往是两种以上因素共同形成的。人工湖盆是指人们利用河流通过的盆地或山间宽阔的谷地，或在河谷狭窄处筑坝兴建的大量蓄水构造。

构造湖

由地壳构造运动产生凹陷蓄水形成的湖泊

由地壳内力作用，包括地质构造运动所产生的地壳断陷、沉陷等所产生的构造湖盆，经贮水而形成的湖泊称为构造湖。因构造湖所处的发育阶段不同以及构造运动性质的差异，反映在湖泊形态方面的特征也就不尽相同，具体可以分为：地堑湖、半地堑湖、对称凹陷湖和不对称凹陷湖。构造湖具有十分鲜明的形态特征，即湖岸陡峭且沿构造线发育，湖水一般都很深；同时，还经常出现一串依构造线排列的构造湖群。

火口湖的形成

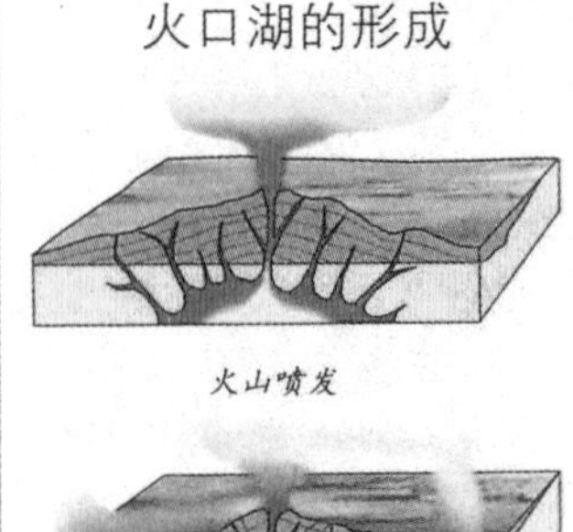

火山喷发

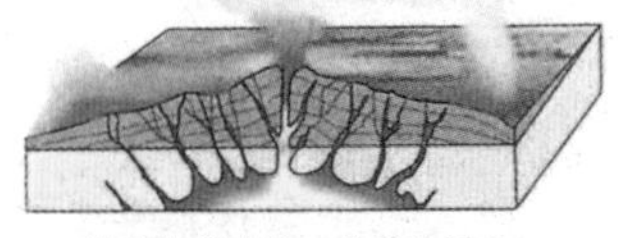

岩浆大量喷发，岩浆池缩小。

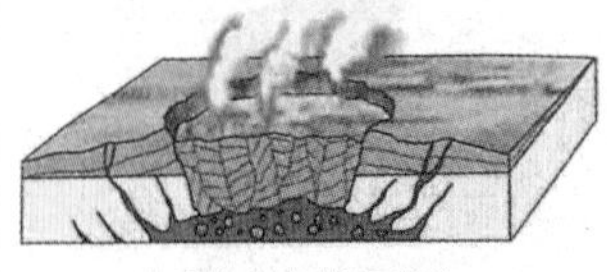

地面失去支撑而塌陷。

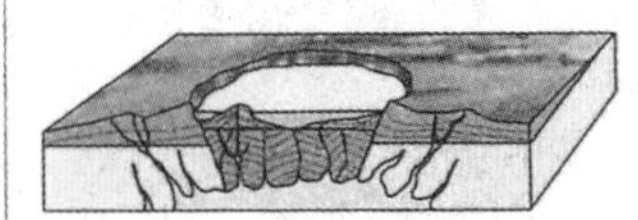

降水汇聚成湖。

火口湖

火山口积水所成的湖泊

火山喷发时，喷出的大量岩浆堆积在喷火口周围，形成高耸的锥状山体；而喷火口内，因大量很轻的浮石被喷出和挥发性物质散失引起颈部塌陷而形成漏斗状洼地；洼地又经降水积蓄，最后形成了火口湖。

河成湖

由于河流摆动和改道而形成的湖泊

河成湖的形成与河流的发育、河道的变迁有密切关系，主要分布在平原地区。河成湖因受地形起伏和水量丰枯等影响，河道经常迁徙，因而形成了多种类型的湖泊。河成湖主要可分为三类：一是由于河流摆动，其天然堤堵塞支流而潴水成湖；二是由于河流本身被外来泥沙壅塞，水流宣泄不畅，潴水成湖；三是河流截湾取直后废弃的河段形成牛轭湖。

堰塞湖

熔岩流或山崩阻塞河道而成的湖泊

堰塞湖包括由火山爆发或熔岩流阻塞河道而形成的熔岩阻塞湖和由地震、滑坡、泥石流等引起山崩而阻塞河道形成的山崩阻塞湖。这些突然堵塞河流的熔岩或碎屑物往往造成河流上游涌水，致使上游城镇、土地遭到淹埋；当堵塞河段的堤坝溃决，又使下游的村镇、土地荡然无存，因而危害性极强。

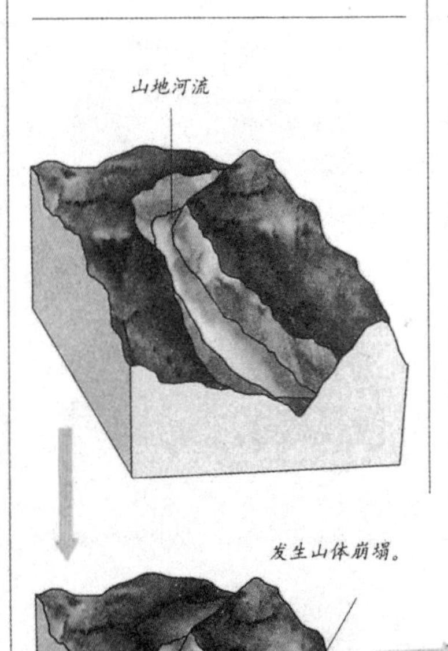

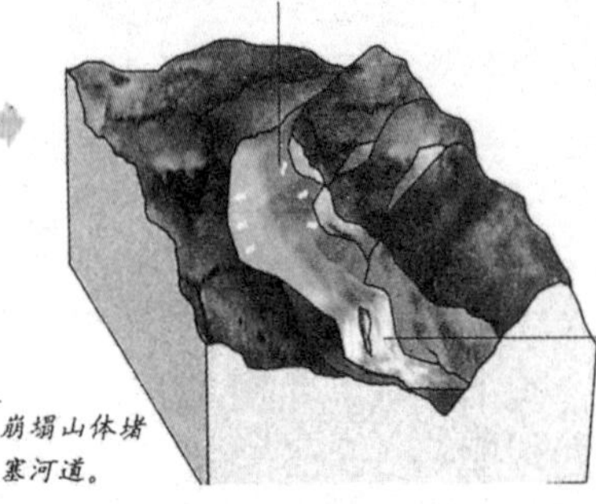

堰塞湖主要由自然环境巨变所诱发形成，绝大部分是因降雨及地震等外力造成河道两侧坡体崩塌导致泥土、砂石滑落山谷阻塞河道而成。

由山体崩塌形成的堰塞湖

河流注入洼地形成湖泊。

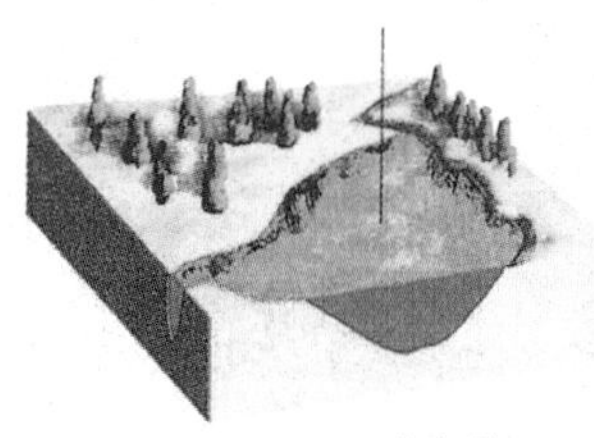

年轻的湖泊

泥土淤积在湖边和湖底，形成了一片干地。

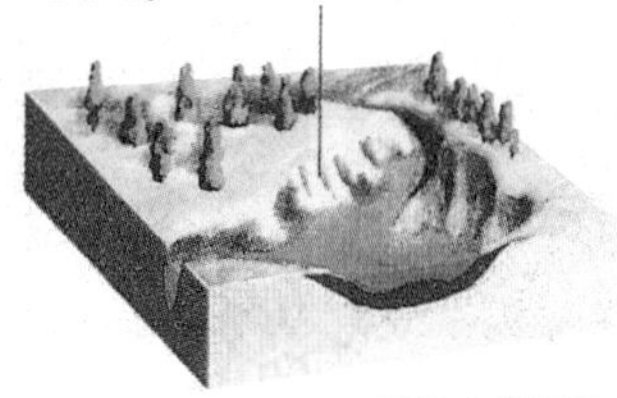

萎缩中的湖泊

干地在湖中扩展使湖泊变浅、变小。生长出的芦苇使湖泊变成沼泽。

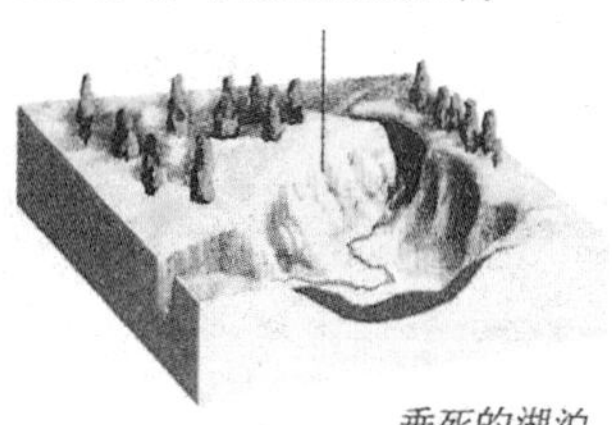

垂死的湖泊

风成湖

由风蚀作用形成的湖泊

风成湖是因长期风力作用使地面产生风蚀洼地而形成的湖泊。风成湖多分布在干旱的沙漠地区，这类湖泊的特点是湖底平坦、湖岸较规则、湖形多变、水浅无出口、湖水量变化大、含盐量高、多以时令湖（间歇性湖泊）形式出现。风成湖常是冬春积水，夏季干涸或成为草地；此外，由于沙丘随定向风的不断移动，湖泊常被沙丘掩埋而成地下湖。

冰川湖

由冰川水碛物堵塞冰川槽谷积水而成的湖泊

冰川湖是由冰川的刨蚀作用和冰碛作用形成的湖泊，其特点是：群体出现，形状多样。它们分布的海拔一般较高，湖体较小，多数是有出口的小湖。冰川湖主要形成于高山冰川作用的过程中。流淌的冰川对流过的地形进行各种方式的侵蚀和刨蚀；冰川在流动中夹带着许多泥沙和碎石，这些砂石会逐渐堆积起来，堵塞河流或冰川本身，形成冰积物，最后在周边留下一些湖泊。

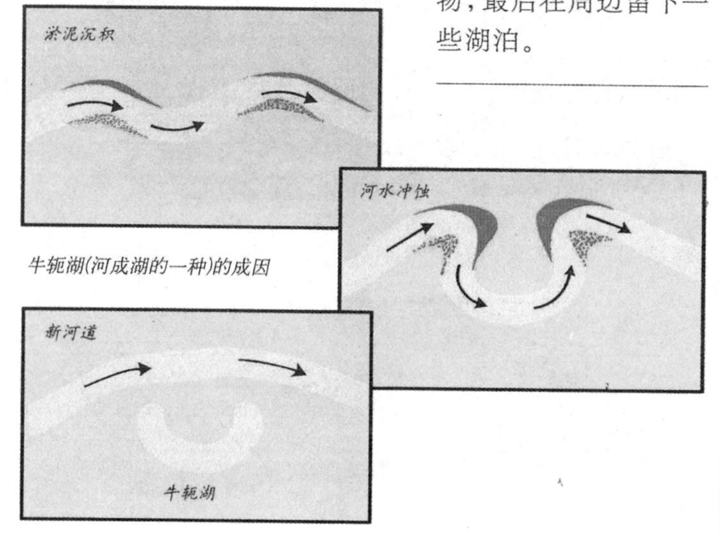

牛轭湖(河成湖的一种)的成因

岩溶湖

由流水溶蚀岩溶洼地并储水而成

岩溶湖是由地下水或地表水溶蚀可溶性岩石（石灰岩、白云岩、石膏等）后而形成的湖泊，其特点是：形状多呈圆形或椭圆形，面积不大，一般较浅。典型的岩溶湖是由碳酸盐类地层经流水的长期溶蚀而形成岩溶洼地、岩溶漏斗或落水洞，这些洼地又经汇水而形成的一类湖泊。

海成湖

由于泥沙沉积造成部分海湾与海洋分割而形成的湖泊

海成湖原系海湾，后湾口处由于泥砂沉积而将海湾与海洋分隔开而成为湖泊，通常称为“泻湖”。海洋与陆地的分界——海岸线受着海浪的冲击、侵蚀，其形态在不断地发生着变化，由平直变成弯曲，进而形成海湾；海湾口两旁往往由狭长的沙嘴组成；狭长的沙嘴愈来愈靠近，海湾渐渐与海洋失去联系，形成泻湖。

湖的演化

外流湖

湖水与河流相通，最终汇入海洋的湖泊

外流湖湖水与河流相通，最终汇入海洋。因外流湖以河流为排泄水道，又称“排水湖”。外流湖的水源补给多以雨水为主，加之与其相通的河流水量丰沛，因此湖泊的补给量很大。外流湖的水量平衡特点为：补给部分主要来自入湖径流，损耗部分主要是出湖径流，湖面降水、蒸发、渗漏所占比例较小。外流湖对河川径流有明显的调节作用，使下游河流水位变化相对平缓，洪峰滞后。我国的外流湖最高水位多出现在雨季，一般为八九月份；最低水位多出现在少雨或农业用水季节。

淡水湖

湖水矿化度低、没有咸味的湖泊

淡水湖湖水矿化度一般不超过1克／升，也有人把矿化度为0.3～1克／升的湖泊称为淡水湖。淡水湖往往与河道相连，大多数为排水湖。淡水湖多位于湿润地区，地表径流量大，湖水外泄流动交换快，盐分不易积累，矿化度较低，没有咸味；多属于硬度小的碳酸盐湖，宜作为供水水源。淡水湖不仅水产丰富，对地表径流也有调节作用。

咸水湖

矿化度高、有一定咸味的湖泊

湖水矿化度为1～35克/升的湖泊，可分为半咸水湖、微咸水湖或弱矿化湖。咸水湖多分布在大陆内部的干旱或半干旱地区。由于气候干燥，降水稀少，蒸发量又大，湖水不断浓缩，因此矿化度高，其成分多为硫酸盐与氯化物，因而湖水具有一定的咸味。咸水湖多数属于内陆湖，湖水不但矿化度较大，且多系硬水或极硬水，不宜饮用，亦不能作为工农业水源，但有的湖可有鱼类与水生植物生长。

内流湖

也称内陆湖或非排水湖

内流湖湖水完全没有路径流入海洋，以咸水湖为主。内流湖多处于内流河河口。因为没有出口，又由于蒸发作用，内陆湖湖水中的含盐量就大大增加，所以内陆湖多是咸水湖。

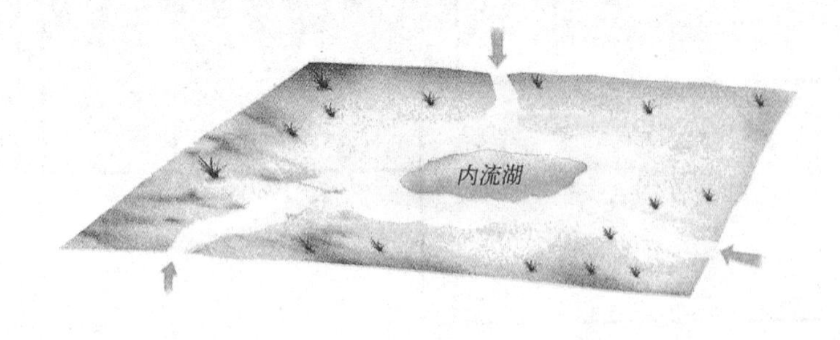

人工湖

人工修堤建坝造成的湖泊

人工湖是按照人们防洪、发电、灌溉、航运和供水的需要，在适当地点建造的。人工湖的大小差别很大，一般把容积在10万立方米以上的人工湖，称为“水库”；容积在10万立方米以下的则称为“塘堰”。自然条件下的径流过程往往与人类需求不相适应，修建水库的根本作用是把多水年（期）的径流蓄存在人工湖内，到少水年（期）再有计划地放出去，从而改变天然径流的分配过程，这种作用称为“径流调节作用”。

湖泊营养

有些湖泊不适合生物生存，如火口湖；有些只适合某一类生物生存，如内陆咸水湖。一般把适合生物生存的湖泊按含养分多少分为富营养湖、中营养湖和贫营养湖。湖泊的营养成分与湖泊的形成、湖水的物理性质（湖水的运动、颜色、透明度、温度）及化学性质（湖水的氢离子浓度、氧化还原程度）等有密切关系。

DIY 实验室

实验：彩色喷泉

准备材料：两个敞口瓶、一个带盖子的玻璃瓶、两根吸管、染过色的水（染成你喜欢的颜色）、橡皮泥或口香糖、锤子、1枚钉子、盒子

实验步骤：
1. 用锤子和钉子在瓶盖两侧各凿一个洞。
2. 把两根吸管分别插进这两个洞。
3. 如图所示用橡皮泥或口香糖把吸管固定住。
4. 在其中一个敞口瓶中装入染过色的水。
5. 往带盖的玻璃瓶里装入半瓶水，并盖好盖子。
6. 把敞口瓶放在盒子上，另一个敞口瓶放在盒子旁边。
7. 把盖好盖子的玻璃瓶如图所示搁置。
8. 将玻璃瓶密封的盖子轻轻转动一下。
9. 玻璃瓶中出现了一股彩色“喷泉”。

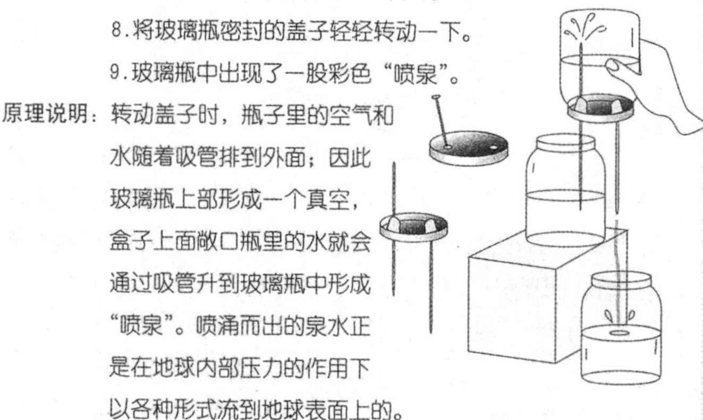

原理说明：转动盖子时，瓶子里的空气和水随着吸管排到外面；因此玻璃瓶上部形成一个真空，盒子上面敞口瓶里的水就会通过吸管升到玻璃瓶中形成“喷泉”。喷涌而出的泉水正是在地球内部压力的作用下以各种形式流到地球表面上的。

智慧方舟

填空：

1. 河流上游在发育阶段上属于______期。
2. 泉按水力性质可分为______和______。
3. 能周期性地、有节奏地喷水的温泉称为______。
4. 瀑布由河床较大规模的______跌水而成。

选择：

1. 属于内力湖盆作用下的湖泊类型是哪种？
   A. 人工湖　B. 火口湖　C. 冰川湖　D. 风成湖
2. 牛轭湖属于什么类型的湖泊？
   A. 海成湖　B. 风成湖　C. 河成湖　D. 岩溶湖

冰川

·探索与思考·

冰球的生成

1. 把雪捏成一个结实的小球。
2. 让雪球融化掉一部分。
3. 把雪球在冰柜里放一段时间。
4. 雪球因为压力和低温成为了一个冰晶体。

想一想 雪是如何变成冰，既而形成冰川的？

冰川是陆地上的重要水体之一，主要分布在两极地区和一部分高山上。目前冰川占全球陆地总面积的10.9%，总储水量约占全球淡水储量的68.7%。冰川是个开放的系统，并在重力的作用之下产生流动。雪以堆积的方式进入到冰川系统，再经转变形成冰，冰在其本身重量的压力之下由堆积带向外流动，而冰在消融带则以蒸发和溶融的方式离开系统。堆积速度与消融速度之间的平衡决定了冰川系统的规模。

雪线

固体降水量等于消融量的平衡线

冰川存在于极寒之地，是雪经过一系列变化转变而来的，为水的一种存在形式。要形成冰川首先要有一定数量的固态降水，当海拔超过一定高度，温度就会降到0℃以下，这种条件下降落的固态降水才能常年存在。这一海拔高度冰川学家称之为雪线。

粒雪化作用

由原始形态的雪转化成粒状雪

由雪花变成粒雪的过程称为“粒雪化作用”。粒雪化作用有冷型和暖型两种。前者在温度较低的情况下，随着新雪层对下面雪层压力的逐渐增加，积雪逐渐密实，冰粒间隙减小，使冰晶变大并逐渐圆化而成细小的粒雪；后者由于温度较高，雪的融化不仅使其圆化，而且融化的水还填充了孔隙或进一步向内部渗透。

粒雪盆

极地或高山降雪聚集的洼地

雪线以上的区域，从天空降落的雪或从山坡上滑下的雪，容易在地形低洼的地方聚集起来。由于低洼的地形一般都状如盆地，所以冰川学上称其为“粒雪盆”，是冰川的补给区。

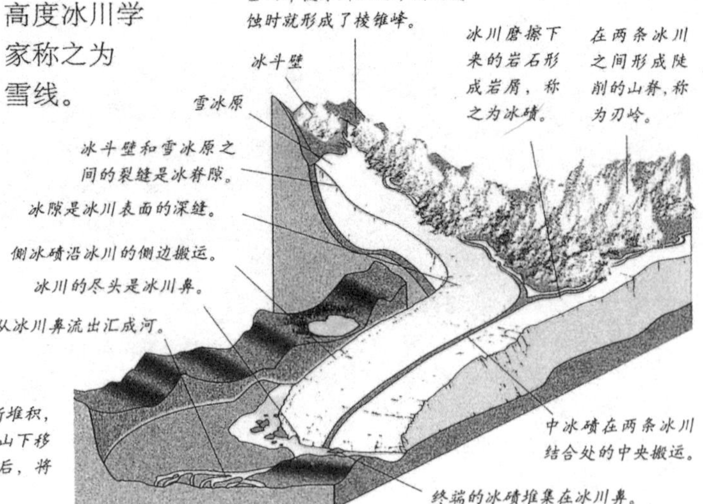

冰川开始于高山上的洼地，即冰斗。新雪不断堆积，越压越坚实，最后形成密实的粒雪。冰川向山下移动时将谷底及两侧的岩石刮带走。冰川融化后，将所带的岩屑留下形成冰碛。

冰川冰

由极地或高山的粒雪转变而来

冰川冰是一种具有塑性、透明的浅蓝色冰体，由粒雪经成冰作用而成。随着时间的推移，粒雪的硬度和它们之间的紧密度不断增加，大大小小的粒雪相互挤压，紧紧地镶嵌在一起。当集合体的密度达到一定程度时，颗粒之间便没有空隙，而变得不可渗透。这就完成了从粒雪到冰川冰的转化过程。

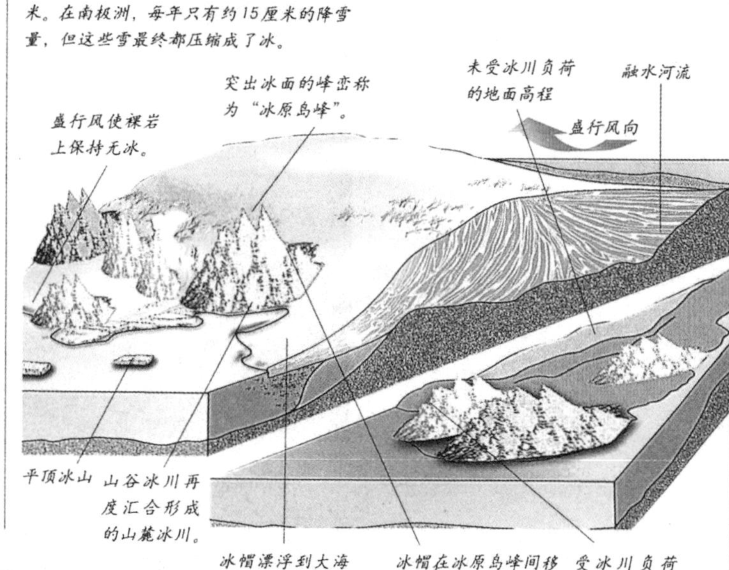

冰川分布图

北美洲（包括格陵兰）2032649平方千米
欧洲 79465平方千米
亚洲 170679平方千米
非洲 12平方千米
南美洲 500平方千米
大洋洲 1015平方千米
南极洲 12588000平方千米
南极洲的冰盖包含了全世界90%的冰。

冰帽

大陆冰川与山岳冰川的过渡类型

冰帽又称冰冠、冰穹，是一种规模比大陆冰川小，外形与其相似，而穹形更为突出的覆盖型冰川。在压力不均匀情况下，冰体内的冰从中心向四周呈放射状漫流。它是大陆冰川和山岳冰川的过渡类型，多分布在一些高原和岛屿上，故又有高原冰帽和岛屿冰帽之分。

冰碛

由冰川搬运堆积的各种物质的总称

冰碛是在形成冰川的过程中，被挟带和搬运的碎屑构成的堆积物，又称“冰川沉积物”。在现代冰川学中，常把冰川在运动过程中搬运的物质称为“运动冰碛”，而把经冰川搬运后堆积下来的物质称为“堆积冰碛”。冰川的沉积方式包括冰川冰沉积，冰川冰与冰水共同作用形成的冰川接触沉积以及冰河、冰湖或冰海形成的冰水沉积。

大陆冰川

长期覆盖在陆地上的大面积冰体

大陆冰川又称大陆冰盖、冰盾，简称冰盖，是面积很大、不受地形限制、覆盖着整个岛屿或大陆的巨大冰体。地球上现存的大陆冰盖有南极冰盖和格陵兰冰盖，面积合占全球冰川面积的97%，蕴藏着全球68.3%的淡水量。

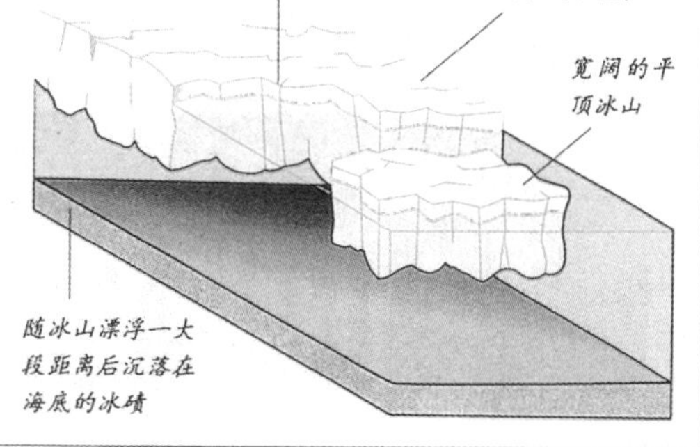

山岳冰川

发育于山区的小型冰川

山岳冰川又称山地冰川、高山冰川，主要分布在地球的中纬度和低纬度山地地区，比大陆冰川小得多。山岳冰川类型多样，主要有悬冰川、冰斗冰川、山谷冰川和平顶冰川。其特点是规模较小、雪线较高，冰川以重力流方式向下运动，速度和能量较大，冰蚀作用强。

冰斗

雪线附近三面环山的围状凹地

在河谷上源接近山顶的地方，总是形成一个集水的漏斗地形。当气侯变冷、开始发育冰川的时候，这种地形首先为冰雪所占据，形成冰川。冰川对谷底及其边缘有巨大的刨蚀作用，使原来的集水漏斗逐渐被刨蚀成三面环山的盆地伏凹地——冰斗。冰斗由冰斗壁、盆底和冰斗出口处的冰槛组成。当冰川消失之后，这样的冰斗就形成一个冰斗湖泊。高山上常常可以见到冰斗湖，它们有规律地分布在某个高度上，代表着古冰川时代的雪线高度。

冰舌

冰舌

山岳冰川离开粒雪盆后的冰体部分

冰川冰在本身压力和重力的联合作用下发生流动，蜿蜒而下，形成长短不一的冰舌。冰舌的延伸距离可以是数百千米的中尺度现象，也可以是只有几千米的小尺度现象。大的冰舌可以延伸到山谷低处至谷口外。冰舌末端通常有许多奇特的冰峰，它们组成奇特的冰塔林。发育成熟的冰川一般都有冰舌；雪线以上的粒雪盆是冰川的积累区，雪线以下的冰舌是冰川的消融区，二者共同控制着冰川的物质平衡，决定着冰川的活动。

冰山

海中漂浮的巨大冰川断块

冰山是由高于海面5米以上，漂浮在深海中或搁浅在浅海及岸滩上的巨大冰块。冰山是由大陆冰川或山岳冰川末端的冰体受波浪、潮汐和海水浮力作用，发生崩裂滑入海中形成的，多见于两极附近的海洋中。冰山的高度可达几十米至上百米，长度通常在几百米到几十千米，最长可达数百千米。然而，冰山大部分沉于水中，露出水面的部分约相当其全部体积的1/7～1/5。

冰川运动

冰川的移动

冰川运动是控制冰川活动的基本过程和能量的来源，分为重力流和挤压流两种。冰川运动的速度，日平均不过几厘米，多的也不过数米，以致肉眼发觉不出冰川是在运动的。冰川的不同部位运动速度不同，边缘运动慢，中间快，对冰川温度有很大影响；而且不同类型、不同性质的冰川运动速度也不相同。

覆盖在南极大陆上的冰帽因塌陷而流入海面，顶部较平坦，体积也较大。

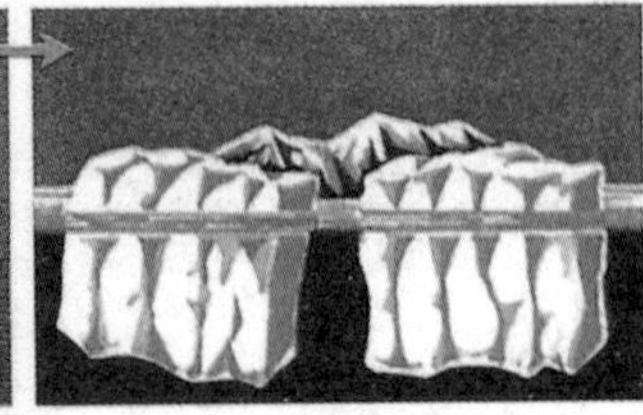

北极的冰山是冰川滑落海中形成的，体积较小，顶端多呈尖形。

冰川作用

冰川对地表的建设和破坏作用

冰川作用包括侵蚀、搬运和堆积，是塑造各种冰川地貌的动力。通过刨蚀和磨蚀产生的大量松散岩屑和由山坡上崩落下来的碎屑，进入冰川体后，随冰川运动向下游搬运，其搬运的岩屑即冰碛物。冰川消融后，不同形式的搬运物质，堆积下来形成相应的堆积物和堆积地貌。

冰川的中央部分流动较快。

冰崩

冰川上冰体崩落的现象

造成冰崩的原因很多，如冰川的运动、冰床坡度剧烈增大、遇有陡坎、冰内融水、冰湖溃决以及地震等。由此可引起悬冰川、山顶冰川或山谷冰川末端断裂，造成冰或冰水俱下，堵塞河流，甚至危及人的生命安全，是一种灾害性自然现象。

DIY 实验室

实验：冰川的运动

准备材料： 1个杯子、沙子、小卵石、水、木板、锤子、1枚钉子、1根结实的橡皮筋

实验步骤：

1. 把沙子和小卵石放入杯子里，并用水将其覆盖。
2. 把杯子放进冰柜，让里面的水完全冻结。
3. 在木板的一端钉入一枚钉子。
4. 把木板靠在一个坚固的支撑物上，形成一个斜坡。
5. 从冰柜中取出杯子，并把它在热水中浸一小会儿，让杯子里的冰块（“冰川”）部分融化。
6. 把橡皮筋套在“冰川”上，把“冰川”放在木板的上端，用橡皮筋把它固定在铁钉上。
7. 冰块融化，结成一团一团的沙子、小卵石和水一起从斜坡上滑下来。某些地方还留有沙子和卵石擦过的痕迹。

原理说明： 冰川上的冰层越积越厚时，冰川底部和边上的岩石就会被冰川碾磨蚀成碎块，冰川总是带着这些物质（岩石碎块、沙子、黏土等）一起移动。因此，冰川流过的地方 会有冰川擦痕，并在底部形成许多碎屑物，即冰碛；当冰川近海时，其上某个部位便会形成漂浮在海面上的冰山。

智慧方舟

填空：

1. 雪线是______等于______的平衡线。
2. 由雪花变成粒雪的过程称为______。
3. 粒雪通过______作用而成为冰川冰。
4. 冰川沉积物即______。
5. 大陆冰川与山岳冰川的过渡类型是______。
6. 地球上现存的大陆冰盖有______和______。

— 地球生命 —

化石

探索与思考

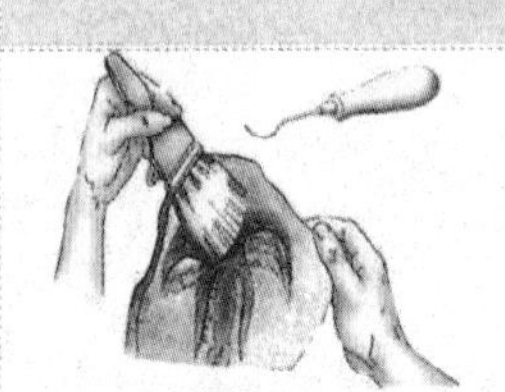

寻找化石

1.翻阅资料确定在哪里容易发现化石。

2.采集时注意不要破坏其他岩层。

3.把找到的化石清理干净，并将其编号以便于对照与其相关的资料。

想一想 哪里容易发现化石？化石对研究生命演化有哪些重要意义？

化石是地球历史的鉴证，它不仅记录了地球生命的起源、发展、演化、灭绝、复苏，而且蕴含着关于地球环境演变的各种生物、物理和化学事件的大量信息，对生命的起源、生物的进化、环境对生物的影响及生物的分类系统等方面的研究都有十分重大的意义。但由于化石是在十分特殊的条件下形成和保存的，因此，保存在岩层中的化石实际上只是当时生存物非常少的一部分，这就是生物史记录的不完备性。尽管如此，我们仍可通过对化石的研究，揭示不同地质历史时期生物界的概貌。

古生物学

研究地质历史时期生物的科学

古生物学的研究对象是化石，这些研究对于地质学和生物学都具有重要作用。例如：建立地层系统和地质年代表，划分和对比地层，阐明地壳发展的历史等，还可为生命起源学说和进化论提供事实依据。

地层

地壳中具有一定层位的岩石

地层由各类岩石和各种堆积物组成。一般情况下，先形成的地层居下，后形成的地层居上。上下相邻的地层之间可以为明显的层面所分开，即为整合地层；但当岩层发生倒转和逆掩断层的情况时，这一序列的新老关系也将颠倒，不整合地层便形成了。

不整合的地层

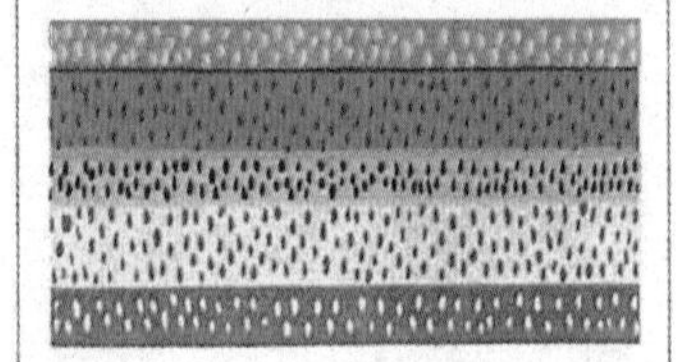

砂土沉积于海底而形成的地层

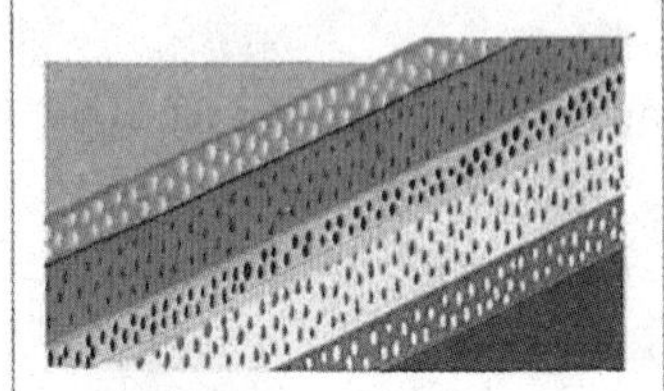

海底隆起

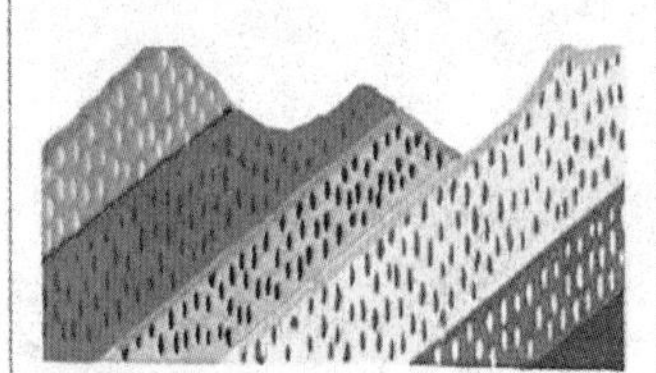

表面受到侵蚀

再度沉积成海底

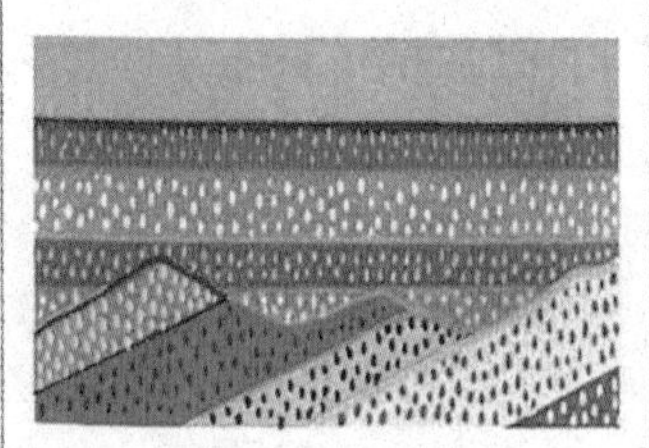

砂土在海地沉积

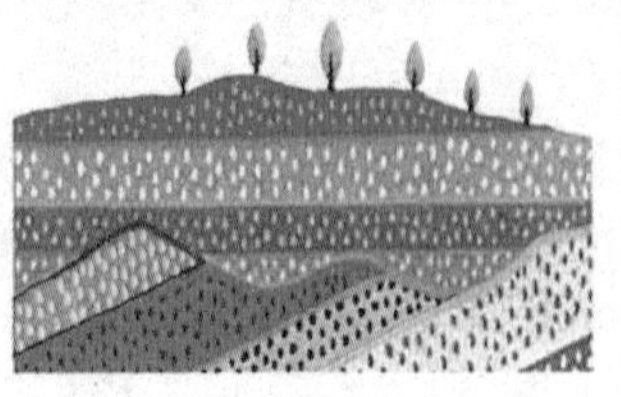

全体陆化并受到侵蚀而出露

整合的地层

化石

保存在地层中的生物遗体和遗迹

在地质历史时期保存在地层中的生物遗体、遗迹，称为“化石”。化石对研究生物进化、确定地层年代极为重要。化石首先应具备生物特征，如形状、结构、纹饰和有机体成分等，或者是具有能够反映生物生活活动而遗留下来的痕迹，主要分为实体化石、遗迹化石、模铸化石和化学化石。根据生物个体大小的不同，可将化石分为大化石（如腕足动物、三叶虫等）和微体化石（如有孔虫、介形虫、硅藻等）。

彗星虫，三叶虫的一种，产于英国，头胸部有许多刺状突起。

标准化石

能够确定地层地质时代的化石

地质学中各种地层和地质时代的划分主要是依据标准化石。标准化石具备生存期限短、演化速度快、地理分布广、特征显著的条件。时限短则层位稳定，易于鉴别；分布广则易于发现，便于比较。例如，三叶虫是古生代的重要标准化石。根据资料的丰富和认识的提高，标准化石有时也可改变。例如，长期以来，认为单笔石只生存于志留纪，后来在早泥盆世地层中也发现有单笔石，故它又成为早泥盆世的标准化石了。

三叶虫化石

古生代标准化石

三叶虫生活在古生代寒武纪到二叠纪时期的海洋中，其化石为典型的标准化石。三叶虫在古生代时期一度非常地繁荣，但是在二叠纪以后的地层中却找不到它的踪影。到目前为止，共发现1万余种三叶虫，它们分布在世界各地的古生代地层中。

菊石化石

中生代标准化石

菊石是一种已经灭绝了的软体动物，属于运动器官在头部的头足类动物。菊石类壳体的大小差别很大，最小的仅有1厘米，而大的可达3米。菊石壳的形状多种多样，有三角形、锥形和旋转形，旋转形的壳占绝大多数。在菊石壳的表面有许多的壳饰(生长纹和生长线的总称)。有的壳饰是与壳体的旋卷方向平行的纵纹，有的是与壳体旋卷方向垂直的横纹。

宽钝虫，三叶虫的一种，产于美国。

满布菊石的岩石

菊石是已绝灭的海生无脊椎动物，产于浅海的沉积地层中，并与许多海生生物化石共生。

俄罗斯菊石(白垩纪)

日本菊石(白垩纪)

霸王龙化石

晚白垩世标准化石之一

恐龙的种类有上百种，其中最著名的要数霸王龙，它是地球上有史以来最大的食肉动物之一。根据化石推测，它长约15～20米，高约5～6米，与两层楼房的高度差不多，重8～10吨，相当于三头大象的体重总和。霸王龙主要生活在丘陵区，以植食性的爬行动物为主要捕食对象。由于不适合生存环境的变化，霸王龙在晚白垩世最晚期全部绝灭。

实体化石

古生物遗体本身全部或部分保存下来的化石

实体化石是指古生物在特别适宜的情况下，避开了空气的氧化和细菌的腐蚀，其硬体和软体比较完整地保存下来的化石。不过，这种没有经过显著化石化作用或只是有一些轻微变化的生物遗体是很少被发现的。绝大多数的生物化石仅仅保留的是其硬体部分，而且都经历了不同程度的化石化作用。

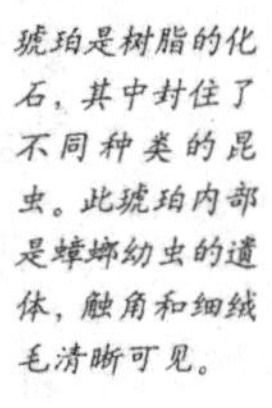

霸王龙上颚有许多刀状的尖锐牙齿。牙齿如果在使用时折断或发生严重磨损，则由后面陆陆续续长出的新齿补充。

猛犸象化石

人们曾经在西伯利亚第四纪的冰冻土层中发现了巨大的猛玛象，这些庞然大物不仅保存了完整的骨骼，连粗厚的皮肤、长长的体毛，甚至胃内的食物都保存了下来。因为低温冰冻，所以这头猛犸象的皮肤和肌肉保存良好，血液中的血球、组织中的蛋白质也都保留原来的状态，就像冷冻库中的冻肉一般。猛犸象生活在数万年以前北冰洋的冻土地带；除西伯利亚外，加拿大等地也都发现过猛犸象化石。

琥珀

琥珀实际上是地质时期中植物树脂经过化石化作用的产物，是4000万年以前的树脂化石，是一种保存完整的实体生物化石。古代植物分泌出的大量树脂，黏性强、浓度大，昆虫或其他生物飞落其上就被沾粘。沾粘后，树脂继续外流，昆虫身体就可能被树脂完全包裹起来。在这种情况下，外界空气无法透入，整个生物未经什么明显变化保存下来，就形成了琥珀。

琥珀是树脂的化石，其中封住了不同种类的昆虫。此琥珀内部是蟑螂幼虫的遗体，触角和细绒毛清晰可见。

在西伯利亚发现的猛犸象化石，被保存下来的象肉仍很新鲜。

遗迹化石

保留在岩层中的古生物生活活动的痕迹和遗物

遗迹化石主要是动物在生命活动中遗留下来的痕迹或遗物，前者如爬迹、足迹等，后者如粪便、蛋等；恐龙足迹和恐龙蛋就是著名的遗迹化石。遗迹化石是研究动物生活习性及生命活动的重要证据；遗迹化石可以补充实体化石对研究生命进化的不足；遗迹化石的出现表明当时海底气体环境良好，对研究古沉积地层有特殊意义。常见的遗迹化石包括脊椎动物的足迹、蠕形动物的爬迹、节肢动物的爬痕、舌形贝和蠕虫在海底钻洞留下的潜穴和某些动物的觅食痕迹。

恐龙足迹化石

足迹化石

最引人注目的遗迹化石是脊椎动物的足迹。根据足迹的大小、深浅和排列情况，科学家能够推测留下这些足迹的古动物的身体是重还是轻，行走的步态是漫步、快跑还是跳跃。根据足迹上有爪印还是有蹄印，科学家可以推断这些动物是肉食者还是植食者。足迹化石使古生物留下的记录更加丰富，为我们了解古生物提供了更加全面的线索。

模铸化石

古生物遗体在地层或围岩中留下的印痕、印模

根据模铸化石与围岩的关系可将其分为五种类型：印痕化石、印模化石、模核化石、铸型化石和复合模化石。其中，印痕化石是生物遗体陷落在地层中所留下的印迹，遗体往往遭受破坏，但这种印迹能够反映该生物体的主要特征；印模化石包括遗体坚硬部分（如贝壳）的外表印在围岩上的痕迹和壳体的内面轮廓构造印在围岩上的痕迹两种。

化学化石

古生物遗体分解后遗留在岩层中的化学分子

在大多数情况下，古生物的遗体都因遭到破坏而没有保存下来。但是在某种特定的条件下，组成生物的有机成分分解后形成的氨基酸、脂肪酸等有机物却可以继续保留在岩层里。这些物质具有一定的有机化学分子结构，因此，科学家就把这类有机物称为化学化石。

恐龙蛋化石

活化石

与化石物种十分相近的现存物种

某一些物种，经数千万年至今，其生物体的特征几乎没有进化和改变，这样的现生物种称为“活化石”，例如鹦鹉螺、鲎、龙宫贝等。生物能够适应不断变化的栖息环境是成为活化石最主要的原因。软体动物比其他生物有更多的活化石，例如菊石只生活在中生代，已经绝种成为化石，而鹦鹉螺是菊石的近亲，现生的鹦鹉螺就是活化石。

银杏又称公孙树、白果，原产中国，为落叶大乔木。银杏是约两亿年前的遗留物，目前已无野生种，是珍贵的植物活化石。

活化石的研究

简单地说，活化石是现存的一些古老的生物种类，属非科学术语。一般认为活化石应有以下4个限定条件：①在解剖上真正与某一古老物种极相似，但并不一定完全相同；②这一古老物种至少已有1亿年或几千万年的历史，在整个地质历史过程中保留着诸多原始特征，而未发生较大的改变；③这一类群的现生成员由一个或很少的几个种为代表；④它们的分布范围极其有限。

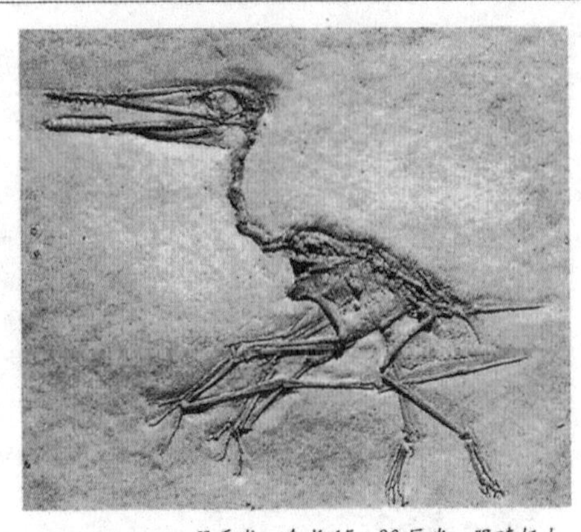

翼手龙，全长15～20厘米，眼睛极大，牙齿尖锐，为最小的鸟龙类之一。

化石化作用

将古生物保存为化石的各种作用

化石化作用是指随着沉积物变成岩石的成岩作用，埋藏在沉积物中的生物遗体经历了物理和化学作用的改造，仍保留着生物基本面貌及部分生物结构的作用。在化石化过程中，生物硬体原来的成分可能部分或全部被地下水中的矿物质所取代，或者其中稳定性较低的物质挥发消失，仅留下稳定性高的碳质部分，如植物叶子的化石。

形成化石的条件

古代生物的种类很多，但并不是所有生物都能够保存下来成为化石。一般来说，有两种情况比较容易形成化石：第一是生物死了以后，马上有泥质类的东西把它掩盖保护起来，这样就可以免遭毁坏或是被其他动物吃掉；第二是生物体本身具有坚硬的部分，因为软体部分如表皮、肌肉比较容易腐烂分解，不能保存，而硬体部分像骨胳或是蛤蛎、贝的外壳比较容易保存，就可能变成化石。这两种情况只是形成化石的条件，但不一定都会形成化石。因为有时化石形成了，却遇到火山爆发喷出滚烫的岩浆，或是地壳产生变动，这些都会使已经形成的化石毁坏。

此蛇颈龙复原后的姿态应是在水中游弋寻找食物。

骨骼附上肌肉后的生物复原图

菊石生活在海洋中。

菊石死后埋在了泥沙里。

越来越多的泥土层堆积起来，菊石慢慢地变为化石。

化石层序律

利用化石确定地层年代的方法

化石层序律是根据不同层位中所含化石及其出现的顺序来确定地层相对地质年代的原理。1796年，英国的W·史密斯独自提出“每一岩层都含有其特殊的化石，根据化石可以鉴定地层顺序”的论断。在不同层位的岩层中含有不同化石；而在不同地区含有相同化石的地层，则属于同一时代。这一理论揭示了生物进化的不可逆性和阶段性，是生物地层学的基础。

DIY 实验室

实验：制作印模化石

准备材料：小树枝、蛋壳或贝壳、小塑料盒／碗、橡皮泥、植物油

实验步骤：1.用双手揉橡皮泥，直到它变软、很容易塑形。

2.将橡皮泥放到小塑料盒或碗中，并用手将橡皮泥表面压平，使橡皮泥占整个容器的1/2。

3.在小树枝、蛋壳或贝壳上抹上一层薄薄的植物油，将它们仔细地放入橡皮泥中，并向下压，形成清晰、深刻的印迹。

4.将橡皮泥中的物品轻轻地取走。

5.让橡皮泥变干、变硬一两天的时间。印模化石就形成了。

原理说明：小树枝印模代表着坚硬岩层中已经碳化了的柔弱生物的遗体，这类化石是对生物组织结构的精确拷贝，因此关于它们的每一个细节都可以使人们获得许多关于远古生物的信息；贝壳的印模代表着古生物学家所称的原始遗体，这类化石里保存着尚未发生变化的动物遗体，除了贝壳外，这类遗体还包括牙齿与骨骼；但如果条件适合，动物遗体上的柔软组织也会保存下来，冰川、流沙、沼泽都可以成为载体。

智慧方舟

判断：

1.地层总是先形成的在上面，后形成的在下面。（　　）

2.只要古生物身体的某处具有坚硬的部分就会形成化石。（　　）

3.琥珀属于遗迹化石。（　　）

4.猛犸象是罕见的实体化石。（　　）

5.恐龙蛋化石和足迹化石都属于遗迹化石。（　　）

选择：

1.能形成微体化石的生物包括哪些？

A.孔虫　B.硅藻　C.介形虫　D.腕足动物　E.三叶虫

2.标准化石主要具备哪些条件？

A.生存期限短 B.生存期限长 C.演化速度快 D.地理分布广泛 E.特征显著

生命的演化

探索与思考

观察细菌

1.准备好必需的器具，如瓶子、标签、吸管、显微镜、记录单等，并注意安全。

2.在鱼缸、门前屋后的池塘或厨房水池的排水口，找一找污浊的水膜。

3.要采集水面比较浑浊的部分；液体不要放置太久；瓶子不要密封。

4.把收集到的液体放到300～400倍的显微镜下观察。

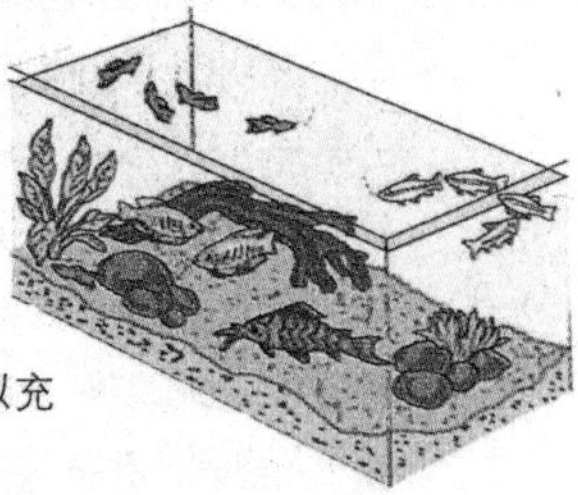

想一想 观察到的细菌多为什么结构？生命的最初形式是什么样的？生物的多样性经过怎样的演化才得以充分展现？

在地球形成的46亿年历史中，地球上的生物从简单到复杂、由低等到高等、由水生到陆生，经历了极其漫长的的演化历程。微小的分子出现数百万年之后，原始的单细胞体诞生，以后慢慢又出现了越来越复杂的水生生物，它们最终登陆，从此各种生物在地球上大规模地繁衍开来。地壳中保留下来的各时期地层仿佛是一部内容丰富的大自然史册，而地质年代的划分则是研究地球演化、了解各处地层所经历的变化的前提。

相对定年

以化石为依据的年代测定法

地质历史留下的物质纪录主要保存在化石中。因为地质年代越早的生物，越简单、低级；年代越晚的生物，越高级、复杂，所以可以根据岩层中所含化石（特别是标准化石）或化石群的种类来确定其相对的新老关系，进而确定其相对的地质年代。

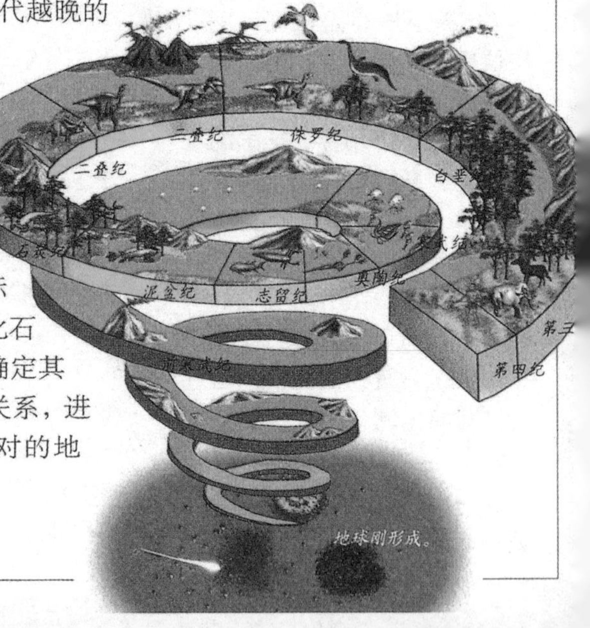

地质年代

地质事件发生的时代

地质年代又称“地质时代”，指一个地层单位或地质事件发生的时代和年龄。地球的年龄至少已有46亿年，在漫长的地球演化历史中，地壳经历了种种地质作用和地质事件，如地壳运动、岩浆活动、海陆变迁等。因此，时间的概念对于研究地质作用及其产生的地质事件是十分重要的。

地质年代单位

地质历史中的时间划分单位

地质年代单位是根据生物演化的不可逆性和阶段性将地质时期划分成的若干时间单位。地质年代单位按级别从大到小将地质时期划分为宙、代、纪、世、期、时（相对应的地层单位为：宇、界、系、统、阶、带）等。

地球刚形成。

地质年代表

“宙”是地质年代的最大单位。宙进一步划分为代。代是根据古生物演化的几个主要阶段划分的。代可再分为纪。纪是基本的地质年代单位，主要根据生物演化的阶段性划分。通用的最小的国际地质年代单位是纪的再分，一般为三分，称早、中、晚世；也有二分，称早、晚世。期和时为区域性地质年代单位。期是世的再分，大约为300～1000万年。时是期的再分。

在大约6亿年前的前寒武纪末期，被视为动物的生物——埃迪卡拉生物群出现了。这些在海洋中诞生的生命，花费了极其漫长的时间从单细胞进化为多细胞。

前寒武纪

寒武纪之前的地质时期

前寒武纪是指距今5.7亿年以前的地质时代，是地球历史最早的地质阶段。地球的年龄为46亿年，大约从40亿年前开始进入地质阶段，故前寒武纪历时约34亿年，约占地质历史的85%。前寒武纪地层在全球有广泛出露，以水生菌藻植物为主，但化石极少，故也被称为“隐生宙”，以区别动物化石开始大量出现的寒武纪以后的阶段。

地质年代表

	代	纪		世	
显生宙	新生代	第四纪		全新世	
				更新世	晚
					中
					早
		第三纪	新第三纪	上新世	
				中新世	
			老第三纪	渐新世	
				始新世	
				古新世	
	中生代	白垩纪		晚白垩世	
				早白垩世	
		侏罗纪		晚侏罗世	
				中侏罗世	
				早侏罗世	
		三叠纪		晚三叠世	
				中三叠世	
				早三叠世	
	古生代	二叠纪		晚二叠世	
				早二叠世	
		石炭纪		晚石炭世	
				早石炭世	
		泥盆纪		晚泥盆世	
				中泥盆世	
				早泥盆世	
		志留纪		晚志留世	
				中志留世	
				早志留世	
		奥陶纪		晚奥陶世	
				中奥陶世	
				早奥陶世	
		寒武纪		晚寒武世	
				中寒武世	
				早寒武世	
元古宙	新元古代				
	中元古代				
	古元古代				
太古宙					
冥古宙					

显生宙

可看到一定量生命以后的时代

显生宙指从寒武纪开始出现大量动物以后的地质历史阶段，包括古生代、中生代和新生代。虽然隐生宙因定义的不准确性已趋向弃而不用，但显生宙仍作为最大的地质年代单位被广泛使用。

古生代

显生宙第一个代

古生代分为早古生代和晚古生代。古生代意为“古老生物的时代”，此时的生物界开始形成原始生命，在这一代的地层内开始出现大量无脊椎动物、低级脊椎动物和低级植物。很多生物在古生代出生又灭绝，如三叶虫和笔石盛产于古生代初期，至中生代已灭绝。这一代生物群是地质年代中的第一批生物，可作为划分地层的依据。

寒武纪海洋生物景观

寒武纪

大量生物出现的最早年代

寒武纪始于5.7亿年前，历时近7000万年，从寒武纪一开始生物界便呈现爆发性增长的形势，因此有“寒武纪生命大爆炸”的说法。这一时期地球的统治者是三叶虫，因此人们又将这个时期叫作“三叶虫时代”。寒武纪地球上的藻类繁多，结构复杂，为无脊椎动物的发展创造了最好条件。除占生命总类别60%的三叶虫外，还有腕足类、杯海绵、水母、蠕虫和其他软体动物等。

40亿年前的地球

奥陶纪

海生无脊椎动物空前发展的时期

奥陶纪分为早、中、晚三个世，是地球历史上海域范围最广的一纪。自中、晚元古宙以来，大陆被长期侵蚀夷平，因而浅海广布，由于气候温和，极有利于海生生物的发展繁殖，故奥陶纪也是早古生代海生无脊椎动物最繁盛之时。

志留纪

生物史发展的转折时期

志留纪的脊椎动物中，有颌的盾皮鱼类和棘鱼类出现，此后，鱼类开始征服水域，为泥盆纪鱼类大发展创造了条件。陆生植物中的裸蕨植物首次出现，植物终于从水中开始向陆地发展，这是生物演化史上的又一重大事件。

泥盆纪

古地理和古生物面貌发生重大变化

泥盆纪古地理面貌较早古生代有了巨大的改变，表现为陆地面积的扩大，大陆地层广泛发育。生物界的面貌也发生了巨大的变化，陆生植物、鱼形动物空前发展，两栖动物开始出现，无脊椎动物的成分也显著改变。泥盆纪是脊椎动物飞速发展的时期，鱼类相当繁盛，各种类别的鱼都曾出现，故泥盆纪又被称为“鱼类的时代”。

镰甲鱼，无颌类，全长30厘米，其表面是坚硬的骨质甲，在泥盆纪末几乎全部灭绝。

石炭纪

因这个时期的地层富含煤而得名

石炭纪时的陆地面积不断增加，气候温暖湿润，沼泽遍布，出现了大规模的森林，植物界空前发展；其中，种子蕨和真蕨最为繁盛，为煤的形成创造了有利条件。此时形成了丰富的矿产资源，最主要的是煤，其次是石油、天然气、石灰岩、油页岩和铝土矿等。晚石炭世时，地壳运动十分强烈，联合古大陆形成。

二叠纪

生物界的重要演化期

脊椎动物在二叠纪发展到了一个新阶段，两栖类动物的迷齿类和爬行动物成为脊椎动物的重要代表。二叠纪后期还出现了松柏、苏铁等中生代常见的植物，许多无脊椎动物大量减少或灭绝。二叠纪也是地壳运动较强烈的一个纪，古板块间的相对运动加剧，世界范围内陆续形成褶皱山系。自然地理环境的变化促进了生物界的重要演化，预示着生物发展史上一个新时期的到来。

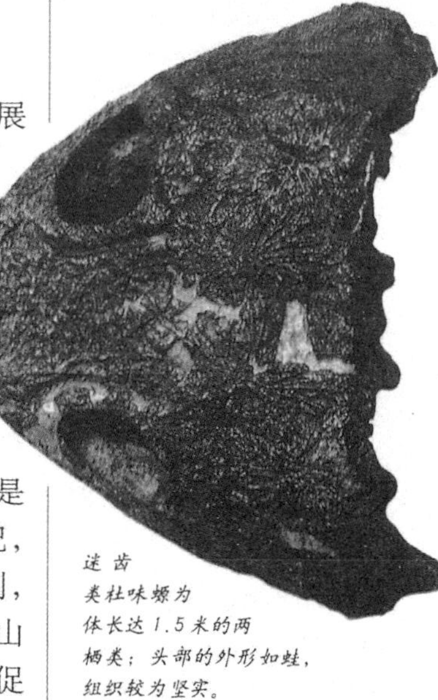

迷齿类杜味螈为体长达1.5米的两栖类；头部的外形如蛙，组织较为坚实。

中生代

恐龙时代

中生代包括三叠纪、侏罗纪和白垩纪。这一时期裸子植物占统治地位，如松、柏、杉、银杏、铁树等；最突出的动物是爬行类，其中最著名的是恐龙，因此古生代也被称为“恐龙时代”。中生代的海陆分布是地球历史上的一次重大变革，三叠纪晚期联合古大陆开始分裂解体，七大洲的轮廓在中生代末期已大体形成。

铁树，裸子植物，为中生代的代表植物。

三叠纪

生物群广泛更新的时期

三叠纪形成的地层分下、中、上三个统，一系三分（早、中、晚三个世）非常明显。海生无脊椎动物菊石演化迅速，成为划分、对比地层的重要标准化石。爬行动物在三叠纪崛起，主要由槽齿类、恐龙类、似哺乳的爬行类组成。原始的哺乳动物最早见于晚三叠世，所见到的化石都是牙齿和颌骨的碎片。

始祖鸟，大小如鸽，有牙齿，但已有羽毛，为鸟类的祖先。

侏罗纪

中生代生物界面貌的典型

侏罗纪是植物界最为均一少变的时期，裸子植物极盛（以苏铁、松柏、银杏为主），真蕨类仍常见。而爬行动物、菊石的大量繁盛是侏罗纪的特征。爬行动物以恐龙最为突出，它们在陆地上居统治地位。中侏罗世出现的古兽类一般被认为是有袋类和有胎盘哺乳动物的祖先。鱼类则以全骨鱼类代替了软骨硬鳞鱼类。侏罗纪的菊石更为进化，成为划分和对比侏罗系的重要依据。

恐龙的分类

恐龙是地质历史上最巨大的陆生动物，主要分为蜥龙类、鸟龙类等。恐龙种类繁多，体型各异。有的体被硬甲，如三角龙和剑龙；有的足掌具蹼，如鸭嘴龙；有的小肢呈浆形，可以在水中捕食动物，如蛇颈龙等。恐龙大小不一，大的体长达数十米，体重可达四五十吨；而小的体长还不到1米。恐龙一般生活在陆地或沼泽附近，晚白垩纪全部绝灭。

白垩纪

爬行类和裸子植物由盛而衰

白垩纪分早、晚两世。白垩纪末期，许多中生代盛行和占优势的门类，如裸子植物、爬行动物、菊石等相继衰落或绝灭；新兴的被子植物、鸟类、哺乳动物及腹足类、双壳类等有所发展，预示着生物演化阶段新生代的来临。白垩纪时南方古大陆继续解体，北方古大陆不断上升，气候变冷，季节性变化明显。

恐龙灭绝

恐龙在地球上生存了数千万年的时间，但不知什么原因，它们在白垩纪晚期很短的一段时间内突然灭绝了，今天人们看到的只是那时留下的大批恐龙化石。关于恐龙灭绝的原因，最权威的观点认为：6500万年前，一颗直径7～10千米的小行星坠落在地球表面，引起了一场大爆炸，漫天的尘埃遮天蔽日，导致植物的光合作用暂时停止，恐龙因此缺乏食物来源而灭绝。有的古生物学家认为：当时瘟疫流行，恐龙互相传染而大批死亡。还有一种说法认为：中生代末多次火山爆发，携带大量岩浆到地表，放射性元素增多，射线强烈，促使恐龙的内分泌失调、新陈代谢反常、神经紊乱而死亡。

古生代恐龙

新生代

地质历史时期中最新的一个代

新生代包括第三纪和第四纪，其生物界面貌接近现代。被子植物勃然兴起；哺乳动物迅猛发展，在很短的时间内遍及海洋和陆地，故新生代又称“哺乳动物时代”。此时，现代海陆配置基本完成，现代地貌和山川形势已经形成并继续发展。新生代后期，地壳位置相对稳定，运动的方式转为大规模升降。第四纪人类的出现成为地球发展历史中的一件大事。

三角龙，植食性恐龙，体形庞大，一般不会主动进攻其他动物，生存于白垩世晚期。

第三纪

生物界向近代发展的时期

第三纪包括古新世、始新世、渐新世（以上属老第三纪）、中新世和上新世（以上属新第三纪）。这一时期，高等哺乳动物如马、象、类人猿等出现；被子植物繁盛；鸟类、真骨鱼类、双壳类、腹足类、有孔虫等发展繁荣，这与中生代的生物界面貌迥异，标志着“现代生物时代”的来临。

第四纪

地球发展历史的最新阶段

第四纪包括更新世和全新世两个阶段，二者的分界以地球上最近一次冰期结束、气候转暖为标志，大约在距今1万年前后。第四纪是哺乳动物和被子植物高度发展的时代；最突出的事件是人类的出现，故第四纪又称“灵生纪”。陆地上新的造山带是第四纪构造运动最剧烈的地区，阿尔卑斯山、喜马拉雅山等山脉形成。

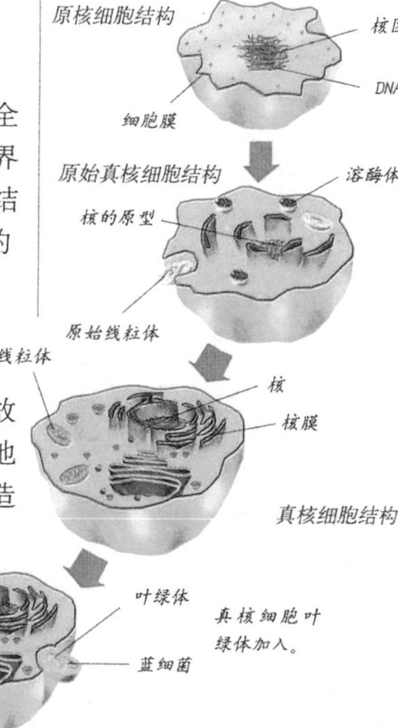

生物的分类

对各种生物进行命名和等级划分

对各种生物的分类是根据生物所有性状的异同，综合起来进行分门别类，并按照从简单到复杂、从低等到高等的级别列为系统，因此可以反映生物的亲缘关系和生物界的进化发展。命名采取了阶梯从属的等级，分为界、门、纲、目、科、属、种七个等级。

巨角鹿是第四纪更新世的代表性哺乳类动物，在更新世末期灭绝。

原核生物界

由原核生物组成的一大类群

原核生物是原始的单细胞生物，它们的细胞还没有分化出细胞核和细胞器，没有明显的核膜。地球上最古老的原核生物化石发现于距今约35亿年前的地层里，在相当长的一段时间里，地球上只有原核生物。现在，原核生物仍是生物界数目最多的一类。它们能够繁衍至今，主要是因为它们的细胞分裂速度快。它们能生存于许多为其他生物不能忍受的环境中，例如极地的冰块中、海洋深处，乃至接近沸点的温泉中。

马的进化是其对数百万年环境变化的适应。

细菌

现存的原核生物有细菌、蓝藻、支原体和衣原体等类群。其中，细菌是当前所了解的生物界最古老而分布广泛的类群。细菌是生态系统中最重要的分解者，在生物圈的物质循环中起着不可置换的作用，是自然界碳循环和氮循环的重要环节。有一些细菌，如大肠杆菌和其他肠道细菌，生活在人和动物体的消化道中，帮助分解食物残渣，对宿主的生存有利。在工农业生产中有越来越多的产品跟细菌紧密相关。另一方面，细菌也可引起人和动植物的各种疾病，并使工农业产品因腐败变质而造成损失。

细菌化石

前寒武纪时期，具有光合作用的细菌大量繁殖，这些细菌聚集在一起，附在凹凸不平的岩石上，最后形成化石。

原生生物界

包括大部分的藻类和原生动物

原生生物包括简单的真核生物（细胞内具有细胞核和有膜的细胞器），多为单细胞生物；也有部分是多细胞生物，但不具备组织分化。这个界别是真核生物中最低等的，但它的出现是生物进化史上的一个重要进步。藻类是能利用光能进行光合作用、独立生活的一类自养生物，它们的结构非常简单，体形差异很大。而原生动物是指像动物一样能四处移动寻找食物的动物型原生生物。

真菌界

真菌和粘菌组成的真核生物群类

真菌界可分成真菌门和粘菌门两大类。通常所称的真菌即属真菌门，真菌广泛分布于全球各带的土壤、水体、动植物及其残骸和空气中，营腐生、寄生和共生生活。粘菌的原生质团没有胞壁，经分割后仍能继续生活，是研究细胞学、遗传学和生物化学的重要实验材料。有些粘菌会侵害栽培中的银耳、侧耳、烟草和甘薯。

蕈

蕈有很高的经济价值，有许多种类是鲜美可口、营养丰富的珍贵食用菌，如香菇、草菇、洋蘑菇、口蘑等。有些可作药用，成为抗癌药物和抗菌素的重要资源之一。如香菇含香菇多糖，经动物实验证明有抗癌作用，裂褶菌的裂褶多糖，对动物癌细胞有抑制作用。但有些种类有剧毒，如白毒伞、毒蝇伞、龟笔伞、毒粉褶菌等都属剧毒类，误食后会引起中毒，严重时可致人死亡。

蕨类植物

植物界

人类和其他生物赖以生存的基础

植物界和其他生物类群的主要区别是含有叶绿素，能进行光合作用，自己可以制造有机物，主要分为苔藓植物、蕨类植物、裸子植物和被子植物。苔藓植物为植物界中较低等者；蕨类植物又名羊齿植物，是介于苔藓植物与种子植物（即裸子植物及被子植物）之间的一类多年生草本植物；裸子植物是多年生木本植物，多为高大乔木；被子植物有多种不同形态，包括乔木、灌木、藤木、草木等。

动物界

自然环境的重要组成部分

动物界作为动物分类中最高的等级，已发现150 多万种，广布于地球各处，是自然环境重要的组成部分。动物界可分为无脊椎动物和脊椎动物两大类。无脊椎动物的身体没有脊椎骨，常见的有软体动物和节肢动物；脊椎动物的身体有脊椎骨，可分为五大类：鱼类、两栖类、爬行类、鸟类和哺乳类。

DIY 实验室

实验：重现雷迪实验

材料准备： 2只透明广口瓶、纱布（能完全蒙住瓶口）、橡皮筋、2小块生肉、苍蝇、记录单

实验步骤：

1.将生肉分别放入两只广口瓶中。其中一只敞口，另一只蒙上纱布。
2.将瓶子放在有苍蝇的地方，最好把苍蝇放在专门的纱布笼中，避免它跑出来污染环境。
3.观察两只瓶口苍蝇的活动情况，以及瓶内肉块的变化，分别记录看到的情形。
4.连续观察一周，每天记下两只瓶内苍蝇和肉块的变化情况。
5.妥善处理苍蝇和腐肉。

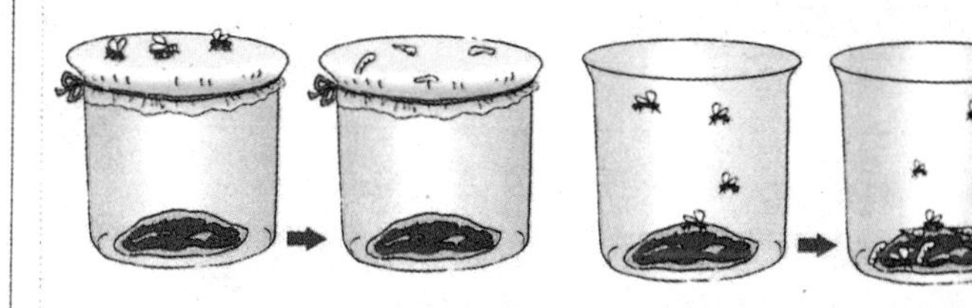

原理说明： 敞口的瓶子中，马上会聚集很多苍蝇，它们在肉上产卵。几天后，会长出白色的蛆，逐渐孵化成蛹，最后生出新的苍蝇。而蒙了纱布的肉腐烂后，它的臭味吸引了很多苍蝇，它们聚集在纱布上产卵，但腐肉里并没有生出苍蝇。由此说明：腐肉自身不会生蛆，只有苍蝇接触腐肉才生蛆，蛆来自苍蝇。雷迪实验大大动摇了当时的自然发生论，用事实说明了生命来自生命，即生物论。

智慧方舟

选择：

1.从哪一地质时期开始，生物界呈现出爆发性增长的形势？

A.寒武纪 B.奥陶纪 C.三叠纪 D.侏罗纪

2.大约多少年前，地球进入地质阶段？

A.46亿 B.38亿 C.35亿 D.40亿

3.爬行动物出现于哪一地质时期？

A.三叠纪 B.泥盆纪 C.侏罗纪 D.白垩纪

生物圈

探索与思考

风景画里有什么

1.找一张风景画，或自然风光杂志里的图片。

2.找一找哪些是环境中的生物因素，哪些是非生物因素。

想一想 照片中的生物是如何在它所处的环境中生存的？构成生物圈的要素还有哪些？生态系统是怎样保持平衡和失去平衡的？

生物圈是指地球上所有生命与其生存环境的整体，它在地球表面上到10千米，下达10千米左右深处的范围内，形成了一个有生物存在的包层。实际上，绝大多数生物生活在陆地之上和海洋表面以下各约100米的范围内。之所以能够形成生物圈，是因为在这样一个薄层里同时具备了生命存在的四个条件：阳光、水、适宜的温度和营养成分。生物圈的最显著特征是其整体性，即任何一个地方的生命现象都不是孤立的，都跟生物圈的其余部分存在着历史的和现实的联系。

生物圈

地球上所有生命与其生存环境的整体

生物圈指地球表层中的全部生物和适于生物生存的环境，包括岩石圈上层、水圈的全部和大气圈下层，是地球上最大的生态系统。在岩石圈中，多数生物生存于土壤上层几十厘米之内；水圈中几乎到处都有生物，但主要集中于表层和浅水的底层；大气圈中生物主要集中于下层，即与岩石圈的交界处。生物圈中有多种类型的生态系统，典型的如森林、灌丛、草原、湿地和海洋。各种类型的生态系统为不同的动植物和微生物提供着各自所需的生存、繁衍条件。

生态因子

对生物有影响的各种环境因素

生态因子也称“生态因素”，是指对生物的生长、发育、繁殖及其形态特征、生理功能和地理分布等有影响的环境条件。一般将生态因子分为非生物因子和生物因子两大类。非生物因子包括温度、湿度、风、日照等理化因素；生物因子包括同种和异种的生物个体间的相互关系。生态因子的总和便是生态环境。

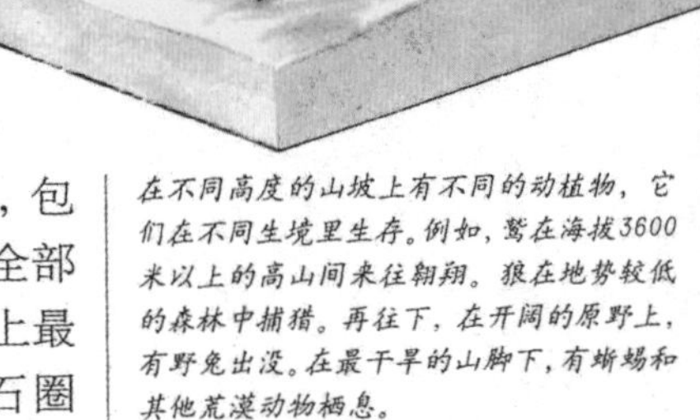

在不同高度的山坡上有不同的动植物，它们在不同生境里生存。例如，鹫在海拔3600米以上的高山间来往翱翔。狼在地势较低的森林中捕猎。再往下，在开阔的原野上，有野兔出没。在最干旱的山脚下，有蜥蜴和其他荒漠动物栖息。

生境

具有一定环境特征的生物生活带

生境是各种生态因子按一定方式所构成的集合。其中任何一个因子的变化必将引起其他因子不同程度的变化。生境多用于概括地指某一类群的生物经常生活的区域类型；也可用于特称，具体指某一个体、种群或群落的生活场所，强调现实生态环境。

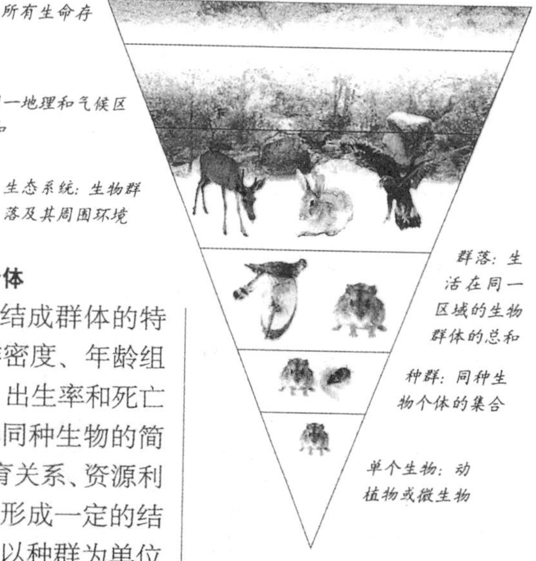

种群

一定时空内同一物种的一群个体

同种生物结成群体的特征包括：种群密度、年龄组成、性别比例、出生率和死亡率。种群并非同种生物的简单聚合，在繁育关系、资源利用上，它们常形成一定的结构，即生物是以种群为单位生活在一起，并且以种群为单位繁殖后代的。因此种群既是生物繁殖的基本单位，也是生物进化的基本单位。

生物群落

一定生境中全部生物的整体

生物群落是指某一地区内的有机体，包括植物、动物和微生物，相互结合，以多种形式彼此发生作用，形成有规律的群体，即称生物群落。生物群落的分布受许多因素的控制，但从全球或整个大陆来看，各种因素中最重要的是气候。受气候影响的生物群落包括：水—陆过渡性生物群落和水生生物群落。

演替

生物群落常随环境因素或时间的变迁而发生变化，这种变化过程称为“演替”。群落不断发生演替，直到形成一个称作“顶级群落”的稳定形式为止。演替有两种类型：初级演替和再生演替。从草地变为林地是初级演替；再生演替是一个生态系统被破坏，但并未完全消灭以后所发生的演替，在这种情况下，原来群落中的一些有机体仍被保留下来，如森林被砍伐以后所经历的演替就是再生演替。因此再生演替比初级演替更为迅速。

生态系统

由生物群落及其生存环境共同组成的统一体

生态系统是生物与环境间进行能量流动和物质循环的基本功能单位。一个生态系统由非生物物质、生产者有机体、消费者有机体和分解者有机体四部分组成。生态系统有大有小，大的生态系统如整个海洋、陆地；中型生态系统如森林、草原和水池；小的生态系统如一块土、一滴水。生态系统中的生物和非生物成分之间的能量流动和物质循环是生态系统的基本功能。

生产者

自养生物

生产者是能利用简单无机物制造有机物的自养生物，主要是绿色植物，也包括光合细菌和化能细菌。它们能通过光合作用，把环境中的无机物转化为有机物，把太阳能转化为体内的化学能。生产者是生态系统中能量和物质流动过程的基础，系统中所有消费者都直接或间接以植物为食，生产者也是还原者最初的物质流唯一的能量来源。

戈壁上的生物群落

食用菇，真菌的一类，属分解者。

分解者

还原者

分解者包括细菌、真菌和放线菌等微生物，也包括某些原生动物和蚯蚓、白蚁、螨等食腐性动物。它们把动植物残体分解为简单化合物，最终分解成无机物，供生产者重新利用；在生态系统中，与生产者所起的作用正好相反。

消费者

异养生物

消费者主要指不能利用太阳能来制造食物，只能直接或间接以植物为食，并从中获取物质和能量的动物。直接以植物为食的食草动物叫初级消费者，以初级消费者为食的食肉动物叫次级消费者，捕食次级消费者的食肉动物叫三级消费者。消费者虽依赖植物提供能量，但它们的生命活动又从多方面对植物产生影响，生产者与消费者间的作用是相互的。此外，寄生者是特殊的消费者，杂食类介于初级和次级消费者之间。

食物链

各种生物之间由于食物关系而形成的一种联系

食物链是指生态系统中各种生物间以一系列吃与被吃关系联结起来的食物关系。这种关系实际上是太阳能从一种生物向另一种生物的转移，也是物质和能量通过食物而流动和转移的渠道。食物链可分为捕食链、碎屑链和寄生链三种。捕食链以植物为起点，经食草动物到食肉动物；碎屑链亦称腐食链，以动植物尸体为起点；寄生链是指生态系统中一些营寄生生活的生物之间存在的营养关系，如鹿→蚤→原生动物→细菌→病毒。

食物网

由食物链交错而成的营养结构

一个生态系统常常存在许多条食物链，由这些食物链彼此相互交错连结而成的复杂营养关系称为食物网。同一种生物可能同时占有几个不同的环节，如猫头鹰不仅吃鼠，而且吃食草籽的鸟，也吃兔子。由此可见，生态系统中的食物联系十分复杂。而食物网能直观地描述生态系统的营养结构，是进一步研究生态系统功能的基础。

物质循环

群落与环境间物质流动的循环

生态系统中的物质，主要指生物生命活动必需的各种营养元素，如碳、氧、氢、氮、磷、硫等，这些物质从物理环境开始，经生产者、消费者和分解者，又回到物理环境，这就是生态系统中的物质循环。

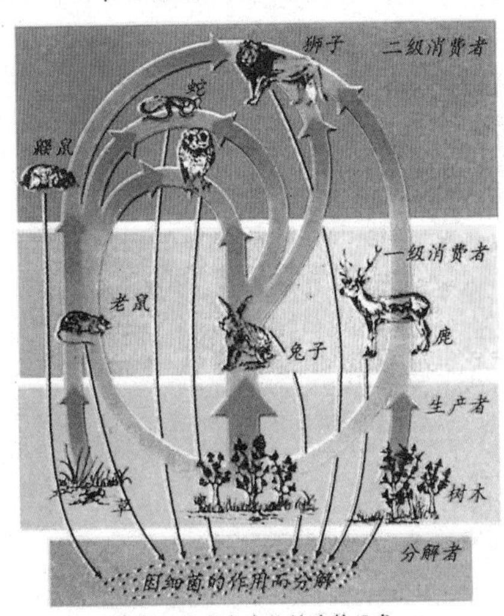

食物网由多条食物链连接而成。

碳的循环

生物圈中的碳循环主要表现为绿色植物从空气中吸收二氧化碳，经光合作用转化为葡萄糖，释放出氧气。有机体再利用葡萄糖合成其他有机化合物，再经食物链各级传递，最后由有机体的呼吸作用重新氧化为二氧化碳和水，并释放回空气中。

能量流

能量在生态系统中的流动

当太阳辐射能通过绿色植物的光合作用进入生态系统后，能量便沿着生产者→初级消费者→次级消费者→三级消费者等逐级地单向地流动，最终以热的形式消耗，不能再循环。这就是生态系统中的能量流动，所以，生态系统需要不断地输入新的能量。

生态平衡

生态系统输入和输出的物质及能量接近相等的状态

生态系统是一个时刻不断地进行能量交换和物质循环的动态系统，在一定时间相对稳定的条件下，一个正常的生态系统具有内部自动调节和趋向稳定的功能，这种稳定状态就称为生态平衡。也就是说该系统中的生产者（绿色植物）、消费者（动物）和分解者（微生物）之间，或物质和能量的输入和输出之间，存在着相对平衡的关系。生态系统一旦失去平衡，会发生非常严重的连锁性后果。

食物链金字塔

生态系统中各种生物数量按照能量流的方向沿食物链递减，处在最基层的绿色植物的量最多，其次是食草动物，再次为各级食肉动物，处在顶级的生物的量最少，形成一个生态金字塔。

DIY 实验室

实验：自建生物圈

准备材料： 1个带盖的玻璃瓶、钉子、橡皮泥、池塘里的水和湿泥、水生植物、蜗牛等水生小动物

实验步骤： 1.用钉子在瓶盖上扎一个洞，并用橡皮泥封好（相当于换气阀）。

2.往瓶子里装1/2取好的池塘湿泥，并用池塘水覆盖。

3.把水生植物和小动物分别放进玻璃瓶中。

4.盖好盖子，在接下来的几个星期里仔细观察并作记录。

5.完成观察后将“生物圈”里的东西倒回池塘。

原理说明： 随着植物吸收水分，生物圈里的水会变得清澈。湿泥中卵状的生物体开始孵化。在任何一个环境中，生物的数目与种类都必须是一种平衡状态；如果一种生物开始比别的生物繁衍得更多、更快，这种平衡就会发生变化，食物链也跟着发生变化。生态系统的平衡是大自然经过了很长时间才建立起来的动态平衡；一旦受到破坏，有些平衡就无法重建的，带来的恶果是人类无法弥补的。

智慧方舟

选择：

1.地球上最大的生态系统是什么？

A.森林生态系统　B.海洋生态系统　C.陆地生态系统　D.生物圈

2.下列哪些变化属于初级演替？

A.草甸群落逐渐演变成森林　B.沼泽排干　C.森林被砍伐　D.草原开垦

3.如果要维持一个生态系统，必须要有哪些环节？

A.生产者和消费者

B.生产者和分解者

C.食草动物和食肉动物

D.消费者和分解者

—— 地球气象 ——

大气圈

·探索与思考·

测量不同高度的气温

1. 将两只摄氏温度计安置在一个阳光充足的地方。
2. 一支置于地面，一支置于2米高处。
3. 分别在清晨和傍晚对这两只温度计进行观测，并作记录。
4. 把纸板抽开。

想一想 同一时间哪一支温度计所测的温度高，哪一支所测的温度变化大？地面温度与高空温度有差异的原因是什么？

大气圈是包围在地球周围完整的空气层，是人类和其他地球生物赖以生存的物质条件，也是使地表保持恒温和水分的保护层，同时也是促进地表形态变化的重要动力。大气圈以地面或海面为下界，愈向上密度愈稀，最外层极其稀薄，与星际空间相接。

火山喷发是产生原始大气的重要形式。

原始大气

早期地球的大气层

由于原始地球地壳薄弱，内部温度很高，所以火山活动相当频繁。地球内部的物质分解产生了大量的气体，随着火山喷发冲破地壳释放出来。一般认为，原始大气含有甲烷、氨、氢、一氧化碳、二氧化碳和水蒸气等。太阳发出的强烈紫外线以及来自宇宙空间的射线几乎直射地面，辐射的能量促使原始大气各种成分之间发生反应：从无机物质生成有机小分子，然后发展成有机高分子物质组成的多分子体系，再演变成细胞，生命得以开始和进化。

大气结构

大气在垂直方向上的分层

大气圈的边界很难确定，一般来说，其厚度为3000千米。由于受地心引力的作用，大气的质量主要集中在下部，其中的50%聚集在离地面5000米以下的区域。大气在垂直方向上的物理性质是有显著差异的，根据温度、大气成分、电荷等物理性质，同时考虑到大气在垂直方向上的运动等情况，可将大气分为五层，从下到上分别是：对流层、平流层、中间层、热层和外逸层。

意大利物理学家托里拆利通过将水银灌入一端封闭的长玻璃管内，后将开口端埋入水银杯中竖直，封闭端出现空间（后被称为"托里拆利真空"）的实验证明了大气压力的存在，这一装置也是最早的水银大气压力计。

对流层

大气圈的最低层

对流层是大气圈层的最低层，集中了约75%的大气质量和90%以上的水汽质量，平均厚度约为12千米。其下界与地面相接，上界高度随地理纬度和季节而变化：低纬度地区平均高度为17～18千米，中纬度地区平均为10～12千米，极地平均为8～9千米；夏季高于冬季。对流层是大气层中最活跃的一层，因水汽、尘埃较多，雨、雪、云、雾、雹、霜、雷等主要天气现象与过程都发生在这里。

平流层

大气圈层相对稳定的一层

从对流层顶到距地面大约50千米左右的范围为平流层。平流层的下部有一个很明显的稳定层，温度几乎不随高度而变化。这种温度结构抑制了大气垂直运动的发展，使平流层大气没有对流运动，平流运动占显著优势。平流层空气比下层稀薄得多且干燥，水汽、尘埃的含量很少，大气透明度高，很难出现云、雨等天气现象。

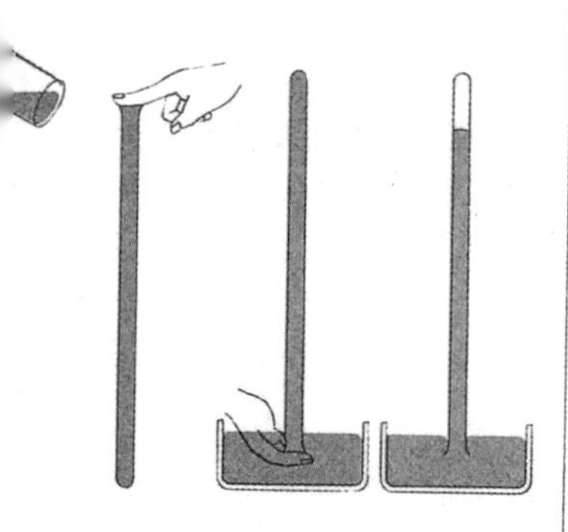

臭氧层

臭氧层一般指臭氧含量最多的20～30千米之间的平流层。臭氧含量在近地面层很少，从10千米高度开始逐渐增加，在25千米左右达到最大值，再往上就逐渐减少，到55千米以上就极少了。臭氧是大气中的一种微量成分，即使在臭氧浓度最大的层次，所含臭氧占空气的体积比也不过百万分之几。但臭氧能强烈吸收太阳紫外线，对大气温度的垂直分布有重要影响；同时对地面的生物也起着特别重要的保护作用。

中间层

大气圈层中最冷的一层

从平流层顶以上到距地面大约80千米处的大气圈层叫作“中间层”。这一层的主要特点是气温随高度的增加而迅速降低。其原因是由于该层几乎没有臭氧，而氮、氧等气体所能直接吸收的太阳辐射大部分已被上层大气所吸收的缘故。在中间层内，大气又发生垂直对流运动，因而此层又称为“高空对流层”。

热层

中间层之上的暖层

中间层之上为“热层”，上界达800～1000千米，也称作“增温层”或“电离层”。热层吸收了许多太阳辐射，故大气温度随高度增加而迅速上升。由于宇宙射线的作用，该层大部分空气分子发生电离，使其具有较高密度的带电粒子，故称电离层。这一层能将电磁波反射回地球，对全球的无线电通讯有重大意义。

外逸层

大气圈的最外层

热层之上的大气层称为外逸层，大约在距地面800千米以上的地方。外逸层和星际太空之间没有明显的分界，属于从地球大气层进入宇宙太空的过渡区域。

气压

单位面积上所承受的大气重量

气压的来源是大气层中空气的重量，所谓某地的气压就是指该地单位面积垂直向上延伸到大气层顶的空气柱的总重量。气压的大小与海拔高度、大气温度 、大气密度等有关，一般随高度升高而递减。

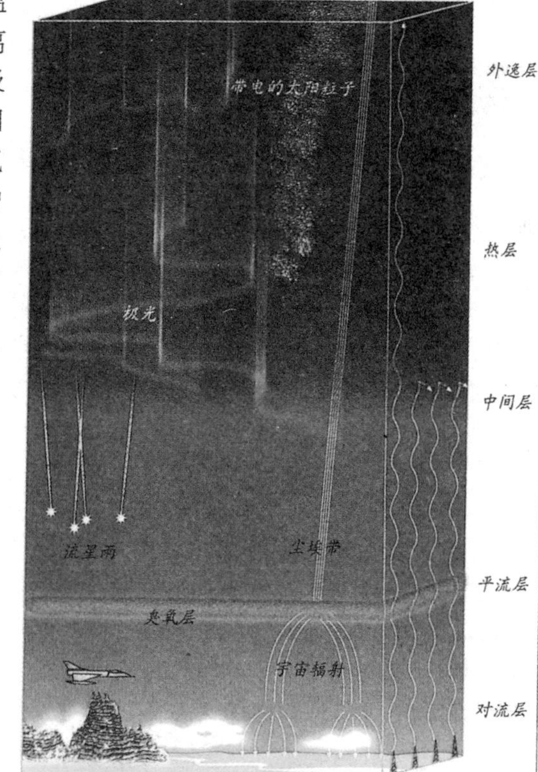

气压带

大气运动形成的气压分带

在大气环流形成和演化的过程中，地面气层相应地形成了以赤道为中心、南北对称的纬向气压带。它们是：赤道低压带（南、北纬5° 之间）、副热带高压带（南、北纬30° 附近）、副极地低压带（南、北纬60° 附近）和极地高压带（两极地区）。

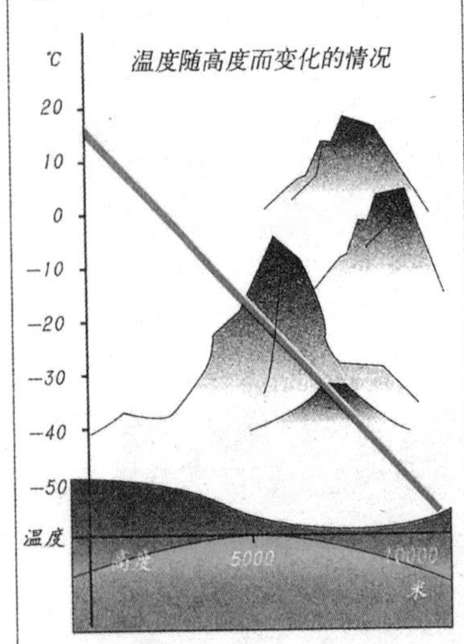

气温

大气的温度

气温是表示大气冷热程度的物理量。空气的冷暖程度，实质上是空气分子平均动能大小的表现。当空气获得热量时，空气分子的平均动能增加，气温就上升；反之，当空气失去热量，其分子平均动能减小，气温也就降低。气温在地球表面的平均分布主要与季节、地理纬度、海陆分布、海拔高度等因素有关。

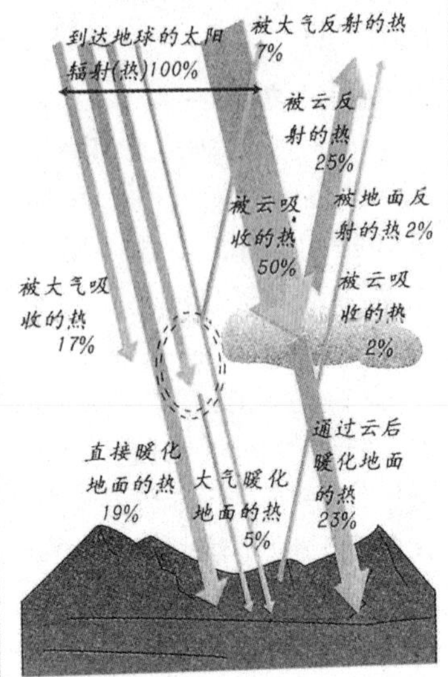

太阳放出的热在通过大气达到地表时会发生一系列变化。到达地面的47%和被大气层吸收的19%总计66%的能量，形成了推动大气的原动力，进而造成地球上瞬息万变的天气现象。

太阳辐射

太阳不断以电磁波的形式向空间放射能量，这种能量和传递能量的方式统称“太阳辐射”。其中仅有二十亿分之一到达地球表面，这个数值看起来似乎很小，实际上它是地球大气乃至地壳表层中各种运动赖以发生、发展的主要能量源泉。太阳辐射在地球上分布不均是引起大气运动的原动力，也是引起各地天气变化和气候差异的根本原因。

湿度

空气中的水汽含量

大气湿度（简称湿度）用来表示空气中水汽含量或潮湿的程度，可以用水汽压、绝对湿度、相对湿度等物理量表示。水汽压是大气压力中水分的压力；绝对湿度指单位体积湿空气中含有的水汽质量；相对湿度是指一定体积的空气在一定温度下所含水蒸气的量与其达到饱和时含量的百分比。

大气环流

有规律的全球性大气运动

某一大范围地区某一大气层次在一个较长时期内大气运动的平均状态或某一个时段大气运动的变化过程都可以称为大气环流。大气环流构成全球大气运行的基本形式，是全球气候特征和大范围天气形势的原动力。控制大气环流的基本因素是太阳辐射、地球表面的摩擦作用、海陆分布和地形等。

大气环流的形成和运动

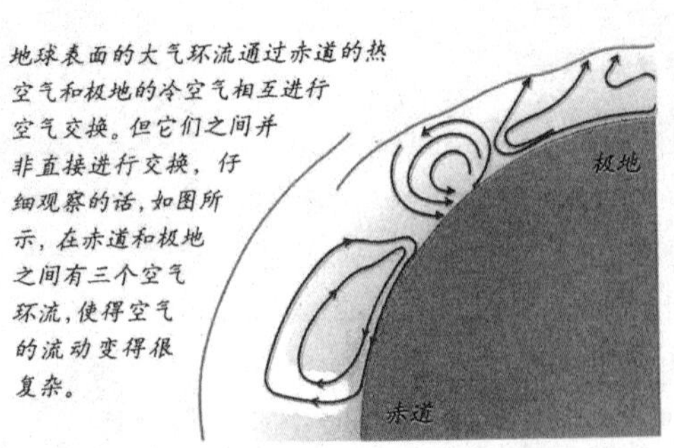

地球表面的大气环流通过赤道的热空气和极地的冷空气相互进行空气交换。但它们之间并非直接进行交换，仔细观察的话，如图所示，在赤道和极地之间有三个空气环流，使得空气的流动变得很复杂。

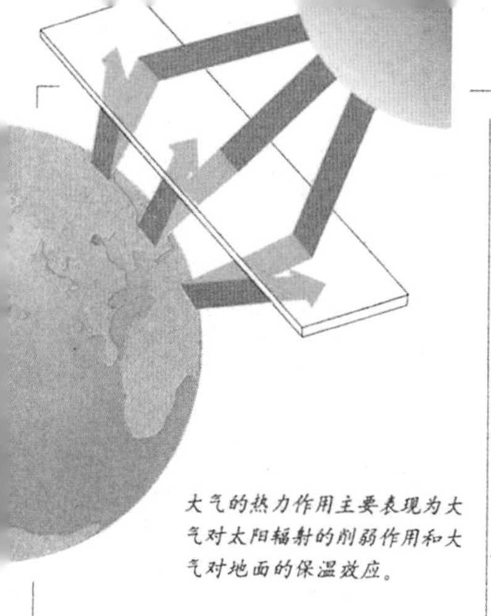

大气的热力作用主要表现为大气对太阳辐射的削弱作用和大气对地面的保温效应。

大气潮汐

大气在引潮力作用下的周期波动

大气潮汐是由于月球和太阳对地球各处大气的引力不同及太阳辐射的日变化所引起的地球大气的周期性波动现象，表现为某处气压、风和温度的周期性变化。由于月球离地球近，因此，由月球引潮力产生的大气潮汐较太阳引潮力产生的大气潮汐要大。

大气效应

大气的保温作用

大气对太阳短波辐射的吸收率很小，因此太阳辐射的大部分能透过大气到达地面；而大气对地面长波辐射的吸收率却很大，地面辐射的大部分为大气所吸收，并把大气辐射的一部分射向地面。因此有大气存在时地表的实际温度高于无大气存在时地表的平均温度，大气层的存在保持了地面的热量。大气的这种保温作用称为大气效应。

• DIY 实验室 •

实验：大气效应如何温暖地球

准备材料：1个鞋盒、黑漆、油漆刷、4支温度计、胶带、12个木塞或橡皮塞、3个能嵌入鞋盒的玻璃板

实验步骤：1.将鞋盒里面刷黑并晒干。

2.把一支温度计的一端用胶带粘在鞋盒底部。

3.把4个木塞分别放在鞋盒内的四角，并把一块玻璃板放在木塞上。

4.把第二支温度计粘在玻璃板上，注意与第一支温度计不在同一空间位置；再将四个木塞放在玻璃板的四角上，把第二层玻璃板放在木塞上。

5.第三、第四支温度计和第三块玻璃板的安置方法同上。

6.把盒子放到阳光下，过一段时间就记录下每一支温度计所示的温度。

7.从最外面到最里层，温度计显示的度数递增。

原理说明：地球的大气层就像实验里的玻璃。太阳光透过大气层，一些光线被云彩折射回宇宙空间；一些光线被地球表面吸收，并散发出红外线辐射热（地面辐射）。这样的辐射热便存留在大气层中，温暖着地球。

• 智慧方舟 •

选择：

1.大气中最活跃的是哪一层？

A.对流层　B.平流层　C.中间层　D.热层

2.臭氧层位于大气圈层的什么层中？

A.外逸层　B.平流层　C.中间层　D.对流层

3.被称为高空对流层的是大气圈的什么层？

A.对流层　B.平流层　C.中间层　D.热层

4.水汽压是用来表示什么的单位？

A.温度　B.湿度　C.大气压　D.降水量

气团和锋

草原气候是在以广阔的草原为下垫面的气团的控制下形成的。

·探索与思考·

冷水和热水

1. 将塑料盒从中间用纸板隔开。
2. 分别向塑料盒两端倒入热水和冷水
3. 在热水中滴入几滴红色颜料，冷水中滴入几滴蓝色颜料，各自搅拌一下。
4. 把纸板抽开。

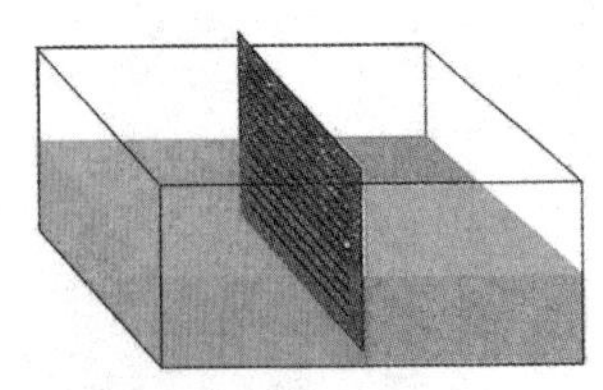

想一想 红色的热水和蓝色的冷水将如何分层，红色在上面还是蓝色？当冷热气团相遇，它们将怎样运动，相汇处能出现什么特别现象吗？

各种天气现象和大气的运动密切相关。大范围的空气块形成气团，在不同气团中，所出现的温度、湿度等因素各不相同，当两个性质不同的气团相遇时会形成一段狭窄的过渡带，带内气象要素和天气变化剧烈，气象学称此过渡带为锋面；与地面的交界线称为锋线，锋面上方为暖气团，下方为冷气团。锋面移动产生阴晴、云雨等各种各样的天气变化。

气团

水平方向性质比较均匀的大块空气

气团是指对流层内水平方向上物理属性（主要指温度、湿度和稳定度）比较均一的大块空气团，是由于大量空气长时间停留在某一地区而形成的。其水平范围从几百千米到几千千米，垂直范围可达几千米到十几千米。同一气团内的温度水平梯度一般小于1～2℃/100千米，垂直稳定度及天气现象也都变化不大。

沙漠气候是在以大面积沙漠为下垫面的气团的控制下形成的。

下垫面

大气底部与地表的接触面

下垫面是气团形成的条件之一，一般是性质比较均匀的大范围地区，以便能向大气提供相近的水汽和热量，使气团获得均匀的物理性质。由于下垫面是大气的直接水源和热源，因此不同的地面状况直接影响大气中的水热分布。

气团源地

气团形成的地方

气团的形成是通过大气与下垫面之间的水热交换及大气本身对于水热的内部调节而实现的，因此形成气团源地必须具备两个条件：一是有大范围性质比较均一的下垫面，如海洋、沙漠等；二是有利于空气停留或缓行的条件，如永久性或半永久性高压的控制等。

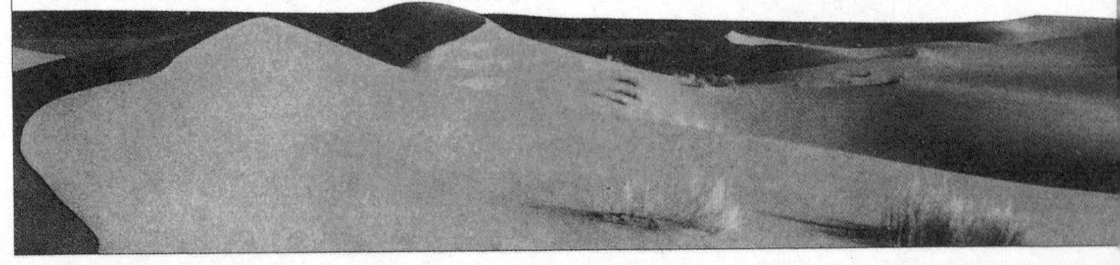

气团变性

气团因移动而发生性质改变的现象

气团离开源地移至新的下垫面上时，借助热力过程和动力过程，改变原有的属性而获取新的属性的过程，称为气团变性。气团变性的快慢程度取决于气团所流经下垫面性质差异的大小以及气团离开源地时间的长短和空气运动状况的变化程度等因素。老气团的变性过程就是新气团的形成过程。

冷气团

气团在移动时比其所经下垫面或环境冷的气团

冷气团不仅使流经地区变冷，而且其低层迅速增温，气层趋向不稳定状态，有利对流运动的发展。冷气团位于源地时相对稳定，但当其移出源地，则渐渐变性，因吸收地面热量而形成下暖上冷的不稳定状态。此时的冷气团若行经海面，则湿度增加显著，遇到山地气流上升，易于形成云雨；若行经陆地，则水汽含量极少增加，不易生成云雨。

暖气团

气团在移动时比其所经下垫面或环境暖的气团

气团移动时，较其所经下垫面暖的气团称为暖气团。当暖气团位于源地时，不但温度高，且湿度大，空气不稳定；但当其移出源地后，也会发生变性，并因其下层向地面输送热量而变成下冷上暖的稳定状态。暖气团常使其所经地区变暖，而本身则逐渐冷却，气层趋于稳定，通常形成较好天气。如水汽含量多，还可形成平流雾。

热带气团

源地分布在副热带的气团

热带气团因海陆影响可分为热带大陆气团和热带海洋气团。热带大陆气团源地主要分布在副热带大陆上，这一气团的主要特征是气温很高、湿度很小，天气燥热异常；在北非地区形成的严重干旱，就是由源于撒哈拉沙漠的热带大陆气团引起的。热带海洋气团的低层气温高、湿度大、气层很不稳定，而高层则很干燥；这是因为热带海洋气团源于副热带高压，高压内部的下沉气流致使降水少，天气晴朗。

极地气团

源地位于中高纬度地区的气团

极地气团因海陆分布不同又分为极地大陆气团和极地海洋气团。北半球极地大陆气团分布在西伯利亚、蒙古、加拿大、阿拉斯加一带，主要特征是气温低、水汽含量少、气层稳定、天气晴朗；极地海洋气团大多数是极地大陆气团移入海洋后变性而成的。冬季，中纬度大陆气团比中纬度海洋气团冷、干燥且稳定，所形成的天气也晴好；夏季，中纬度大陆气团低层温度和湿度都升高，常为多云天气。因此，中纬度大陆气团与海洋气团的天气特征在冬季差别很大，而夏季差别很小。

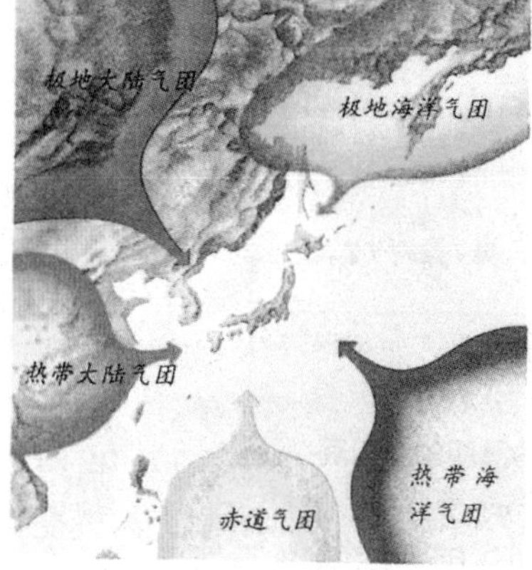

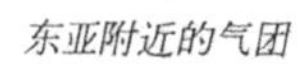
东亚附近的气团

冰洋气团

形成于两极地区的冷高压系统

冰洋气团指形成于北极和南极地区的冷高压系统，为北极气团和南极气团的合称。由于这类气团均与冰雪表面接触，故下层气温特别低，水汽含量少，气层稳定。北极气团冬季控制范围较广，可达西伯利亚中部，其南侵常伴同严寒的天气，形成寒潮。

赤道气团

源地分布在南北纬10° 之间的气团

赤道气团形成于赤道附近的洋面上，因赤道一带没有相对宽广的陆地，故不划分海洋型与大陆型两类气团。赤道气团的主要特征是气温高、湿度大，天气闷热、潮湿，常出现对流性不稳定天气。

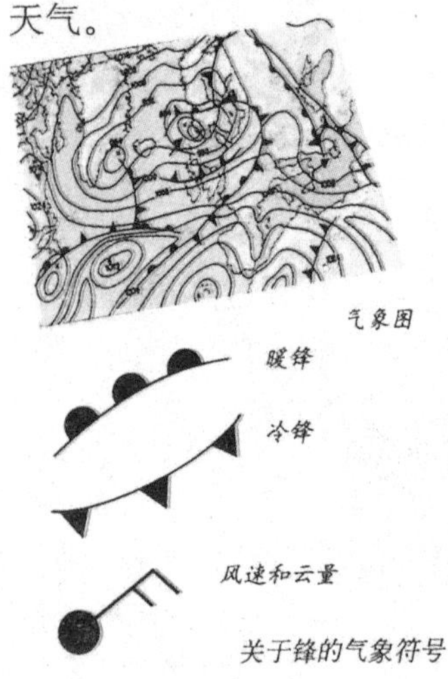

关于锋的气象符号

锋

两个性质不同的气团的交界面

锋是指具有不同热力性质（密度）的气团之间的狭窄过渡带。锋面是倾斜的，冷空气在下，暖空气在上。锋的水平宽度在近地面约数十千米，在高空可达400千米以上；但其水平宽度远比气团小，因此可近似地把这一过渡带看作一个几何面，故锋又被称为“锋面”。根据锋在移动过程中冷暖气团所占的主次地位，可将锋划分为冷锋、暖锋、准静止锋和锢囚锋。

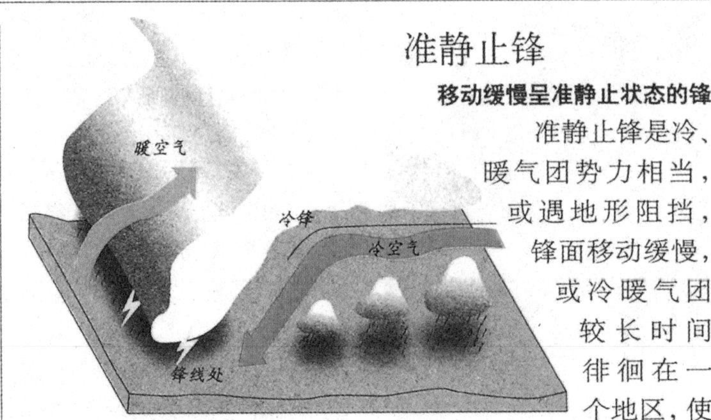

冷空气在移动过程中，由于变性程度不同，在主锋后又可形成一条副锋。一般来讲，主锋两侧的温度差值较大，而副锋两侧的温度差较小。

冷锋

冷气团向暖气团一方推移的锋

锋面在移动过程中，冷气团起主导作用，推动锋面向暖气团一侧移动，这种锋面称为冷锋。冷锋过境后，冷气团占据了原来暖气团所在的位置，气温下降，气压上升，锋线前后常伴有大风、雨、雪或风沙等天气现象。一般情况下，冷锋过境以后，当地将转受冷高压控制，天气变得晴朗。冷锋在中、高纬度地区一年四季都有，北半球北方多与南方，冬半年多于夏半年。

准静止锋

移动缓慢呈准静止状态的锋

准静止锋是冷、暖气团势力相当，或遇地形阻挡，锋面移动缓慢，或冷暖气团较长时间徘徊在一个地区，使两者间的界面呈准静止状态的锋。但在这期间，冷暖气团同样互相斗争着，有时冷气团占主导地位，有时暖气团占主导地位，常使锋面来回摆动。准静止锋的坡度一般很小，其云区和降水区的宽度比冷锋和暖锋都要大，持续时间也更长，常形成连雨天气。

暖锋

暖气团向冷气团一方推移的锋

锋面在移动过程中，暖气团起主导作用，推动锋面向冷气团一侧移动，这种锋面称为暖锋。暖锋一般比冷锋移动慢，坡度小。暖锋在移动过程中，暖空气沿着锋面上滑，若气团稳定，水汽丰沛，则在地面锋线前数百千米处出现卷云，并带来降水，降雨范围宽达三四百千米，甚至更宽。

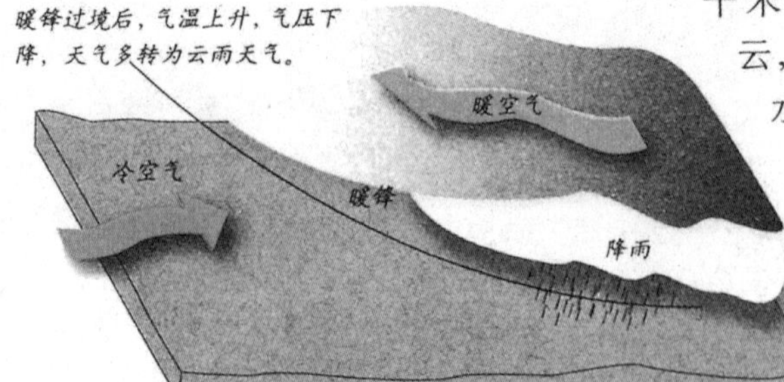

暖锋过境后，气温上升，气压下降，天气多转为云雨天气。

准静止锋

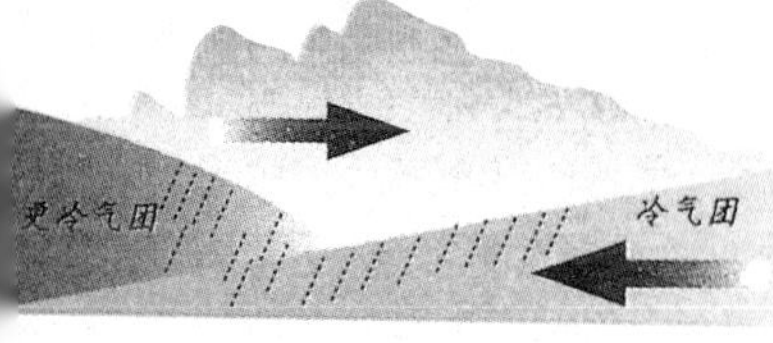

锢囚锋

锢囚锋

两个锋面相遇合并而成的锋

通常，冷锋比暖锋移动快，当冷锋赶上暖锋，或因地形作用，两冷锋迎面相遇时，两锋之间的暖空气被迫向上抬升，冷锋后的冷气团与暖锋前的冷气团相接便形成“锢囚锋”。因锢囚锋是两锋面相遇合并而成，故云系和降水的分布大致叠置；但也有由两锋面合并而促使上升运动发展，云层增厚，降水范围扩大的现象。随着锢囚锋的发展，暖气团抬高，气团中的水汽因降水消耗而减少，云层逐渐变薄、消散，最后天气转为晴好。

· DIY 实验室 ·

实验：谁先冷却

准备材料：2个玻璃杯、小石块、水

实验步骤：1.分别用小石头和水装满两个玻璃杯。

2.把两个杯子都放进冰箱。

3.15分钟后从冰箱取出杯子。

4.把小石头从杯子里拿出来感受一下温度。

5.把手伸进装水的杯子里感受水温，并和小石头的温度相比较。

6.装满小石头的杯子中的小石头比水要凉，比装满水的杯子冷

原理说明：

由于小石头的比热小于水的比热，所以比水更快地释放了热量；而水则一定程度地保存了热量，从而使杯子的温度没有下降得太快。这与下垫面的性质决定着气团属性的原理很像：在冰雪覆盖的地区上往往形成冷而干的气团；在水汽充沛的热带海洋上常常形成暖而湿的气团；在沙漠或干燥大陆上形成干而热的气团。所以，大范围性质比较均匀的下垫面才可能成为气团源地。

· 智慧方舟 ·

判断：

1.下垫面是大气的直接水源和热源。(　　)

2.下垫面实际就是气团源地。(　　)

3.老气团的变性过程也是新气团的形成过程。(　　)

4.冷气团若行经陆地则易成云行雨。(　　)

5.赤道气团分为赤道海洋气团和赤道大陆气团。(　　)

6.冷锋过境一般天气晴朗。(　　)

选择：

1.气团可以从地面伸展到大气圈哪一层顶部？

A.平流层　B.对流层　C.外气层　D.热层

2.下列能构成气团源地的下垫面是哪一个？

A.海洋　B.树林　C.花园　D.河流

3.两锋面相遇合并而成的锋称为什么？

A.锢囚锋　B.冷锋　C.准静止锋　D.暖锋

风

·探索与思考·

纸风车

1. 如图1所示，在纸上画两条对角线，标出正方形的中心点。

2. 从每个角沿对角线向内剪10厘米的豁口。

3. 将纸每个角的右叶向中心点弯折。

4. 用大头针将弯曲的角穿过正方形的中心点，并将其固定在木棍上。

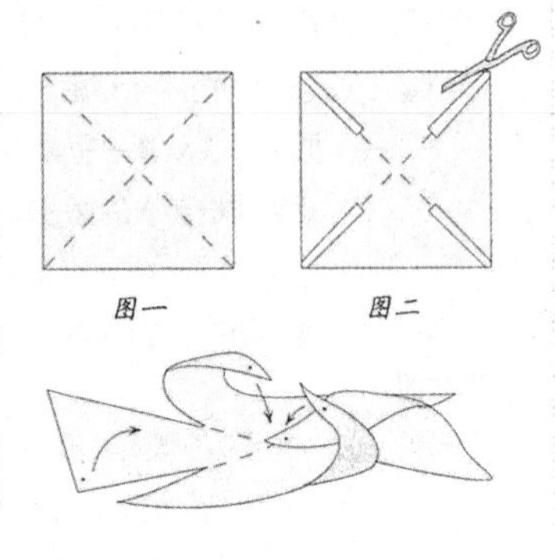

想一想 纸风车会如何转动？你怎样控制风车的速度？什么原因使纸风车转动？

风是流动着的空气。因为各方面的地理属性不一致，所以不同“来历”的风有着不同的特性。空气流动较慢时会形成微风；流动很快时，则刮起大风甚至飓风；沙漠吹来的风，挟带着沙尘；海面来的风，就含有较多的水汽。因此，我们在不同的风里面会有不同的感受，更可以看到不同的天象。如果两种不同的风碰头，就极易发生冲突，这时就可以看到许多天气突变的现象。

风

空气的流动

地球上任何地方都在吸收太阳的热量，但是由于地面每个部位受热的不均匀性，空气的冷暖程度就不一样；暖空气膨胀变轻后上升，冷空气冷却变重后下降，这样，冷暖空气便产生流动，形成了风。

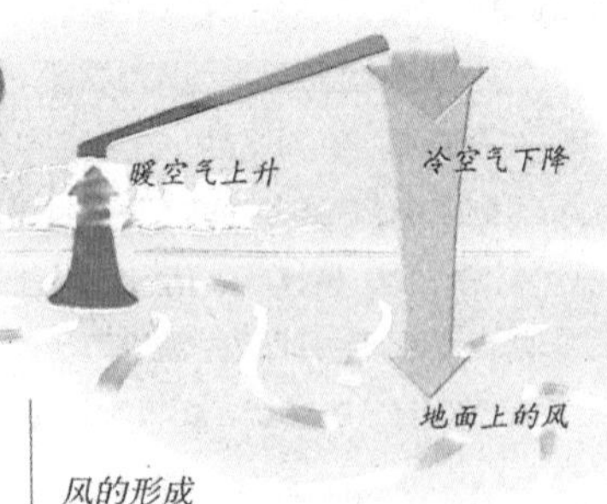

风的形成

这棵树的生长方向显示了吹向海岸的主风向。由于树苗在生长过程中受到同样方向的风吹，便长成了如此形状。

风向

风的来向

风向即指风的来向，如空气自东而来称为东风，空气自北而来称为北风。在我们的日常生活中，风向用东、南、西、北、东北、东南、西南和西北八个方位就够了；而在气象观测中，风向通常用十六个方位表示，每个方位各占22.5°角，例如北风是指向正北往西11.25°与往东11.25°这个角度内的风。

风速

单位时间内空气水平流动的行程

风速是指单位时间内空气移动的水平距离，风速大小可用风力等级来表示。1805年英国海军将领蒲福根据我国唐代天文学家李淳风撰写的《乙巳占》把风力定为13个等级，最小为0级，最大为12级。每级风风速包含的数字范围自下而上逐渐增大。蒲福创立的风级，具有科学、精确、通俗、适用等特点，已为各国气象界及整个科学界认可并采用。

风带

根据气压带和地转偏向力划分

由于空气运动的方向总是从高压指向低压，而且运动过程中还受地球自转偏向力的影响。因此实际上，风的运动方向并不是平直地由高压指向低压，而是发生了偏移，产生了七个气压带之间的六个风带。流向赤道低气压带的气流形成信风带，北半球形成东北信风带，南半球形成东南信风带；流向高纬度副极地低气压带的气流形成西风带；从极地高压带流出的气流形成极地东风带。

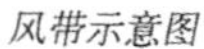

风带示意图

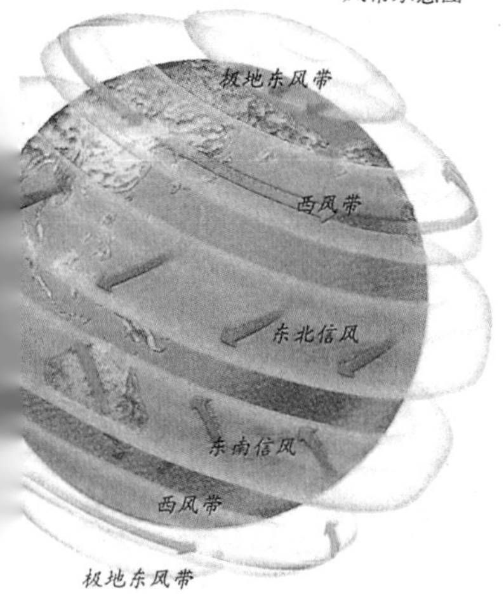

盛行风

一定地点常年所吹的风

盛行风决定全球范围的天气类型，它们的流动是由于赤道获得的太阳热量比极地多引起的。热空气由赤道上升向南北移动，然后冷却下沉，形成盛行风。其风向受地球自转的影响。

季风

风向随季节而改变的风

某些大范围地区盛行风向随季节变换而有显著改变，这种随季节而改变方向的风称为季风。海陆间热力差异是季风形成的重要原因之一。夏季，陆地强烈增温，形成低压；海洋增温缓慢，形成高压，致使风从海洋吹向陆地，形成夏季风。冬季风的形成则相反。夏季风将海洋上湿润的空气吹向大陆，在大陆成云致雨，形成雨季；冬季风由大陆吹向海洋，大陆上的空气干燥，并下沉，形成旱季。

信风

南、北半球副热带高压近赤道一侧的偏东风

信风是在低空由副热带高压带吹向赤道低压带的风。北半球副热带高压中的空气向南运行时，由于受地球自转偏向力的影响，空气运行偏右，形成东北风，即东北信风。南半球反之形成东南信风。在对流层上层盛行与信风方向相反的风，即反信风。信风与反信风在赤道和南北纬20°～35°之间构成闭合的哈德莱环流。

地方性风

由局部地表受热不均引起

凡与地方性特点有关的局部地区的风统称地方性风，一般是由于地形的动力作用使局部地区的空气受热不均而产生小规模环流形成的。地方性风只有在大范围气压差异不显著时才表现出来，主要的地方性风有海风、陆风、山风、谷风、峡谷风、焚风等地方性风系。

海风

白天从海洋吹向陆地的风

日间，地表受太阳辐射而增温，由于陆地土壤比热比海水比热小得多，陆地增温比海洋快，因而陆地的气温比海洋高。海陆间产生气压差，在下层，风从海洋吹向陆地，形成海风。而陆地上的空气上升到一定高度后，它上空的气压比海面上空气压要高些，空气从陆地流向海洋，因此在海陆交界地区还会出现范围不大的垂直环流。

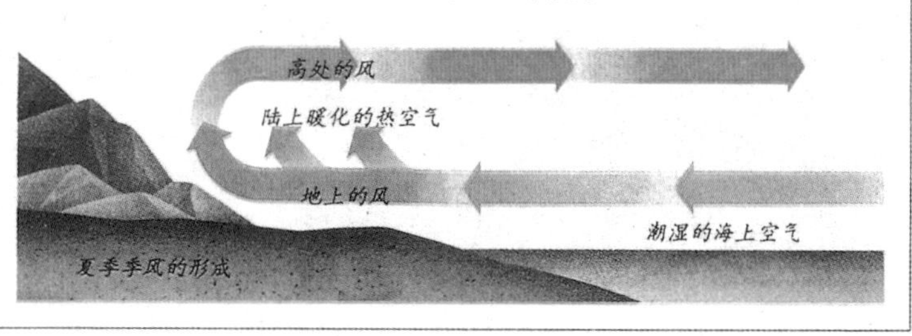

夏季季风的形成

陆风

夜间从陆地吹向海洋的风

日落以后，陆地辐射冷却降温比海洋快；海面降温比较迟缓，同时深处较温暖的海水和表面降温之后的海水可以交流混合，因此比起陆面来仍要温暖得多，这时海面是相对的低气压区。于是在下层，风从陆地吹向海洋，形成陆风。但到一定高度之后，海面气压又高于陆地，因此上层的空气便从海上流向陆地，形成和前面海风里的垂直环流完全相反的环流。

谷风

白天从谷地吹向山坡的风

白天，山坡接受太阳光热较多，空气增温；而山谷上空，同高度上的空气因离地较远，增温较少。于是山坡上的暖空气不断上升，并在上层从山坡流向谷地上方，谷底的空气则沿山坡向山顶补充，这样便在山坡与山谷之间形成一个热力环流。下层风由谷底吹向山坡，称为谷风。

谷风

山风

夜间从山坡吹向谷地的风

夜间，山坡上的空气受山坡辐射冷却影响，空气降温较多；而谷地上空，同高度的空气因离地面较远，降温较少。于是山坡上的冷空气因密度大，顺山坡流入谷底，谷底的空气因汇合而上升，并从上面向山顶上空流去，形成与白天相反的热力环流。下层风由山坡吹向谷地，称为山风。

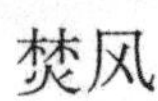

焚风

沿着背风山坡向下吹的热而干的风

一般来说，空气流动遇山受阻时会出现爬坡，气流在迎风坡上升时，温度会随之降低。空气上升到一定高度时，水汽遇冷出现凝结，以雨雪形式降落。空气到达山脊附近后，变得干燥，然后在背风坡一侧顺坡下降。当气流到达山脚时，气温明显升高，湿度显著减小，形成干而热的焚风。焚风能使旱情加重或增加森林火灾的危险性。

峡谷风

峡谷风

狭窄谷口流速比附近地区大的风

当气流从开阔地区向两山对峙的峡谷地带流入时，空气无法在峡谷内堆积，于是气流加速流过峡谷（流体的连续性原理），风速相应增大；当气流流出峡谷时，空气流速又会减缓。这种峡谷地形对气流的影响称为“狭管效应”，这种峡谷内比附近其他地区风速大得多的风叫作峡谷风或称“穿堂风”。

热带气旋

发生在热带海洋上的强烈天气系统

热带气旋是热带低压、热带风暴、台风或飓风等的统称，伴随热带海洋上的低气压而出现。其尺度一般约几百千米，大者可达1000千米，是能带来狂风暴雨的热带天气系统。国际上常根据其最大风速将它分为三级：风力6～7级的叫热带低压；风力8～11级的叫热带风暴；风力12级以上的叫台风或飓风。

飓风

不停旋转的大型热带风暴

飓风特指大西洋西部地区强大（最大风速达32.7米/秒，风力为12级以上）的热带气旋。不停旋转的飓风带来强风和滂沱大雨，整个风暴的直径往往达800多千米，强风和云绕着被称为“风眼”的中心旋转。风眼直径约为20千米，里面十分平静，但周围全是高耸的密云。大西洋上的飓风总是向西横扫大洋，吹袭加勒比海各岛和北美洲海岸。太平洋和印度洋上的飓风称为“台风”或“热带气旋”。此外，飓风还泛指具有狂风和任何热带气旋性质、风力达12级的任何大风。

龙卷

又称龙卷风

龙卷是一种破坏力极强，具有强烈涡旋的小尺度天气系统。其范围小，风速大，破坏力强，生消迅速，在北半球，多作逆时针旋转。有时伴随大雨、雷电或冰雹。出现在陆地上的龙卷称“陆龙卷”，出现在水面上的称“水龙卷”。龙卷直径一般约几米至几百米，最大1000米左右，垂直范围可伸至15千米，风速可达100～200米/秒，甚至更大。龙卷出现在低压、冷锋、准静止锋等天气系统或气团内部，是强对流天气下的产物。

• DIY实验室 •

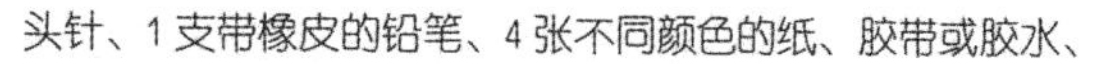

实验：制作风向标

准备材料：1根吸管、剪刀、硬纸板、1枚大头针、1支带橡皮的铅笔、4张不同颜色的纸、胶带或胶水、2根细金属丝（约20厘米长）、橡皮泥、指南针

实验步骤：1.在一块可以洗净的底板（例如一个茶碟）上粘一大团橡皮泥。

2.在吸管上剪一个约2.5厘米长的凹槽。

3.把硬纸板剪成梯形，固定在凹槽里。

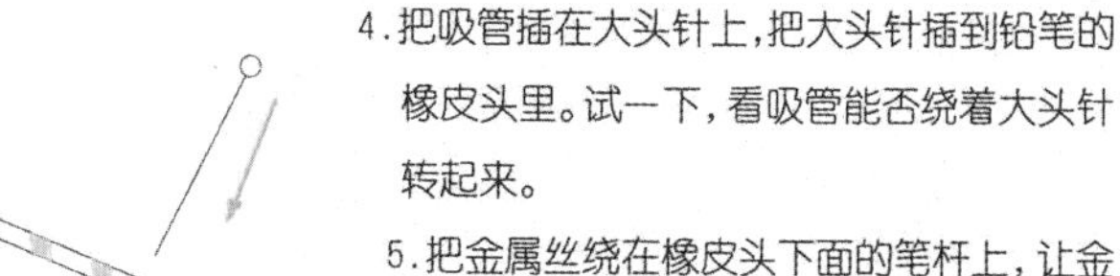

4.把吸管插在大头针上，把大头针插到铅笔的橡皮头里。试一下，看吸管能否绕着大头针转起来。

5.把金属丝绕在橡皮头下面的笔杆上，让金属丝的四端分别对准指南针所指的四个方位，并在每一截金属丝上分别粘一张不同颜色的小纸片，在纸片上写下金属丝所指方位的名称。

6.把铅笔尖插进橡皮泥里。把它放在一个风吹得到的地方（花园里或者窗台上）。

7.“风信旗”转了起来，之后在某一个方向上停了下来。当风再次吹起的时候，风信旗又会立即改变它的方向。

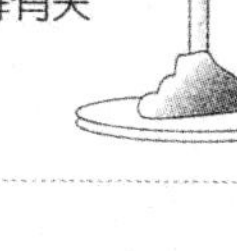

原理说明：固定在风信旗上的硬纸板是风信旗的主要受风部位。由于风信旗的末端总是准确地指向风吹来的方向，所以，通过风信旗可以清楚地了解有关风向的确切情况。

• 智慧方舟 •

选择：

1.下列哪些属于盛行风？

A.季风 B.信风 C.山风 D.海风 E.陆风

2.不是由“狭管效应”产生的风是哪些？

A.飓风 B.峡谷风 C.台风 D.山风 E.陆风

3.风力在12级以上的风叫什么？

A.台风 B.飓风 C.热带低压 D.热带气旋 E.热带风暴

云

·探索与思考·

制造云雾

1.向广口瓶（厚玻璃制）里注入热水。

2.在瓶口放上一个装满冰块的铁壶。

想一想 瓶里的热气遇到瓶口的冷气会产生什么现象？天空中云的形成与上述实验有何异同？你知道多少云的种类，它们会带来什么样的天气呢？

云的生成和变化十分复杂，它和任何事物一样都包含着本身特殊的矛盾，也由此形成了绚丽多彩、瞬息万变的外貌特征。云的生成、外形特点、量的多少、分布及演变状况，不仅反映了当时的大气运动、稳定程度和水汽状况，而且也是预示未来天气变化的重要特征之一。通常，结合实际需要，按云的底部高度把云分为低、中、高和直展云四族，然后按照云的外形特征、结构和成因划分为10个属。

云

由许多小水滴和小冰晶组成

云是空中的水汽凝结或凝华形成的可见悬浮体，由大量的小水滴、过冷水滴和冰晶或它们的混合体组成。云的形状、数量及其分布、移动和变化都能反映当时大气运动的状态，而且能预示未来的天气变化。气象观测中，按云底的高低、云的外形及结构特点，把云分为高云、中云、低云和直展云4族，卷云、卷积云、卷层云、高积云、高层云、层积云、层云、雨层云、积云、积雨云10属。

云量

云体遮蔽天空的成数

云量是指用目力估计的遮蔽天空的云的份数。将天空分为十份，其中被云所覆盖的份数便是云量。碧空无云，云量为0；云覆盖天空的1/10，云量记1，占2/10记2，其余类推；当云布满全天时，云量记10。云量观测包括总云量和低云量：不分云的高度和族属，所有云遮蔽天空的成数称总云量；所有低云族属的云遮蔽天空的成数为低云量。低云量是划分天气阴晴的重要标准，例如，低云量在八成以上为阴，不到一成为晴。

高云

距地面6000米以上的云

高云是云的分类中距地面最高的云族，包括卷云、卷层云、卷积云三个云属。它们由微小冰晶组成，云体呈白色，有丝绢光泽，薄而透明。阳光通过高云时，地面物体的影子清楚可见。高云一般不会带来降水。

卷云

简写符号 Ci

卷云云体具有丝缕状结构，个体分离散乱，纤维结构明显，常呈白色，无暗影，为冰晶构成的冰云。卷云在日出、日落前后，有鲜明的黄色或红色，黑夜则呈灰黑色。冬季，在中国北方或西部高原上，卷云云底高度较低，有时可降微量零星的雪。

卷层云

简写符号 Cs

卷层云云体均匀成层，呈绢丝状透明云幕，有时云体不显，仅使天空呈乳白色，为冰晶构成的冰云。隔卷层云可见日、月轮廓，常使其有晕环。冬季，中国北方和西部的高原地区，卷层云也可以产生少量降雪。卷层云加厚降低，系统发展，多预示着阴雨天气系统移近。故有“日晕风、月晕雨”的谚语。卷层云属又可分毛卷层云和薄幕卷层云。

云的形成

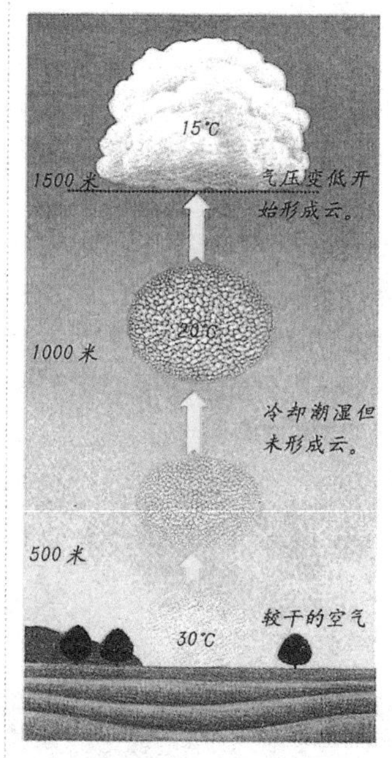

太阳辐射使地面升温，地面又使周围变暖的空气慢慢抬升；暖空气上升过程中逐渐冷却，所含水分子依附于空气中的杂质，形成小水滴，小水滴聚集成云；随着越来越多的暖空气上升，越来越多的水汽凝结，云块也越来越大。

卷积云

简写符号 Cc

卷积云云体呈鱼鳞状，云块聚集成群，排列成行，像微风吹过水面引起的波纹，为冰晶构成的冰云。卷积云布满全天，称为“鱼鳞天”。卷积云通常出现在天气系统的前缘，多为天气转阴雨的征兆。因此有“鱼鳞天，不雨也风颠”的谚语。

中云

距地面2000～6000米之间的云

中云是云的分类中，云底离地面中等高度的云族，又称中云族，包括高积云、高层云两个云属。前者多呈块状，后者多呈幕状，由小水滴、过冷水滴及冰晶混合组成，颜色呈白色或灰白色，没有光泽，云体较稠密，厚的能遮蔽阳光，有时有少量降水。

高积云

简写符号 Ac

高积云主要由中云高度上稳定而湿润的空气发生波动形成。云体呈块状、片状或球状；云块有时分散孤立，有时呈水波状密集云条；云块常呈白色或灰色，中部较阴暗。云体各部分的透光程度不同，故又可分为透光高积云、蔽光高积云等类型。太阳光或月光透过薄的高积云时，常出现外红内紫的华环。薄的高积云稳定少变，一般预示天晴；厚的高积云如继续增厚，有时也有零星雨雪。

高积云

高层云

简写符号 As

高层云由小水滴或小水滴与冰晶的混合体组成，属水云或冰水混合云。高层云云底呈均匀幕状，常有条纹和纤缕结构，分布范围较广，常遮蔽全部天空，颜色灰白或灰蓝，有时很像厚的卷层云。高层云多属锋面云系，一般可降间歇性或连续性雨和雪。高层云还分为云层较薄的透光高层云和云层较厚的蔽光高层云。

低云

距地面 2000 米以内的云

低云是云的分类中，云底距地面最低的云族（可低至几十米），又称低云族。包括层积云、层云和雨层云。其云体结构稀松，云低而黑。层云和层积云主要由水滴组成，雨层云经常由水滴和冰晶共同组成。低云的存在常常给人不通透的沉闷、潮湿感，并能产生降水。

层积云

简写符号 Sc

层积云是由片状、团块或条形云组成的云层或云片。层积云主要由空气的波动和乱流混合作用形成，一般由水滴构成，我国北方和高原地区严寒季节可由水滴、冰晶、雪花构成，厚者可降间歇性小雨雪，南方有时可有较大降水。

雨层云

简写符号 Ns

雨层云是低而厚的均匀降水云层，呈暗灰色，完全遮蔽日月。雨层云是锋面等大型天气系统侵入时，由于暖湿空气与冷空气相遇，前者缓慢抬升、冷却凝结而成的。雨层云常产生不连续性雨雪。

暖锋侵入，其前方常有卷云、卷层云和高层云排列；而在锋面附近则为雨层云。暖锋附近的降雨时间比冷锋的长。

层云

简写符号 St

层云很低且厚度不大，像雾但不着地，层云维持时间不长，约几小时，可降毛毛雨。层云被风吹散或趋于消失时，常分裂成不规则的散片，称为碎层云。

直展云

伸展到中云甚至高云的云类

直展云族的云底是在低云族的范围内，但云顶可以延伸至中云族甚至高云族的范围，反映出非常旺盛的上升气流。直展云族有积云和积雨云两个云属，云底往往由水滴组成，而高耸的顶部由冰晶组成。在云属的分类中，直展云类最不稳定，其发展初期通常在低云族的高度，然后随着气流的推移与水汽的增减而活跃于中云族甚至达高云族的范围。

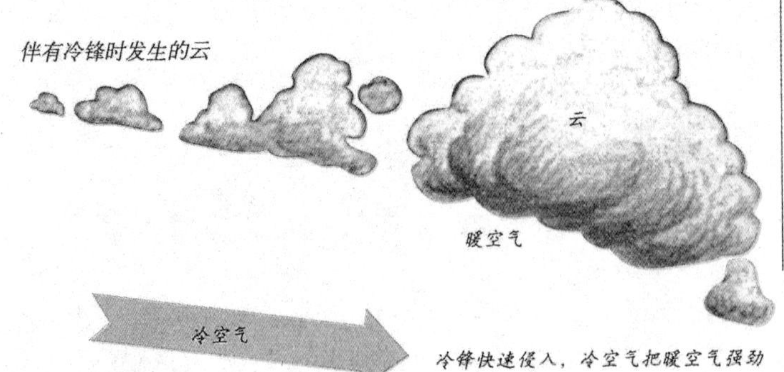

冷锋快速侵入，冷空气把暖空气强劲地往上抬升，最后形成积雨云而降下阵雨或雷阵雨。

积雨云

简写符号 Cb

积雨云又称雷雨云。云体浓厚庞大，当云顶伸展到温度在－15℃以下的高空时，云顶的过冷水滴就逐渐冻结为冰晶。积雨云云底混乱，起伏明显，极为黑暗；云顶常扩展成砧状或马鬃状，有时呈羽毛状伪卷云。积雨云常由浓积云发展而成，会产生强烈的阵性降水，并伴有大风、雷暴；发展特别强烈时，还会有冰雹和龙卷风。

积云

简写符号 Cu

积云为孤立垂直向上发展的云块，底部几乎水平，云体边界分明，由水滴构成，属水云。根据垂直发展的程度，积云可分为淡积云和浓积云两类。淡积云云体较小，轮廓清晰，仅限于低空；浓积云云体庞大，如高耸的塔，垂直发展较盛，云内上升气流速度可达10米／秒以上，具备对流发展的良好条件。

· DIY 实验室 ·

实验：瓶子中的云

准备材料： 一小杯冷水、火柴、带盖玻璃瓶、剪刀、橡皮泥、吸管

实验步骤：

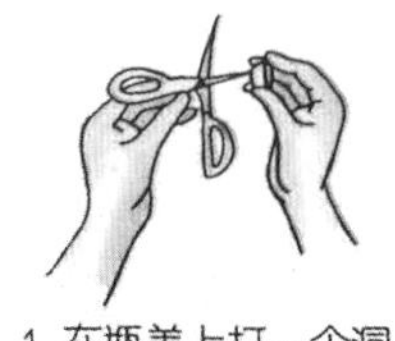

1. 在瓶盖上打一个洞。

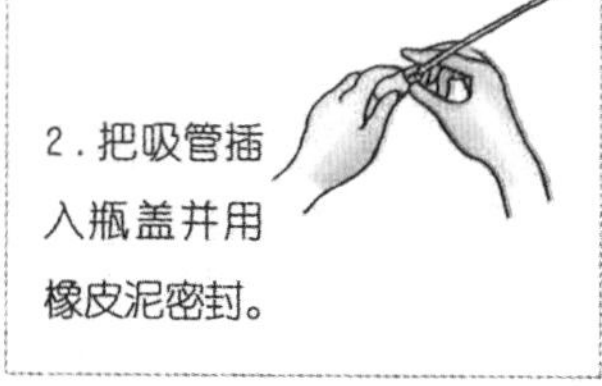

2. 把吸管插入瓶盖并用橡皮泥密封。

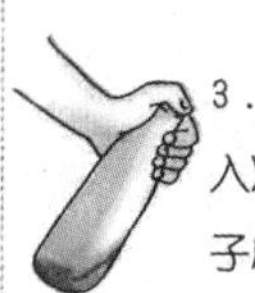

3. 往瓶子中倒入冷水，摇晃瓶子后将水倒出。

4. 点燃一根火柴，吹灭后把带烟的火柴放在瓶颈中，让烟进入瓶子。（注意不要将火柴扔进瓶子）

5. 迅速地拧上瓶盖，通过吸管往瓶中吹气；停止吹气后捏住吸管使空气不致逸出。（注意不要通过吸管吸气）

6. 松开吸管，当空气冲出瓶子时，“云”便在瓶中产生了。

原理说明： 吹气增加了瓶内气压；松开吸管气压下降，空气变冷；瓶中的水蒸气在烟尘中的尘粒上凝结成极小的水滴，形成云。

· 智慧方舟 ·

选择：

1.“日晕风、月晕雨”的谚语是针对哪种云来说的？

A. 层云　B. 卷层云　C. 高积云　D. 雨层云

2.“鱼鳞天，不雨也风颠”的谚语是指哪类云？

A. 积云　B. 积雨云　C. 卷积云　D. 碎层云

3. 积雨云的特点是下列哪种？

A. 产生强烈的阵性降水，并伴有大风、雷暴　B. 产生连续性雨雪

C. 可降毛毛雨　D. 产生零星雨雪

降水

·探索与思考·

雨滴汇流

1.在桌面上固定住一个托盘。

2.用喷口细密的喷壶对着托盘喷洒。

3.一些水滴挂在盘上，另一些则汇聚在一起并流下来。

想一想 哪些原因使托盘上的水滑落下来？大气中的水汽成分在什么情况下才降落在地面？这些水分又以什么形式降落？

地表各种形态的水在太阳能和地球表面热能的作用下，不断被蒸发成为水蒸气，进入大气。水蒸气遇冷又凝聚成水，在重力的作用下以降水的形式落到地面。由于这样的往复循环，才有雨、雪等降水，才能用来滋润土地，供植物生长并为人们所利用。

水圈

地球表层水体的总称

水圈是地球表面由各种水体组成的一个连续而不规则的圈层，包括地表、地下及大气中的液态水、固态水和气态水。水圈与地球的大气圈、生物圈和岩石圈相对应，是地球外壳的基本自然圈层，并与它们形成各种方式的水交换。

水循环

地球各种水体水分间的循环交换

由于水具有三态变化的特性，在太阳辐射能的作用下，它们发生着互有关联的运动。由于地球表面的海洋、江河、湖泊以及树木、土壤内部水分的蒸发作用，使得空气中的水汽增多了；空气中的水汽达到饱和时就以多种形式降落下来，降水有些被大地、森林植被吸收，有些进入江河湖海；太阳辐射继续，上述循环周而复始。

蒸发

发生在液体或固体表面的汽化过程

蒸发是水由液态或固态转化为气态的过程。自然条件下的蒸发过程是地球上水分循环中的主要组成部分，也是水分从海洋与大陆进入大气的唯一形式。影响这一过程的气象因素包括太阳辐射、气压、下垫面、温度、湿度、风速等。

水循环示意图

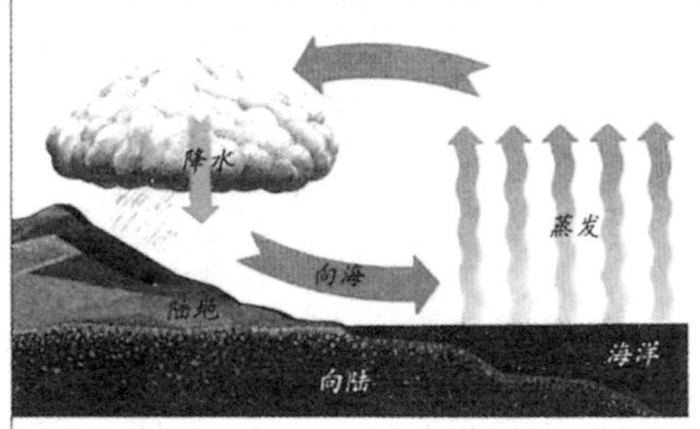

蒸发与降水的循环

降水

从高空降落到地面的水的总称

大气中的水分降落地表，其形式为雨、雪、雹、露、霜等，统称“大气降水”，简称“降水”。降水来源于大气中的水分，其形式和数量取决于诸多气象因素，如风、气温、气压等。大气中包含足够的水汽是降水必备的条件，同时还需要其他热力和动力要素，使水汽凝结成云，增长合并，水滴增大直至降落地面。绝大多数情况下，降水是从云中降下来的；有的雾也能产生少量降水。

雨

从云中降落的液态水滴

雨主要由云中冰晶或雪粒因水滴转移、碰撞、合并，不断增大到上升气流无力支持时下降融化而成。当水滴增大到一定程度时，水分子间的引力难以维持这样大的水滴，因此在气流的冲击下分裂，大水滴下降成雨；而小水滴继续存在，形成新的大水滴。按照降雨的强度可将其分为小雨、中雨、大雨、暴雨和大暴雨几级。

毛毛雨

水滴直径小于0.5毫米的雨

毛毛雨是分布稠密、均匀的微细液态降水，水滴直径小于0.5毫米，可随风飘流。毛毛雨大多降自大气层中稳定的层云。毛毛雨落在水面上不会激起波纹和水花，落在地上没有痕迹，只能慢慢地润湿地面。毛毛雨常伴有雾和低云，能见度极差，严重影响航空飞行。长期持续的毛毛雨和微雨的天气称濛雨天气。

冻雨

又称雨凇

当有冷锋侵入时，锋面下的气温和地面温度都降至0℃以下，而锋面上方的气温却在0℃以上且较潮湿。在锋面上方的云层内形成的雨滴落入温度低于0℃的气层时，就变成过冷雨滴。这种过冷雨滴一旦降到温度低于0℃的地面或物体上，便立即冻结成冰，形成一层密实光滑的、有如透明的玻璃状冰壳；落在电线或树枝上便会形成长长的冰挂。

降水与蒸发的比例

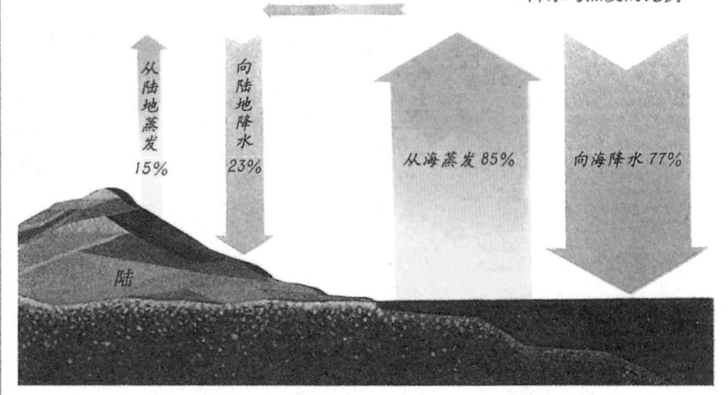

幻雨

未降到地面便消失的雨

“幻雨”是在雨还未落到地面便在半空中消失了的雨。在沙漠地区，每年的降水量特别少，有的地方甚至几年滴雨不下，这样便造成了这一地区低空的极度酷热、干燥。所以，当天空出现降雨时，一般还未等雨滴降落到地面，便在半空中蒸发掉了。于是，人们把这种现象称为“幻雨”。

霜

水汽在地面及近地面物体上凝华而成的冻结物

霜是当气温下降至0℃以下时，导致接近地面附近的空气中水汽达到饱和，而在地面及近地面物体上凝华而成的白色松脆的冰晶。霜的形成多发生于小风晴朗的夜晚；入秋后最早的一次霜称“早霜”，入春后最晚的一次霜称“晚霜”，早霜和晚霜的时间间隔称霜期。

霜冻

出现霜时,植物可能受冻害也可能不受冻害。而霜冻是指作物表面的温度迅速下降到使其遭受危害的温度使作物遭受冻害的现象。霜冻所构成的不是天气现象,而是一种生物现象。因此,出现霜冻时不一定有霜;但有霜时却经常伴有程度不同的霜冻。根据霜冻发生的原因,可分为平流霜冻、辐射霜冻和平流－辐射霜冻。发生大寒潮时,冷空气席卷的地区会剧烈降温,此时形成的霜冻叫平流霜冻;在晴朗无风的夜晚,由于地表或作物强烈地向外辐射散热冷却时,霜冻随之而生,称为辐射霜冻;第三种叫平流－辐射霜冻,要在既有冷空气,又有地表散热作用时才发生,强度较大,危害严重,后期常常转为辐射霜冻。

冰雹云(能够下冰雹的积雨云)是由水滴、冰晶和雪花组成的。一般为三层:最下面一层温度在0℃以上,由水滴组成;中间温度为0℃至－20℃,由过冷水滴、冰晶和雪花组成;最上面一层温度在－20℃以下,基本上由冰晶和雪花组成。当云内的上升气流再也托不住一次次翻腾的冰胚胎时,它便会从空中坠落,形成冰雹。

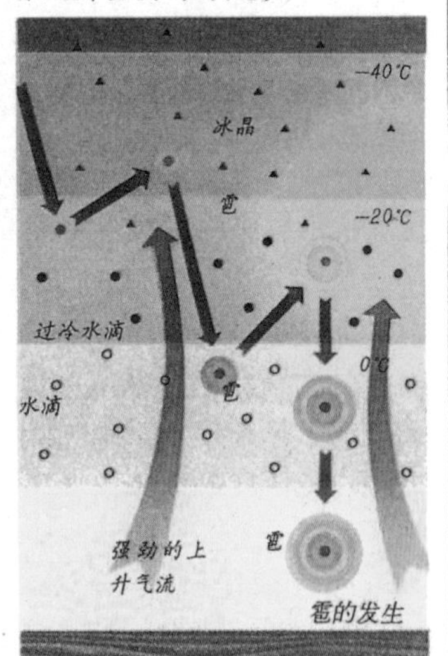

雹的发生

雾

悬浮在近地面空气中的大量微小水滴

雾是由大量微小水滴(或冰晶)在贴近地面空气层中组成的悬浮体;主要是由于气温的下降,低层大气达到饱和状态,大量微小水滴或冰晶浮游在空气中,并于近地空气中凝结而成。一般把水平能见距离低于1000米的雾称"雾";而能见距离在1000米到10000米的雾称"轻雾"。按雾粒的状态可将雾分为水雾和冰雾,前者由水滴或过冷水滴组成;后者由冰晶组成,只有在极寒冷的天气里才会出现。按雾的成因可分为辐射雾、平流雾、平流－辐射雾、蒸发雾、锋面雾、混合雾等。

雹

坚硬的球状降水物

冰雹就是冰冻的雨滴,它们在积雨云内部形成。冰雹为圆球形或圆锥形的冰块,由透明层和不透明层相间组成。直径一般为5～50毫米,大的有时可达10厘米以上。冰雹中心白色不透明的霰块,称为雹核;雹核外围是透明、不透明相间的冰层,有的层次可达10层以上。冰雹常砸坏庄稼,威胁人畜安全,是一种较为严重的自然灾害。

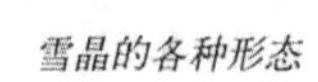
雪晶的各种形态

雪

由较大的冰晶组成的固体降水

雪是由冰晶组成的白色不透明的六角星状、片状或柱状的固体降水,云中冰水共存使冰晶不断凝华增大,最终克服空气的阻力和浮力降落地面,成为雪花。天气不很冷时,很多雪花溶合成团,呈棉絮状飘落,直径可达数厘米。当云下气温低于0℃时,雪花可一直落到地面形成降雪;如果云下气温高于0℃,则可能部分被融化出现雨夹雪。

雪晶

雪的结晶体

由于雪花的原始冰胚（水分子的结晶结构）具有六角形的结构，所以形成的雪花也都是六角形的，但它们的结构却又细微而复杂，严格地按着六角形的准则有条不紊地排列出各种形态。常见的形状有针状、星状、树枝状、扇状等。

露

地面或其上物体所凝结的水珠

露是水汽以液滴形式凝结在地面覆盖物上的现象。在晴朗无风的夜晚，近地面气层的热量迅速向外辐射，越近地面冷却越快，当地面温度冷却到使近地面空气中的水汽含量达到饱和时，空气中的水蒸气遇到较冷的花草或树叶表面便会凝结成小水珠，成为露水。露的降水量很小，但对植物的生长是十分有益的。

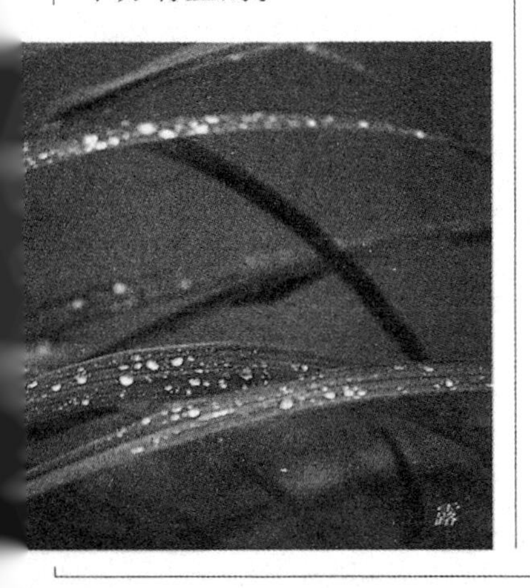
露

• DIY 实验室 •

实验一：结霜的玻璃杯

准备材料： 匙、棉棒、凡士林、玻璃杯、碎冰块、盐

实验步骤： 1. 用棉棒沾上凡士林，在玻璃杯壁上画上星状图案。
2. 把碎冰块放入玻璃杯。
3. 再放入盐并搅动。
4. 几分钟后，玻璃杯的外壁就会慢慢形成星状霜。

原理说明： 玻璃杯周围空气中的水蒸气在玻璃杯冰冷的表面上凝结成一层薄薄的冰晶；而水不会在凡士林上凝固（凡士林温度的下降速度比玻璃杯慢），因此星状霜形成了。这说明霜的形成有两个基本条件，一是空气中含有较多的水蒸气，二是有温度在 0℃以下的物体。

实验二：制作雨量器

准备材料： 玻璃球、尺子、塑料瓶、剪刀、胶带、水杯

实验步骤： 1. 将塑料瓶的上部剪下，以能套在下部塑料瓶中为宜。
2. 在瓶子的一侧贴上细胶带并标注高度，作为标尺。
3. 把玻璃球放在瓶底，将剪下的瓶顶倒扣在下部塑料瓶，并用胶带粘牢。
4. 把水倒入塑料瓶，使水位达到标尺的底线。雨量器就做好了。
5. 将雨量器在下雨前放在户外。雨停后看一看水达到的标尺高度。

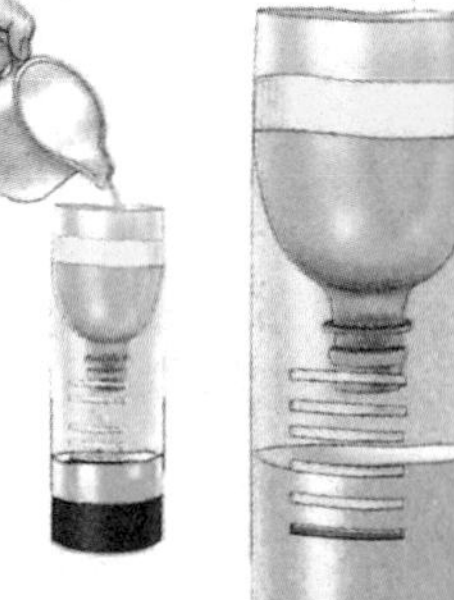

原理说明： 雨量器宽阔的顶部收集雨水，雨通过细口流入雨量器内部，从而测出降雨量。通常，气象站每天都是这样记录降雨量的。

• 智慧方舟 •

选择：

1. 雪花通常呈什么形状？
A. 针状　B. 树枝状　C. 扇状　D. 星状

2. 水雾是由什么组成的？
A. 水滴　B. 过冷水滴　C. 冰晶　D. 雪晶

3. 霜的形成是什么作用的结果？
A. 凝华　B. 升华　C. 液化　D. 汽化

气候

· 探索与思考 ·

树木年轮的语言

1. 到林区或根雕艺术馆等地方寻找能看到树木横截面的树墩。
2. 仔细观察它的“年轮图”，比较哪一圈宽、哪一圈细。

想一想 树木年轮的宽窄说明什么？干旱和湿润气候下树木的年轮会有什么不同吗？它们是怎样记录气候变化的？

某个地方短时间内气温、气压、温度等气象要素综合作用引起的风、云、雨等大气现象，我们称为天气。而气候是对天气的概括，是典型的天气。气候反映的是某一地区冷、暖、干、湿等基本特征，是一种最复杂的自然现象，为自然地理诸要素中最重要、最活跃的一个。气候条件不仅决定并改变着地表形态，同时也影响着人类的生产和生活。

气候

多年天气变化的综合表现

气候是多年来各种天气过程的综合表现。气候与天气是既有区别又密切联系的两个概念。气候概括了大量天气过程而显示出来的大气规律，是长时间尺度的大气过程，其变化具有相对稳定性。除了由于太阳辐射在地球表面分布的差异，以及各种不同性质的下垫面在有效太阳辐射作用下所产生的不同物理过程使气候具有大致按纬度分布的特征外，气候还具有明显的地域性特征；根据这种区域性差异，可将气候分为大气候、中气候和小气候。

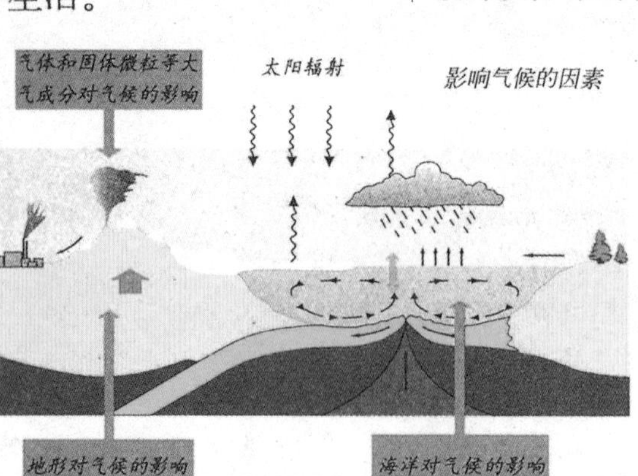

气候要素

引起气候变化的因素

气候要素是表征某一特定地区在特定时段内的气候特征或状态的物理量。狭义的气候要素即气象要素，如空气温度、湿度、气压、风、云、雾、日照、降水等；这些基本的气候资料是分析研究气候特征及其地理分布、探讨气候形成与演化规律、评价气候资源与灾害的重要手段。广义的气候要素还包括具有能量意义的参量，如太阳辐射、地表蒸发、大气稳定度、大气透明度等。而气候现象是一定气候要素相结合的产物。

气候变迁

较长时间的气候变化过程

气候变迁指在较长的一段时间里，一个或几个气候要素有规律地变化的过程；通常用不同时期的温度和降水量等气候要素统计量（均值、变率等）的差异来表现。气候变迁的时间尺度往往是几百年、几千年、几万年甚至更长。气候变迁的形成原因归纳起来可分三方面：天文因素（地球公转轨道变化、太阳黑子的变化以及日、月对地球海洋吸引力的变化等）、大气因素（大气成分、大气环流、大气稳定度的变化等）、下垫面因素（地壳变动、地面性质变化等）。

下垫面对气候的影响

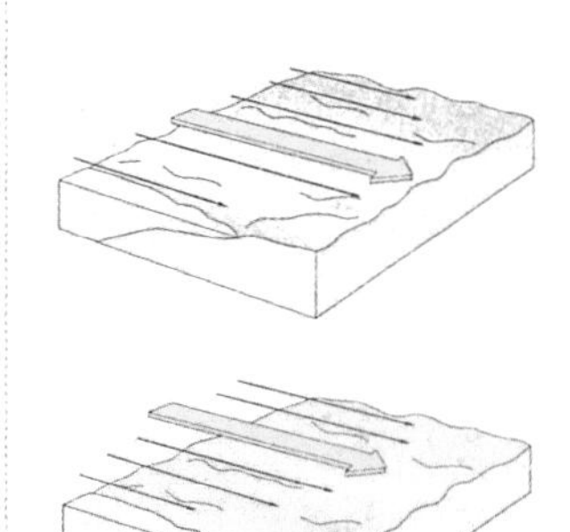

高原隆起前，冬、夏盛行西风 。

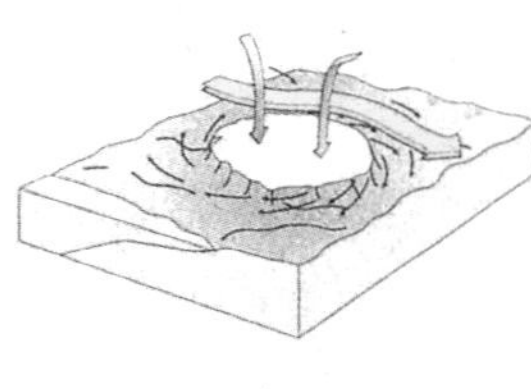

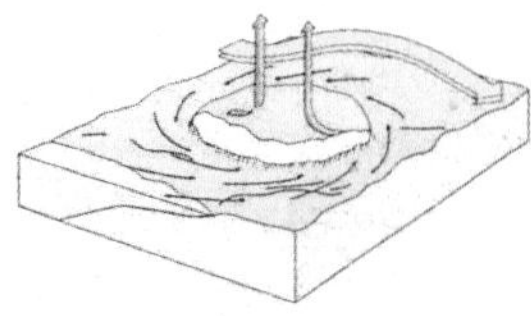

高原隆起后，西风带绕过高原。冬季，高原上形成高气压，干冷空气按顺时针方向吹过陆地，形成冬季季风；夏季，暖空气上升，潮湿的海洋空气吹向陆地，形成夏季季风。

冰期

冰川广泛发育的时期

冰期是指具有强烈冰川作用的地质历史时期，又称冰川期，此时的地球气候寒冷，冰川广布。广义的冰期又称大冰期，指前寒武纪晚期大冰期、石炭纪－二叠纪大冰期和第四纪大冰期。狭义的冰期指规模小于大冰期的冰期。

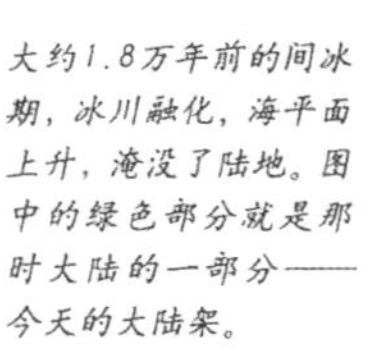

大约1.8万年前的间冰期，冰川融化，海平面上升，淹没了陆地。图中的绿色部分就是那时大陆的一部分——今天的大陆架。

间冰期

两个冰期间气候较温暖的时期

间冰期是冰川处在大规模退缩和消融的时期，以全球性的气候变暖为特征。此时高纬度地区的大冰盖面积缩小，中、低纬度山岳冰川大规模后退，高山雪线大幅度升高，全球自然地理带向两极方向推移，世界海平面上升，此时的气候比现在温暖得多。在地球气候史上，三次大冰期之间存在着两个持续时间很长的间冰期，约占整个地球发展史的9/10。地球上的气候变化就是这样以冷暖交替为基本特征的。与冰期一样，间冰期也有广狭义之分。

前寒武纪大冰期

古元古代大规模冰川作用的时期

前寒武纪大冰期期间，世界许多地方都发现有该冰期冰川活动的遗迹。根据多方面的分析认为，此冰期冰川主要分布于澳大利亚中部、非洲中南部和西北部、北美西北部、南美中部、欧洲西北部及西伯利亚和中国东部。冰川活动的年代在距今6.45亿～8.4亿年前，其中可能包括3个冰期，在距今大约7亿年前的冰期中，冰川活动最广泛。大冰期过后，地表开始升温，海平面大幅度上升，为寒武纪生命大爆发创造了良好的环境。

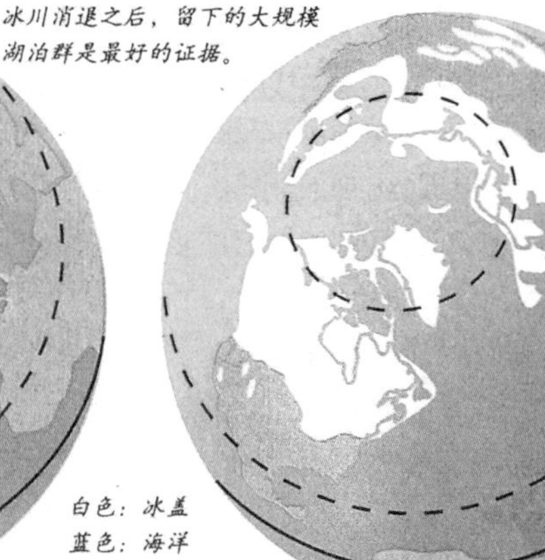

现在的地球

冰川最大作用时期，冰川面积占陆地面积的32%，整个加拿大和北欧都在冰川的覆盖下，冰川消退之后，留下的大规模湖泊群是最好的证据。

冰川最大作用时期的地球

白色：冰盖
蓝色：海洋

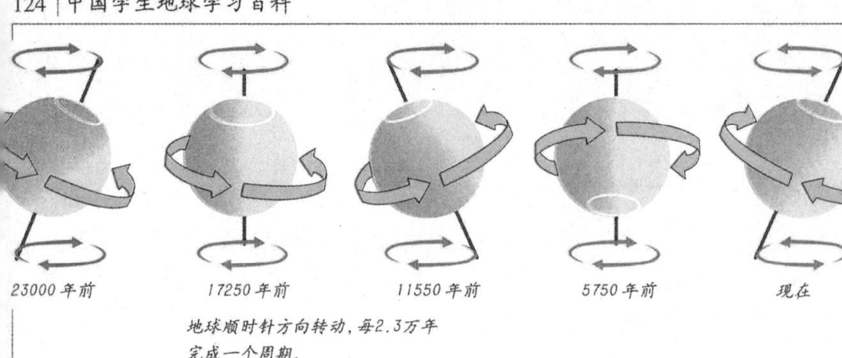

地球顺时针方向转动，每2.3万年完成一个周期。

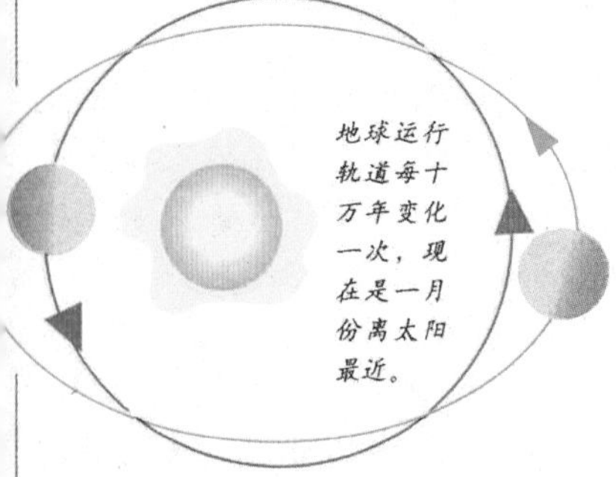

每隔4.1万年，地球慢慢在21.8°至24.4°之间振荡，现在地球的倾角大约为23.5°。

24.4℃

23.5℃

21.8℃

米兰柯维奇周期理论解释了太阳辐射到达地球的各种变化及主要冰期、间冰期气候交替的演变规律。

米兰柯维奇周期

地质气候的重要演变形式

亿万年来，地球经历了无数次冰期和间冰期。大量事实证明，在地史时期最后的200多万年里，大冰川至少出现和消失了10次，并导致随之而来的冷暖气候的交替。最初解释这一现象的是20世纪30年代塞尔维亚数学家米兰柯维奇。由此形成的以米兰柯维奇名字命名的米兰柯维奇周期理论认为：地球所处的位置及其与太阳的关系会影响到达地表的太阳辐射。

石炭纪 — 二叠纪大冰期

晚古生代大规模冰川作用的时期

从冰碛岩及冰川侵蚀、沉积和其他各种遗迹的分布来看，石炭纪－二叠纪大冰期期间，冰川作用主要发生在非洲中部和南部、南美洲南部、澳大利亚、南极洲和印度。大冰盖可能从中非呈放射状流向一些盆地，并向外延伸至当时与非洲相连的马达加斯加和南美洲，许多地方发现的冰碛岩厚达1000米。除印度和部分非洲以外的现今北半球各大洲，晚古生代时期没有发生冰川作用，其原因可能是所处古纬度较低及古北极地区为开阔的海域所致。

第四纪冰期

晚新生代大规模冰川作用的时期

第三纪末气候转冷，第四纪初期，寒冷气候带向中低纬度地带迁移，使高纬度地区和山地广泛发育冰川。这一时期大约始于距今200～300万年前，结束于1～2万年前，规模巨大。第四纪大冰期对自然环境的演变及人类的进化都产生了重大影响。原始人类正是在第四纪冰期和间冰期的气候变化中，发展成为现代人的。

热带雨林

沙漠气候又称干旱气候或干燥气候，主要特点是空气干燥，终年少雨或几乎无雨，气温日变化剧烈

气候带

气候类型环绕地球的纬向分布带

气候带按照纬向环绕地球呈带状分布，是地球上最大的气候区域单位。一般可把全球划分为11个气候带，即赤道带，南、北热带，南、北亚热带，南、北温带，南、北亚寒带及南、北寒带。气候带最根本的形成因素为太阳辐射，因此，同一气候带内气候的最基本特征是一致的。

大气候

较大空间尺度的气候

大气候是指空间水平尺度很大的区域（大洲甚至全球）的气候，其垂直尺度可包括整个对流层，由相同或相似的大气环流系统、海陆位置和下垫面性质等因素所决定，具有各自特有的气候特性。热带雨林气候、地中海气候、极地气候、沙漠气候等都是大气候。

热带雨林气候

赤道地区高温多雨的气候类型

热带雨林气候是指赤道地区常年高温、多雨，适于多种植物生长的气候，又称赤道气候。潮湿闷热、天气变化单调、无明显季节变化是其主要特征。

地中海气候

冬温暖、夏热干的气候类型

地中海气候大致分布于南、北纬30°～40°间的大陆西岸，包括地中海沿岸、美国加利福尼亚州太平洋沿岸、南美洲智利中部海岸、澳大利亚南部沿海等地区，以地中海地区最为典型。其气候特征是：夏季处于副热带高压控制下，盛行下沉气流，干燥少雨；冬季副热带高压移走，锋面气旋活动频繁，降水丰富，气候温和湿润。其植被多具抗旱特征，以硬叶常绿灌木林为主。

极地气候

极地地区寒冷的气候类型

极地气候是地球两极地区终年寒冷的气候类型，在北半球可以把树木生长的北界作为极地气候的南界。极地由于被高压所笼罩，以酷寒低温为主要气候特点。极地气候分两种类型：苔原植物可以生长的叫“苔原气候”，冰雪终年不化的叫“冰原气候”。

沙漠气候

中低纬度极端干旱气候的统称

热带沙漠气候终年受副热带高压下沉气流控制，为热带大陆气团源地；经常无云、风大、日照强、气温高、相对湿度小，因此蒸发力非常旺盛。温带沙漠气候极端干旱，降雨稀少，甚至终年无雨。

从湖面吹向陆地的风对陆地气候起着一定的调剂作用。

中气候

又称作地方性气候

中气候的空间尺度介于大气候与小气候之间，其垂直范围为几十米至几百米，水平范围由几十千米至几百千米，如森林、山地、湖泊和城市等的气候。

森林气候

森林地区的地方性气候

森林气候通常指由于森林的存在而形成的地方性气候，由林区地理位置、环境条件、面积大小、地形特点、林木种类、林型结构等综合影响形成。因此，森林气候特性的变化，将随构成森林各要素的变化而变化。森林气候的主要特点是：日照强度弱、温度变化和缓、风速低、湿度大。

山地气候

山区的地方性气候

山地气候是在山区形成的一种特殊的气候类型。影响山区气候的因素包括海拔高度、地面形态和所处位置。因此山地气候的特征是：气温随海拔高度的升高而降低，由山麓到山顶可呈现由热带、温带到寒带的气候变化；不同的地形（如山脊、山峰，峡谷、隘口）各有不同的气候特征；同一山地不同坡向和倾斜度的气候状况也不尽相同。

湖泊气候

湖泊水体造成的地方性气候

湖泊气候的特征多以大型湖泊（或水库）地区最为明显。由于湖泊水面对太阳辐射的反射率小，水体比热大，湖面上的气温变化比周围地面和缓，因此也使沿湖陆地具有了湖泊气候冬暖夏凉、夜暖昼凉的特征。

山地气候的重要特征是在垂直方向上气候呈有规律的带状分布。

城市气候

由城市特殊性造成的气候类型

城市气候是在城市的特殊下垫面和人类活动影响下形成的地方性气候。城市人口集中，工业交通发达，高大建筑物密集，致使城市下垫面性质改变；人类活动过程中释放的热能大大增加，因此改变了城市地区的辐射平衡、热量平衡和水分平衡的稳定状况，致使城市气候与周围气候显著不同。

城市气候气温高、湿度低、风速小、降水较多。

小气候

低层的小范围气候

小气候是指近地气层范围内的气候，也包括植物覆盖层和建筑物内外的气候。各种不同的小气候是由下垫面的物理特性（如地形、植被、土壤、水体、建筑物等）决定的，如某一农田、林地、房屋的气候等。小气候变化快，几秒钟内，温度可有1℃～2℃的变化。而更小范围的气候类型称“微气候”，如某一蜂房、某株植物的气候等。

• DIY 实验室 •

实验：湿润的气候条件

准备材料：两个塑料杯、水、两块塑料薄膜、两根橡皮筋

实验步骤：

1. 向两个塑料杯中各倒入等量的水。
2. 把两个杯的杯口都蒙上塑料薄膜，并用橡皮筋扎紧。
3. 将其中一个杯放在阳光充足的地方，另一个放在背阴处。
4. 一段时间（1天左右）后再观察两个杯子。
5. 阳光下杯子上的塑料薄膜内结满了水珠，而背阴处杯子上的塑料薄膜几乎没有水滴。

原理说明：太阳辐射使水汽蒸发，塑料薄膜朝水一侧结满了水；而由于背阴处缺少阳光辐射，杯子里的水没有大面积蒸发，因此水汽不多。地球上温暖气候带多潮湿，降雨丰富；而寒冷气候带则很少降水，这就与各气候带接受阳光辐射多少密切相关。

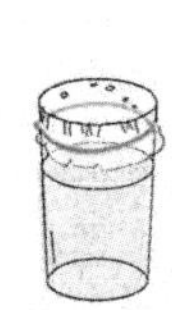

• 智慧方舟 •

选择：

1. 下列哪项符合对“气候”的描述？
   A. 气候是多年来各种天气过程的综合表现
   B. 太阳辐射是决定气候按纬度分布的直接原因
   C. 温度、湿度、气压、风、云、雾也是气候
   D. 气候是针对大面积区域而言的
   E. 气候不仅改变着地表还影响着人类的活动
2. 引起气候变迁的大气因素包括哪些？
   A. 大气成分
   B. 引潮力
   C. 太阳黑子的周期性变化
   D. 地面性质的变化
   E. 大气环流

气象观测

• 探索与思考 •

关心天气变化

1.通过各种渠道收集气象信息。例如收听或查看天气预报。

2.注意了解天气预报的预报项目。例如气温、降水概率、风力等。

3.联系自己的切身体会，记录实际的天气变化。

想一想 你从天气预报获取的信息如何影响你的日常生活？气象工作者怎样得到这些气象信息？

气象是大气中的冷、热、干、湿、风、云、雨、雪、霜、雾、雷、光等各种物理现象和物理过程的统称。气象研究以大自然为实验基地，并以气象观测为基础，包括地面气象观测、高空气象观测、大气遥感和气象卫星探测等。人类的生活与气象密切相关，并且不断向气象研究提出新的问题，因此必需不断提高气象观测的水平，以为生产和生活服务；如可通过提高天气预报的准确率以及建立气象信息网络等手段，为开发利用气候资源、制定发展战略和经济政策提供更加可靠的科学依据等。

气象学

研究大气以为人类服务的一门学科

气象学是研究地球大气中各种物理现象的本质和演变规律，以及如何运用这些规律为人类服务的一门学科，是地球科学的一个组成部分。气象学首先把大气作为研究对象，研究它的一般特性，如大气的范围、成分、结构和性质等；其次是研究各种大气现象发生、发展的原因及本质；最后运用现象背后的规律来改造自然，为人类服务。

气象要素

构成、反映大气状态和现象的因素

气象要素指产生各种大气物理现象的各种物理量的统称。气象要素主要包括气温、气压、湿度、风向、风速、云、能见度、地温、降水量、蒸发量、日照时数等，综合这些物理量的特征便能描述大气的各种状况。气象要素选择得越多，就越能详细地表达大气的状况。气象要素随时间和空间的变化是制作天气预报、进行气候分析和相关科学研究关注的重点内容。

地面气象观测

对近地面大气的观测

地面气象观测是利用气象仪器和目力，对近地面大气层的气象要素以及自由大气中的一些现象进行观测。地面气象观测的内容很多，包括气温、气压、降水、蒸发、日照、雪深、地温、冻土、电线结冻等。地面气象观测的许多项目都是通过固定在观测场内的各种仪器进行的。

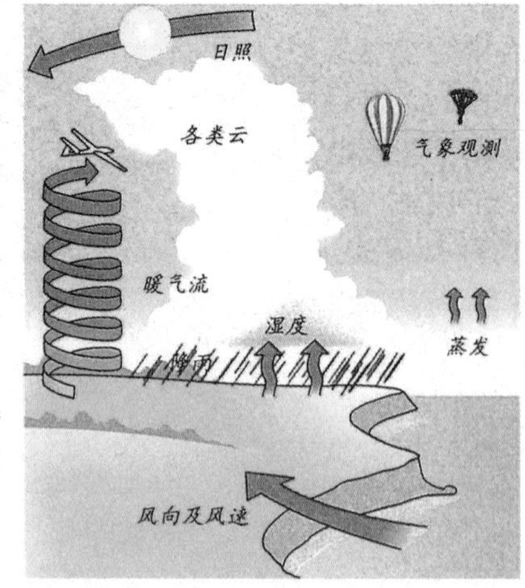

各种气象信息为天气预报及其他气象研究提供着最基本的资料。

观测场

进行地面气象观测的场地

气象站里的地面气象观测大部分集中在观测场里。为了使观测得到的气象资料有代表性和比较性，要求观测场选在比较空旷平坦的地方，而且周围没有高大建筑物和树林，也不靠近工厂、公路和水面。正规的观测场是25米见方的正方形，但根据实际情况也可以因地制宜，适当缩小。

百叶箱

百叶箱

放置地面观测仪器用的特制箱体

百叶箱主要用来安放测定空气温度和湿度的仪器。其四壁由两层薄的木板条组成，外层板条向内倾斜，内层板条向外倾斜，板条向内、向外均与水平方向成45°角，整个百叶箱内外都涂着白色。这样的结构，使得百叶箱内具有很好的通风性能，同时又使箱内仪器不受太阳直射和雨雪的影响，从而保障空气温度和湿度等观测数据具有代表性。

自动气象站

能自动收集和传递气象信息

自动气象站主要利用电子设备自动进行气象观测，通常有有线遥测气象站和无线遥测气象站两种。有线遥测气象站仪器的感应部分与接收处理部分相隔几十米到几千米，其间用有线通信电路传输。无线遥测气象站又称无人气象站，该站通常安置于人烟稀少的地区，用于填补地面气象观测网的空白。

高空气象观测

对距地面30千米甚至更高的自由大气进行的观测

高空气象观测指对近地面到30千米甚至更高的自由大气的理化特性进行测量。测量项目以大气各高度上的温度、湿度、气压、风向、风速为主；有时还测量大气成分、臭氧、辐射气象等特殊项目。测量方法以气球携带探空仪升空探测为主，包括气象气球、气象飞机、气象雷达、气象火箭等。

气象气球

可携带气象仪器升空的特制气球

气象气球是用橡胶或塑料制成球皮，充以氢气、氦气等比空气轻的气体，并携带仪器升空进行高空气象观测的观测平台。气象气球（例如测风气球、探空气球、系留气球、定高气球）是根据气球的用途来决定球皮的大小、制作材料和制作工艺的。测风气球主要用于经纬仪测风；探空气球是日常高空观测使用的气球；系留气球特别适用于监测大气污染；定高气球在测量气团属性变化等方面已被广泛应用。

气象火箭

携带气象仪器探测高层大气的火箭

气象火箭的探测范围主要在30千米以上、80千米以下气象气球达不到的地方。探测项目包括温度、气压、风向和风速等气象要素，以及中、上层大气的空间环境因素，例如大气中的臭氧含量、紫外线辐射强度、大气电离层结构等。

气象火箭的发射

气象飞机

进行高空探测的气象专用飞机

气象飞机是为探测气象要素、天气现象、大气过程等而携载气象仪器进行专门气象探测的飞机。使用飞机的种类要根据任务性质来选择。例如远程大中型飞机适用探测台风、强风暴等天气；进入雷暴区要用装甲机；小型飞机和直升飞机适用于云雾系统物理探测；民航机可兼作航线气象观测。飞机的飞行将会对大气的自然状态产生干扰，因此，安装观测仪器的飞机部位必须在风洞中进行实验以确认其准确性。另外，还需设计特殊的仪器支架和护套，尽可能减低高速飞行的干扰作用所导致的测量误差。

同步气象卫星

环绕南北极观测的“绕极卫星”

气象雷达

专门用于大气探测的雷达

气象雷达用于探测一定范围内大气中风暴、云、雨、风等天气现象，特别适用于监视台风、雷暴、冰雹和龙卷等强对流天气系统的演变，在保障航空飞行方面起重要作用。气象雷达可以确定云、雨等目标物的微观特征，例如云中含水量、降水强度、降水雨滴和云滴的尺度等。常规气象雷达装置由天线系统、发射机、接收机、天线控制器、显示器以及图形处理设备等部分组成。从雷达发射出的电波在碰到目标物体时有一部分散射返回，在被雷达接收机接收后，目标物便能在屏幕上显示出来。

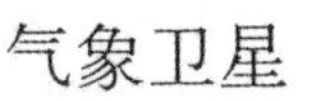

气象卫星

用于气象探测的人造地球卫星

气象卫星是从气象角度设计的具有特定轨道的人造地球卫星。按其运行轨道可分为低轨卫星和高轨卫星，前者取太阳同步轨道，绕地球一周约100分钟；后者取地球同步轨道，绕地球一周的时间恰为24小时。气象卫星从空间对地球进行气象观测，提供海洋、高原、沙漠等全球范围的气象观测资料。

卫星云图

利用卫星拍摄的云的照片

卫星云图是由气象卫星观测得到的地球上空所覆云层的图像。各种不同尺度天气系统的云区和各种不同的地表特征，在图像上都有其特定的色调、范围大小和分布形式。从卫星云图上可以观察天气系统的发生发展，能有效地监视台风、气旋、锋面等天气系统的移动与演变情况，是天气预报的重要依据。

接收气象雷达电波的天线

天气预报

对未来天气作出的分析和预测

天气预报是根据气象观测资料，应用各种大气科学的基本理论和技术对某区域或某地点未来一定时段的天气状况作出定性或定量的预测。它是大气科学研究的重点，对人们的生活具有重要意义。就预报范围大小而言，有当地预报和区域预报；就预报时效长短而言，有短期、中期、长期几种；就包括的内容而言，有天气形势预报和气象要素预报。

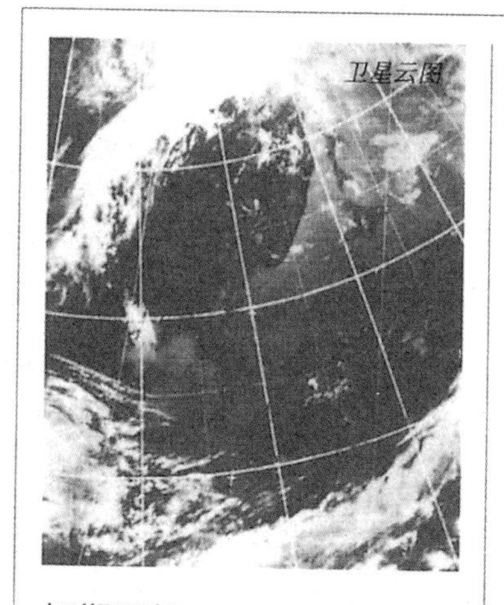

短期预报

目前，气象台的短期天气预报一般只预测未来1～2天的天气情况。例如，雨量、云量、温度、风力有多大等等，都属于短期天气预报的内容。为了更精确地预报天气，必须从世界各地收集信息。短期预报还不定期地发布对人民生活有重大影响的灾害性天气的预报，以及天气警报和重要天气消息。

长期预报

在天气预报中，长期天气预报是气象工作者最关心的，如对长时间旱涝或长时期酷寒、酷热等现象的预报。但由于气象的多变和预报技术的局限，长期天气预报目前所使用的方法基本上是一些预报经验和统计方法。在长期天气预报中，预报因素的选择不能同选择短期天气预报预报因素的选法一样，而应选择表征尺度大而变化又比较慢的要素作预报因子，例如海水温度的变化比空气温度的变化慢很多（大约只有气温变化速度的1/10），因此作为长期天气预报的预报要素是很合适的。

• DIY 实验室 •

实验：自制太阳罩

准备材料： 空洗涤液瓶、白色硬纸板、剪刀、温度计、橡皮泥、长木棒、白色颜料、颜料刷

实验步骤： 1.将洗涤液瓶两端剪下，做成一个管；在管上按木棒直径剪出一个洞。（注意安全）

2.把硬纸板剪成与管的粗细及长度相应的板片。

3.将木棒穿入管中的洞，并用橡皮泥固定。

4.把板片插入管中，压在橡皮泥上，同时固定好长木棒。

5.把管的外面用白色颜料仔细涂刷。太阳罩便完成了。

原理说明： 空气从管中流过，管中的温度计即可测出温度；管外面白色的颜料能很好地反射阳光，有利于温度计的准确测量。在气象观测场，记录温度和其他气象要素的仪器被保护在百叶箱（自制的太阳罩）里免受阳光直射，条状的百叶可以让空气自由流通。

• 智慧方舟 •

选择：

1.观测场应尽量选择在什么地方？

A.障碍物少的空旷地　B.林木繁茂的高山区

C.沙漠地区　D.室内不受干扰的大面积空房

2.系留气球的主要功能是什么？

A.确定云滴的尺度　B.探测台风

C.记录紫外线辐射强度　D.监控大气污染

3.特别适用于监视台风、雷暴等强对流天气的是哪种气象仪器？

A.气象卫星　B.气象雷达　C.气象气球　D.气象飞机

4.长期天气预报目前所使用的方法基本是什么？

A.预报经验　B.统计方法

C.仪器的精确测量　D.基于短期天气预报的预报因子

气象奇景

·探索与思考·

手边的雷声

1.将纸袋吹起来并用橡皮筋扎紧开口。
2.把纸袋放在桌子上，用双手从两边同时拍击纸袋。
3.纸袋被拍碎的同时发出很大的爆裂声。

想一想 破碎的纸袋为什么会发出爆裂声？真正的雷声是怎么发生的？地球上还有哪些特殊的天气现象？你能说出原理吗？

诸多气象要素组成了庞杂的天气系统，而系统的变迁造就了百般变幻的气象奇景。云的演化不仅带来了雨雪，更产生出各种各样的闪电甚至雷暴；而光的折射、散射和其他作用共同造就了瑰丽的彩虹、奇异壮观的极光和幻境般的海市蜃楼。

闪电

云中的放电现象

闪电是发生在云团中的放电现象。当积雨云受到地面上升热气流的不断冲击后会发生电离，从而带上正电荷和负电荷；当两块带着不同电荷的云离得很近时就会发生放电，这种放电过程就是闪电。闪电按发生的区域和部位可分为云内放电、云际放电和云地放电三种。

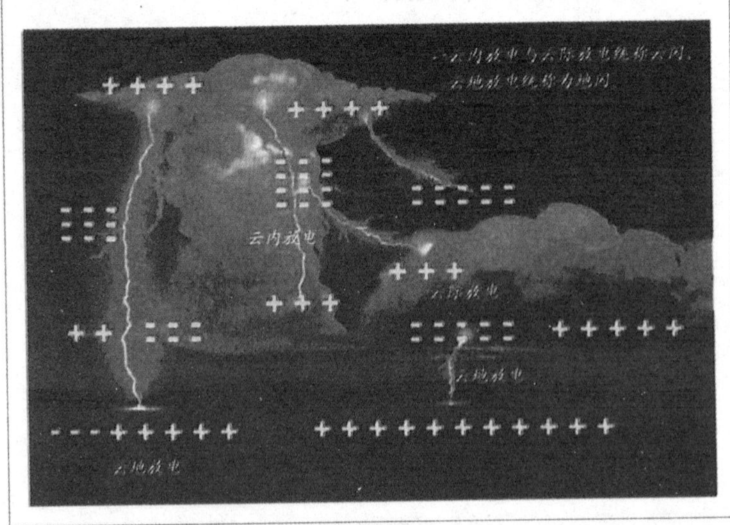

球形闪电

球形闪电是一种不太常见又会造成一定危害的奇异闪电。球形闪电在闪光发生后有时出现火球，直径一般为10～20厘米。火球通过狭道时会发生变形，可通过门窗的缝隙进入室内，通常伴随爆炸声消失。

黑色闪电

一般闪电多为蓝色、红色或白色，但有时也有黑色闪电。由于大气中太阳光、云的电场和某些理化因素的作用，天空中会产生一种化学性能十分活泼的微粒，在电磁场的作用下，这种微粒便聚集在一起，形成许多球状物。这种球状物不会发射能量，但可以长期存在，它没有亮光，不透明，所以只有白天才能观测到它。

雷暴

伴有雷声的放电现象

积雨云在放电过程中使空气增热膨胀，发生爆炸声的现象就是雷暴。雷暴发生的距离大约可从看见闪电至听到雷声的时间差来估算。若看见闪电后3秒听到雷声，则雷暴距离观察者约有1000米左右。雷暴是一种危险的天气现象，常伴有狂风、暴雨和冰雹等灾害性天气。雷暴活动的区域一般低纬地区多于高纬地区，山地多于平原，内陆多于沿海。

彩虹

霓和虹

阳光造成的大气光象

虹是光线以一定角度照在水滴上发生折射、分光、再折射等物理过程而形成的大气光象。由于不同颜色的光有不同的折射率，它们在水滴中会被反射到各自不同的方向。所以从特定的角度仰望，会看见无数水滴反射出不同颜色的光形成的“彩虹”。“霓”和“虹”都是阳光被小水滴折射和反射所形成的彩虹现象。光线被水珠折射两次和反射一次形成的光象就叫做虹；光线被水珠折射两次和反射两次形成的光象就叫做霓。

曙光

曙暮光

日出前、日落后的微明

曙暮光是日出前和日落后，隐藏在地平线下面而照耀在高层大气中的太阳光通过大气散射而到达地面的光线，是曙光和暮光的合称。曙暮光持续时间的长短主要与季节和地理纬度有关，同时也受空气湿度、云况和大气混浊度的影响。

极光

一种高纬度地区的高空发光现象

太阳在它的内部和表面进行着各种核物理反应，产生的强大带电微粒流发射出来，用极大的速度射向周围空间。当这种带电微粒流射入地球高纬度地区上空外围稀薄的高空大气层时，与稀薄气体的分子猛烈冲击，并产生发光现象，这就是极光。极光多种多样，五彩缤纷，形状不一，绮丽无比；极光有时出现时间极短，有时长达几个小时，这些都取决于带电粒子流中沉降粒子的能量和数量。极光在地球大气层中产生的能量常常搅乱无线电和雷达的信号，甚至使电力传输线受到严重干扰，从而使某些地区暂时失去电力供应。由于地球两极的地磁场更强烈地对带电粒子流构成影响，造成两极地区粒子流较其他地区多，因而极光通常发生在两极地区。

晕

太阳或月亮周围内红外紫的彩环

晕是由悬浮在大气中的冰晶（卷云、冰雾等）通过日光或月光的折射和反射作用而形成的一种光学现象。日晕通常是彩色的，有时颜色不明显；而月晕多为白色。日晕和月晕常常产生在卷层云上，通常预示风雨天气的到来。

瑰丽的极光

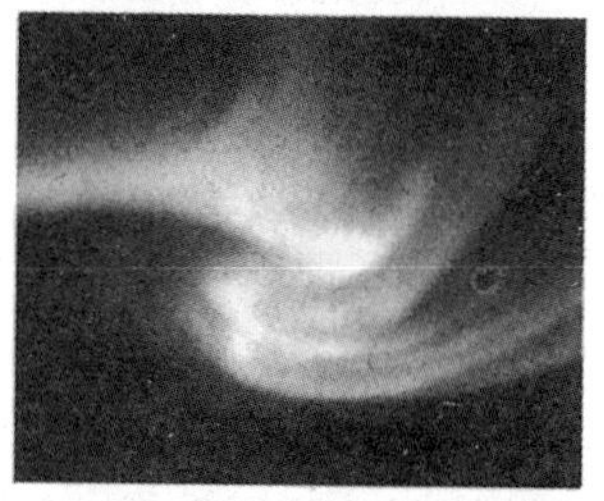

远方的物体
冷空气
弯曲的光线
光线行进的虚路径
暖空气
成像

海市蜃楼

当光线被地面的稀热空气作用而发生全反射时，就出现了海市蜃楼。

华

太阳或月亮周围内紫外红的彩环

华是由光线穿过水滴或冰晶时衍射（绕射）而形成的。日光或月光在透射云层的过程中，受到均匀云滴（水滴或冰晶）的衍射，在太阳或月亮周围紧贴日盘或月盘的地方形成内紫外红的彩环，称为华。因日光太亮，人们不易观察到日华，而月华则比较常见。

地光

地震时天空的发光现象

地光是大地震时，人们用肉眼观察到的天空发光的现象。地光出现的时间大多与地震同时，但也有在震前几小时和震后短时间内看到的。关于地光的成因说法不一；一般认为是低空大气的放电现象。

海市蜃楼

主要由光线折射产生的幻景

海市蜃楼是光在密度分布不均匀的空气中传播时发生显著折射（有时伴有全反射）而产生的。海市蜃楼常在寒冷的极地冰原地区发生“上蜃景”，干燥的沙漠地区发生“下蜃景”。上蜃景是由于上热下冷的剧烈温度梯度使地面实物的景象向上抬升而显示在空中，看起来远处的景物似乎处于天空的某一高度，甚至能见到远在地平线以下的景物；下蜃景是由于上冷下热的剧烈温度梯度使地上的实物景象被折射到地面之下产生的，这种蜃景往往为倒象。

霞

由空气分子的散射而形成的景象

日出和日落前后，阳光通过厚厚的大气层，被大量的空气分子散射便形成了霞。散射过程中，紫色和蓝色的光减弱得最多，当太阳到达地平线上空时已所剩无几，余下的只是波长较长的黄、橙、红色光了。这些光线经地平线上空的空气分子和尘埃、水汽等杂质散射以后，那里的天空看起来也就带色彩。如果有云，云块也就染上橙红的颜色。

霾

由空气中的灰尘散射太阳光而形成

霾在气象学上指悬浮于空气中的尘埃等非吸水性固体微粒，也称为“尘象”。出现霾时，大气混浊，呈乳白色，水平能见度明显降低。透过霾层远望时，犹如隔了一层有色的薄幕，使物体染色。当背景发暗时，“薄幕”呈浅蓝色；当背景明亮时，“薄幕”呈淡黄色或红色。

夜光云

日落后形成的波状云

夜光云是深曙暮期间出现于地球高纬度地区高空中的一种发光而透明的波状云。夜光云常呈淡蓝色或银灰色，这是由于夜光云中极细的冰晶颗粒散射太阳光的原因。夜光云多出现于70～90千米的高空，云层厚度一般不足2000米，云面积可达300万平方千米。对夜光云的研究，可揭示中间层顶的大气结构、大气波动和化学过程等的规律。

地震云

预示地震发生的云

某些地区在发生中强地震前，有时在凌晨或傍晚，这些地区的天空中会出现形似稻草绳状或条带状的云，如果这种云在天空中较长时间不消失，就有可能预兆当地将发生有感地震。这种云的高度为6000～7000米，其垂直方向大体就是震源所在地的方向。

· DIY 实验室 ·

实验一：制造闪电

准备材料：塑料布、胶带、橡胶手套、带柄的小铁锅（或钢锅）、钢叉或铁叉、塑料尺

实验步骤：1.用胶带把塑料布固定在桌子上。

2.戴上橡胶手套。

3.握住铁锅（或钢锅）并与桌上的塑料布快速摩擦。

4.用另一只手拿叉子，将叉尖慢慢靠近锅底。

5.当叉子与锅底间的距离接近到一定程度，它们之间就会发生小的火花。用塑料尺替代钢（铁）叉重复这个实验，锅与尺之间没有火花。

原理说明：当锅在塑料布上摩擦时就带上了静电，一旦钢叉靠近它，静电就会释放出来，产生火花（闪电）。有些物体的导电性比较强（如钢叉），闪电在击倒其他物体之前首先被这些物体吸引，并击中它们。

实验二：人造彩虹

准备材料：装满水的玻璃杯、白纸

实验步骤：1.在阳光强烈的正午，把装满水的玻璃杯对着太阳放置。

2.在玻璃杯下压一张白纸，并让白纸处于阴影中。

3.白纸上会呈现出七彩的光影。

原理说明：太阳光包含着各种不同颜色的光线，当光线行进遇到天空中细小的水滴时，会被折射进入水滴内，由于不同颜色光线的折射率不同，水滴内不同颜色的光线被射散开，经过反射和折射后出来的光线便会形成彩虹。

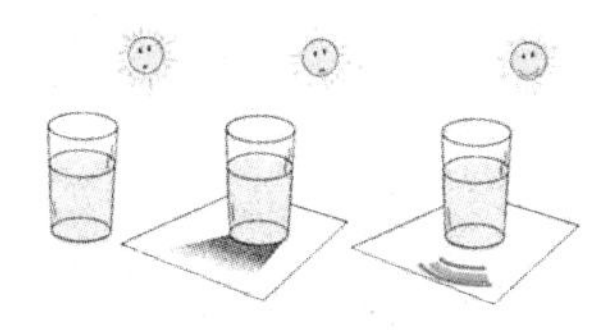

· 智慧方舟 ·

填空：

1.雷暴通常发生在______云中。

2.太阳或月亮周围内红外紫的彩环称为______。

3.海市蜃楼常在寒冷的极地冰原地区发生______现象，在干燥的沙漠地区发生______现象。

—— 地球资源 ——

可再生资源

· 探索与思考 ·

太阳的能量

1. 将两只塑料瓶分别用白色和黑色颜料涂刷。

2. 在每一只塑料瓶的瓶口套上一个气球，并用橡皮筋固定好。

3. 把两只瓶子放到充足的阳光下观察，黑色塑料瓶上的气球很快膨胀竖起。

想一想 黑色瓶上的气球为什么会竖起来？太阳的能量是如何发生作用的？与太阳能相似的能源还有哪些？

可再生资源是可再生自然资源的简称，指在自然资源中，可连续往复供应的资源，如太阳辐射能、风能、水能以及海潮、地热等。对这类资源，应在可能的条件下，最大限度地合理利用，充分利用其“可再生”的特点。另外，有些资源如土地资源、水资源等只要合理利用、妥当保护，也能够循环再现和不断更新。

太阳能在资源贫乏的现在越来越被广泛地使用。图为水手10号宇宙飞船的太阳能电池装置。

太阳能

来自太阳的能源

太阳内部核聚变反应产生的光能和热能统称为太阳能，它以辐射的形式向宇宙空间散发，其中只有约20亿分之一能到达地球。太阳辐射同时可形成风能、水能、海洋能、生物质能等其他可再生能源。通常，狭义的太阳能资源仅限于太阳的直接辐射和漫射到达地面的能量，特别是直接辐射的能量。在对太阳能的利用中，太阳辐射强度和日照时数极为重要，它们受地理位置、气候条件和环境等因素的影响。

太阳能电池

将太阳光能转变为电能的装置

太阳能是一种辐射能，它必须借助于能量转换器才能成为电能。这种把光能转换成电能的能量转换器，就是太阳能电池。太阳能电池是由半导体组成的，主要材料是硅，也包括一些其他合金。当太阳能电池受到光的照射时，能够把光能转变为电能，使电流从一方流向另一方，实现太阳能到电能的转化。

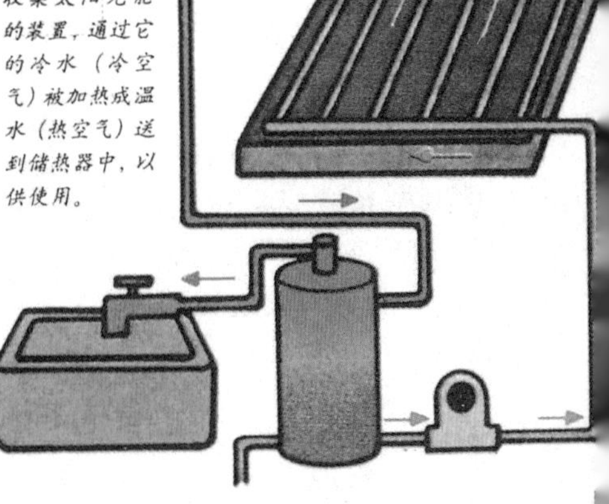

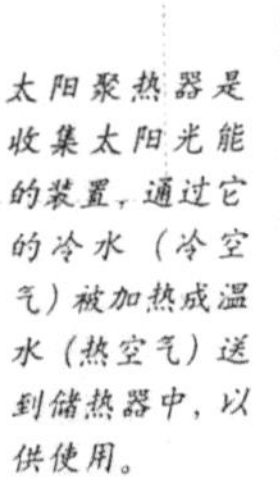

太阳聚热器是收集太阳光能的装置，通过它的冷水（冷空气）被加热成温水（热空气）送到储热器中，以供使用。

太阳能电站

将太阳能转换成电能的大型设备

太阳能电站可分为太阳能热发电站和太阳能光发电站两大类。前者是先把太阳辐射能转变成热能，然后用常规热能动力装置和发电机组发电。后者是以太阳能电池作为能量转换器件，利用光生伏打效应将太阳能直接转换成电能。

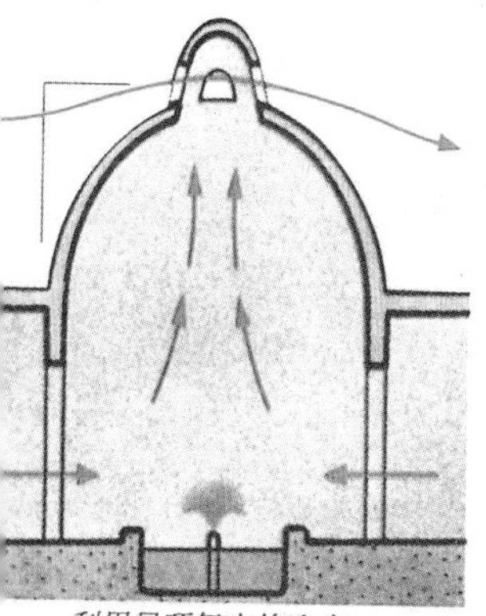
利用屋顶气窗的冷房

利用风塔地道的冷房

太阳能采暖

太阳热能的利用

太阳能采暖是太阳热能利用的一个重要领域，主要应用是太阳能热水器。太阳光照射到热水器黑色集热板上，被吸收的太阳光能转变成热能；热能又传导给贮热水箱内的水。由于太阳能热水器的保温系统有效地减少了热量损失，从而使贮热水箱内的水温不断升高。对太阳热能的利用，除太阳能热水器和太阳能暖房外还有太阳灶、太阳能干燥系统等。

风能

由风所产生的能量

风能的利用主要是将大气运动时所具有的动能转化为其他形式的能，其具体用途包括：风力发电、风帆助航、风车提水、风力致热采暖等。其中，风力发电是利用风能的最重要形式。风能非常巨大，理论上仅1%的风能就能满足人类对所有能源的需要。风能作为一种无污染和可再生的新能源有着巨大的发展潜力，特别是对沿海岛屿、交通不便的边远山区、地广人稀的草原牧场以及远离电网和近期内电网还难以达到的农村、边疆地区有着十分重要的意义。

风力发电

利用风能发电

风力发电的原理并不复杂，就是让风吹动发电机上的风叶旋转，把风能转变为机械能，带动发电机产生电能。其优越性可归纳为三点：第一，建造风力发电场的费用低廉；第二，除常规保养外，没有其他任何消耗；第三，风力是一种洁净的自然能源，没有煤电、油电与核电所伴生的环境污染问题。

风车

利用风能的常用装置

风车是人们最早用以转换风能的装置，主要有两种类型：水平轴式风车和垂直轴式风车。前者的转动轴与风向平行，大部分水平轴式风力的轮叶会随风向变化而调整位置。垂直轴式风车的转轴与风向成垂直，此型的优点是设计较简单，不必随风向改变而转动调整方向。

世界上最大的风场——坐落于美国加利福尼亚的阿塔蒙特山口，有6000多台风车。

水能

因水体的存在而具有的能量

自然界中的水体在高处静止或流动过程中产生的能量称为水能，包括位能、压能和动能三种形式。水能主要产生和存在于河川水流及沿海潮汐中。水能是可更新的能源，用它来发电可以循环使用，因而是十分重要的可再生能量资源。此外，对于水能的利用还可收到防洪、灌溉、航运、养殖水产、改善自然环境、旅游等综合效益。

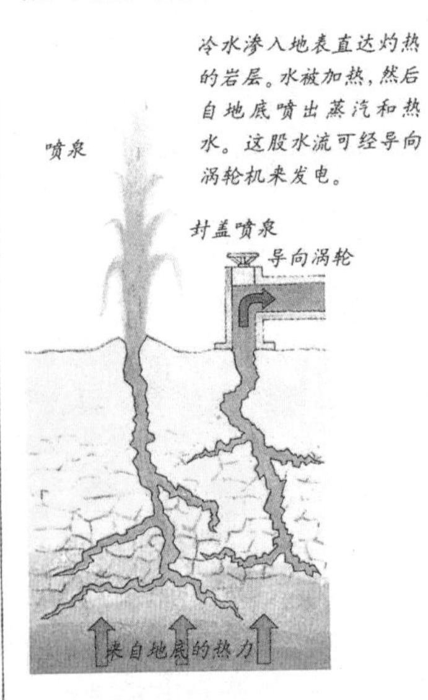

水力发电

位能与动能的综合利用

当位于高处的水往低处流动时，位能转换为动能。此时安置在低处的水轮机因水流的动能推动叶片而转动（机械能），如果将水轮机连接发电机，就能带动发电机的转动将机械能转换为电能，这就是水力发电对位能的利用。

地热

来自地球深处的可再生热能

地热来源于地球内部熔融岩浆本身。地下水的深处循环使地球内部的岩浆侵入到地壳后，热量从地下深处被带至近表层。有些地方，热能随自然冒出的热蒸气和水而到达地面，这种热能的储量相当大，为全球由煤所产生热能的1.7亿倍。

海浪能

海浪运动产生的能量

海浪能来自风力，大小随风速快慢变化而不同，海浪能一般多应用在发电上。当海浪直接冲击或引起气流时，收集海浪的装置便能利用发电机或风车来获取海浪的能量，以推动涡轮并产生电力。然而海浪具有不稳定性，而发电设备需固定并承受海水的腐蚀、浪潮的侵袭等问题限制了目前海浪发电的发展。

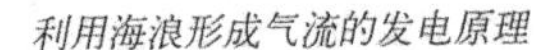

利用海浪形成气流的发电原理

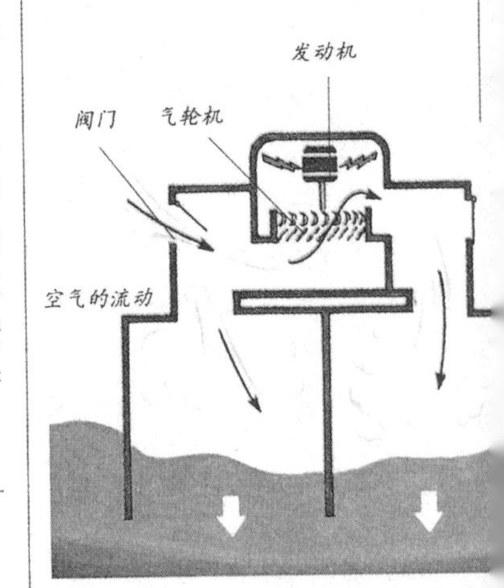

海面下降时

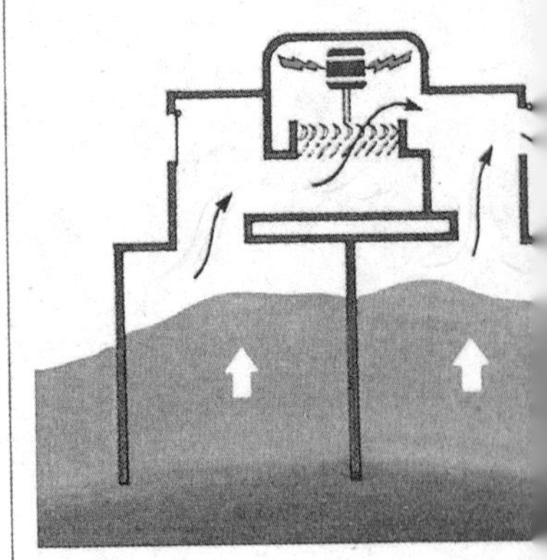

海面上升时

生物质能

生物质本身含有的能量

生物质能是世界上分布最为广泛的可再生能源。生物质是地球上最广泛存在的物质，它包括所有动物、植物和微生物，以及由这些有生命物质派生、排泄和代谢的许多有机质。各种生物质都具有一定的能量。以生物质为载体、由生物质产生的能量，便是生物质能。例如，直接用作燃料的农作物秸秆、薪柴等；间接作为燃料的有农林废弃物、动物粪便、垃圾及藻类等通过微生物作用可生成沼气。生物质能不仅有助于减轻温室效应和保持生态系统的良性循环，而且可替代部分石油、煤炭等化石燃料，成为解决环境与能源问题的重要途径。

沼气

有机物经生物化学反应而产生的可燃性气体

沼气是由有机固体废物通过生物化学反应生成的甲烷等可燃性气体。这种气体在自然界中多从沼泽底部的淤泥中产生，故称“沼气”。沼气除直接燃烧用于炊事、烘干农副产品、供暖、照明和气焊等外，还可作内燃机的燃料以及生产甲醇、四氯化碳等化工原料。经沼气装置发酵后排出的料液和沉渣，含有较丰富的营养物质，可用作肥料和饲料。

DIY 实验室

实验：制作水轮

准备材料：软木塞、刀子、橡皮泥、塑料管、一罐水、透明的塑料瓶、漏斗、剪刀、胶带、塑料片、两根牙签、钉子、托盘

实验步骤：1.在软木塞上用刀子划 4 个对称的槽。

2.剪4片与软木塞长度相称的塑料片，分别插入软木塞凹槽，制成轮叶。

3.用钉子在塑料瓶的两侧各钻两个对称的孔。

4.将塑料瓶底剪下来，使瓶子能够站立。

5.用一根牙签插入软木塞中心，然后将它们放进瓶中，并使牙签穿出瓶子侧面的一个孔。

6.用另一根牙签穿进瓶子的另一个孔，同时将它推进软木塞中心，并用橡皮泥封住牙签尖端。

7.将漏斗插入塑料管子，用胶带把管子与漏斗的连接处粘好。

8.把瓶子放在托盘上，再把塑料管弯曲地伸进瓶颈，向漏斗倒水。

9.将塑料管伸直，重新倒水。

10.两次倒水都使轮叶旋转，但伸直管子后，轮叶转动得更快。

原理说明：漏斗里的水具有势能（等待使用），当水下降推动轮叶时，势能转化为动能。水电站使用水轮机，水轮机的主要部分就是水轮；来自高处（大坝）的水使水轮机的水轮转动，水轮带动发电机发电。

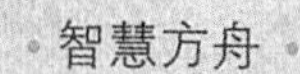

智慧方舟

选择：

1.下列属于利用太阳热能的是哪些？

A.太阳灶 B.太阳能热水器 C.太阳能干燥系统 D.太阳能电池 E.太阳能暖房

2.海浪能发电主要利用了海浪的哪些属性？

A.海浪的温度变化 B.海浪运动引起的气流 C.海浪的冲击力 D.海浪的压力 E.海浪的旋转力

3.下列哪些与生物质能有关？

A.植物 B.动物 C.藻类 D.木材 E.沼气

不可再生资源

·探索与思考·

煤中有什么

1. 在可能的范围内找一块煤来观察。
2. 利用放大镜仔细观察煤的表面。
3. 将煤剖开观察里面的结构。
4. 你多少会发现一些诸如树叶或树枝甚至动物之类的生物化石的痕迹。

想一想 为什么煤会有生物化石的痕迹？石油、天然气与煤有什么相同之处？它们与太阳能等可再生资源又有什么不同？

不可再生资源可分为能源矿物和非能源矿物，前者指那些矿物燃料，后者指所有贮存于地壳里的矿石资源。它们的能量被消耗后永远无法恢复，因此我们在开采利用时应尽可能地综合利用，注意节约，避免浪费，加强保护。

矿物

岩石和矿石的组成部分

矿物是组成矿石和岩石的基本成分，是具有一定的化学成分和物理性质的天然单质或化合物。目前已知的矿物约有3000种左右，绝大多数是固态无机物，且绝大部分都属于晶体。矿物原料和矿物材料是极为重要的一类天然资源，广泛应用于工农业及科学技术的各个部门。

化石燃料

矿物燃料

化石燃料是古代生物死亡后，其遗骸经泥沙掩埋沉积，长期受到细菌与地底高温高压作用，逐渐分解并衍化而成的，主要包括煤炭（煤）、石油和天然气。化石燃料的应用十分广泛，火力发电、引擎发动或燃烧直接利用热能等都消耗化石燃料，但它们用完后是永远无法恢复的。

煤炭

古植物经煤化作用而成

煤碳是古代的植物死亡后埋在地下，长时间受到细菌的生物作用及地质的高温高压影响，使这些物质经煤化作用转化成煤。这些植物遗体在漫长的过程中释放出水分、二氧化碳、甲烷等气体后，形成的煤炭含炭量非常丰富。由于地质条件和进化程度不同，形成的煤炭含炭量不同，从而发热量也就不同。按发热量大小顺序可将煤分为无烟煤、烟煤和褐煤等。

石灰岩层

砂岩层（粒径0.6～2毫米的砂粒）

熔岩

熔岩进入砂岩层，并抵达其上的石灰岩层。

炽热的岩浆引发石灰岩中的水循环。炽热的地下水将许多元素从其流经的岩石中分离出来，并重新沉积。

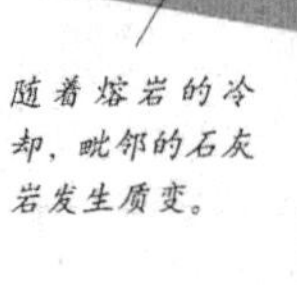

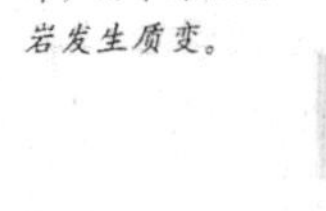

随着熔岩的冷却，毗邻的石灰岩发生质变。

变质的岩层往往产生各种各样的矿物。

矿物的形成

上层的石灰岩被冲蚀后，有些矿物便会暴露出来，从而受到近地表地下水的侵蚀、分解，并被搬移到其他地方再次沉积下来。经过这些过程，那些缓慢生长的晶体往往会变得特别大。如果岩浆再冷一些，那么重的矿物就会呈一个完美的晶体形析出，而且所含水分的含量也越来越大。如果冷却继续就会出现矿脉。

煤的形成过程图

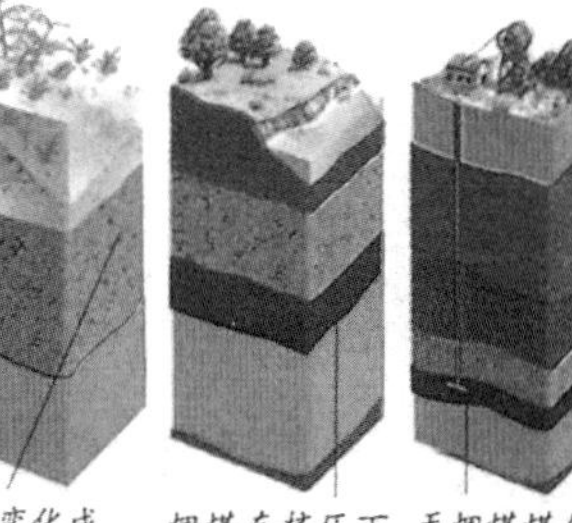
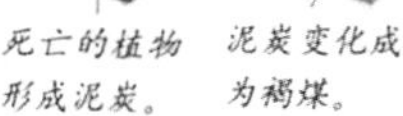

石油

可燃性液体矿物

石油是古代生物遗骸堆积在湖里、海里或是陆地上，经高温、高压作用，由复杂的生物及化学作用转化而成的液体矿物。石油是由碳和氢构成的有机化合物的混合物，属于黏稠性的液态可燃能源。大部分石油产品如汽油、煤油、柴油、航空燃油、燃料油等都是重要的燃料。石油常与天然气、沥青共生。

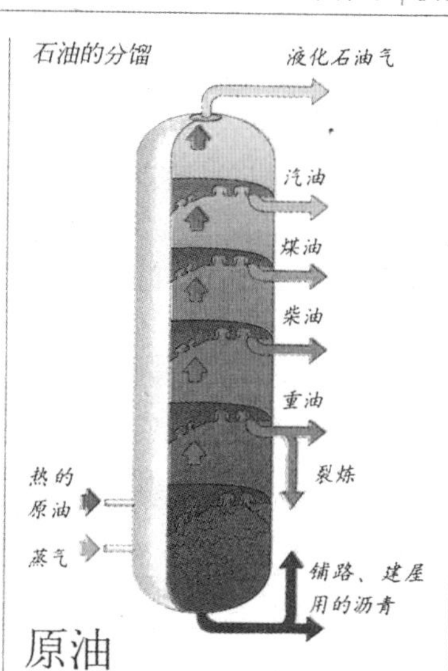

原油

未经炼制的石油

组成原油的基本元素主要是碳和氢。刚开采的石油，其用途极为有限，必须经过分馏，才能发挥其最大的经济效益。原油的分馏是依据各主要成分的沸点作为分馏标准，其分馏产物有石油气、石油醚、汽油、煤油、柴油、润滑油和柏油等。

煤气

用煤作原料制造的可燃气体

煤气是以煤为原料加工制得的含有可燃成分的气体。根据生成方式，煤气可分为三种：煤在煤焦炉子干馏时产生的煤气主要成分是甲烷、氢气、一氧化碳，称为“焦炉煤气”；用水蒸气和赤热的无烟煤作用生成的煤气，主要成分是一氧化碳和氢气，称为“水煤气”；用空气和少量的水蒸气跟煤在煤气发生炉内反应而产生的煤气主要是一氧化碳和氮气，称为“发生炉煤气”。

石油和天然气的形成过程图

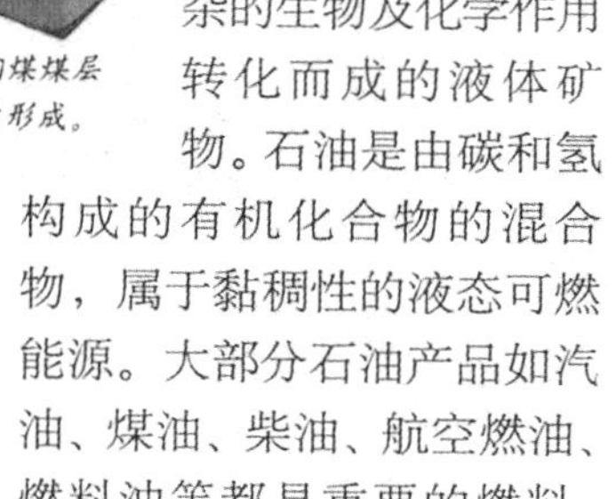

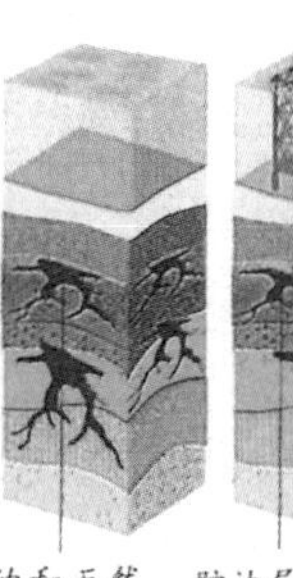

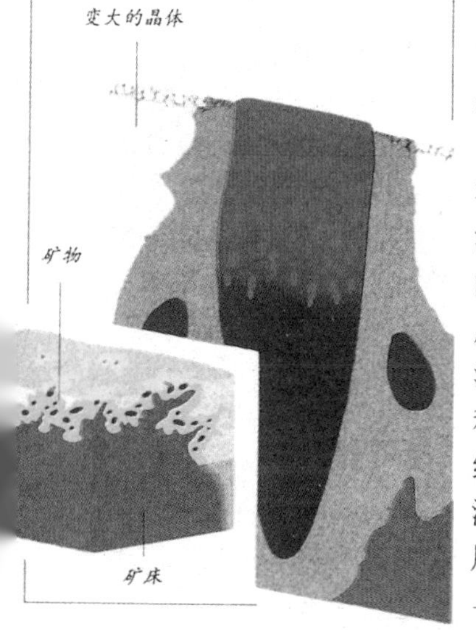
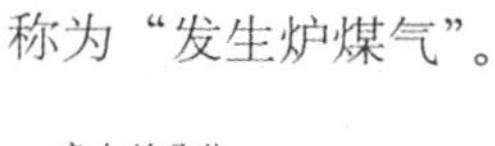

海底石油

埋藏于海洋底层的石油

石油不仅在陆地上存在，在海底的蕴藏量也十分丰富。海洋生物的遗体同江河带来的泥沙一起沉积在海底，形成“有机淤泥”。随着有机淤泥越陷越深，加上深层温度和压力的作用，有机质便被细菌分解形成分散的石油油滴；继而被地下水又托至岩层处，形成集中的石油分布。

天然气

一种含碳和氢的可燃性气体矿物

天然气是由古代的水生动植物死亡后沉淀在海底，由于重量、热量及其他天然力促使动植物上的化学物质发生转变而形成的。天然气一般可分从气井采出来的气田气、石油伴生气和从井下煤层抽出的煤矿矿井气。天然气可直接作为动力燃料，也可压制成液体燃料。

金属矿物

具有明显的金属性的矿物

表面呈可见金属光泽的矿物，称为金属矿物。金属矿物是能提炼金属元素的有用矿石原料，包括黑色金属和有色金属。其中有色金属又分为有色重金属、有色轻金属、稀有金属、贵金属及半金属五类。所谓黑色金属是指铁和铁的合金。有色金属是指除铁和铁的合金以外一切金属的通称。贵金属是指在地壳中含量少、价格贵的有色金属，如金、银、铂等。

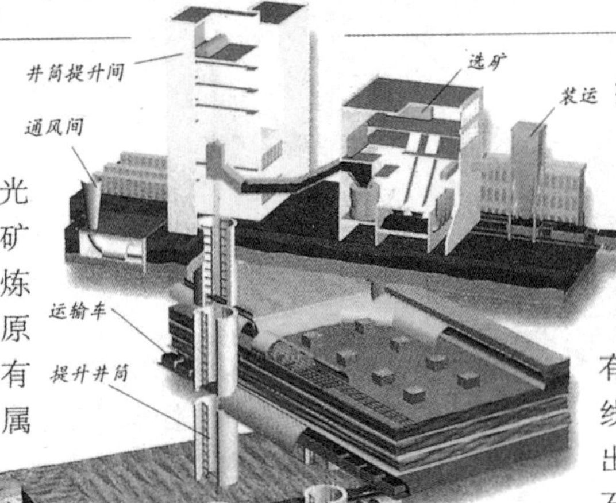

地下矿藏的开采

非金属矿物

具有明显的非金属性的矿物

能为工业应用提取有用的非金属元素的矿物称为非金属矿物。非金属矿物不具有金属光泽，大多是造岩矿物。有的本身就是矿物材料，有的则用以提取其成分中的金属或非金属元素。非金属矿产很多，如金刚石、水晶、云母、黄玉、刚玉、石墨等。

各类宝石矿物

宝石矿物

具有宝石价值的天然矿物

决定宝石矿物价值的主要因素是颜色、透明度、光泽，或者是否具有变彩、变色、星光猫眼等光学效应。在已发现的3000多种矿物中，符合上述宝石条件的不过20余种。

钻石

金刚石宝石类

钻石因其高硬度、高折射率和强色散的特点而有“宝石之王”的美名，是最珍贵的宝石矿物。钻石常呈黄、褐、蓝、绿和粉红等色，但以无色为特佳。世界金刚石主要产地有澳大利亚、扎伊尔、博茨瓦纳、前苏联、南非、巴西、纳米比亚、加纳、中非、塞拉利昂和中国等。

红宝石

刚玉宝石类

红宝石为红色或玫瑰红色的透明刚玉，硬度仅次于钻石。宝石中常含有其他矿物包裹体，光线照射在弧面上便呈现出外射星光，这种红宝石称星光红宝石。在自然界还有些与红宝石相似的宝石，总称为红色宝石。另外，人工合成的红宝石很多，它们一般颜色均一、块体大、洁净而少包裹体，最后一点可与红宝石相区别。

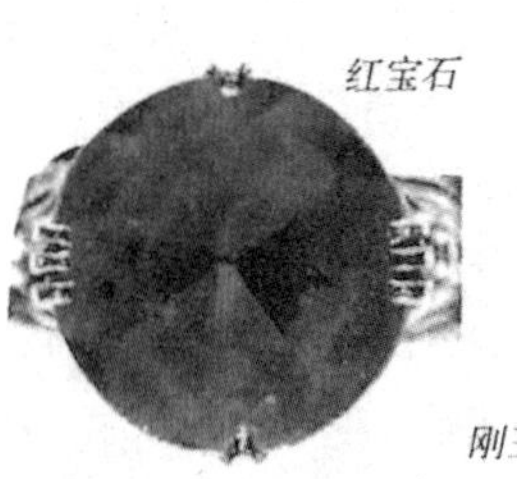
红宝石

刚玉

核能

核反应释放出的能量

世界上一切物质都是由原子构成的，原子又由原子核和它周围的电子构成。轻原子核的融合和重原子核的分裂都能释放出能量，分别称为“核聚变能”和“核裂变能”，简称核能。核能自从被发现到现在，既给人类造成了很大的灾难，比如核辐射对人类生命安全的威胁以及对环境的破坏；又给人类带来许多的福音，比如核能发电能够解决能源危机、核能在医学上的重要作用等。

核反应堆

又称为原子反应堆或反应堆

核反应堆是一个能维持和控制核裂变链式反应，从而实现核能、热能转换的装置。用铀制成的核燃料在反应堆内发生裂变而产生大量热能。根据用途，核反应堆可以分为为发电而发生热量的发电堆，用于推进船舶、飞机、火箭等的推进堆以及提供取暖、海水淡化、化工等用的多目的堆等。

核电站

利用核能发电的大型设备

核电站是利用一座或若干座动力反应堆所产生的热能来发电或兼供热的动力设施。反应堆是核电站的关键设备，链式裂变反应就在其中进行。除核裂变发电外，为最终解决人类的能源问题，人们正在研究核聚变发电。核聚变能在瞬间释放巨大能量（如氢弹），需要解决的问题是如何实现核聚变反应的人工控制。

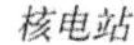

核电站

· DIY 实验室 ·

实验：泵取石油

准备材料：一个带喷嘴的塑料喷壶、4 个量杯、可以插到喷嘴里的塑料管、沙砾、植物油、冷水、热水、洗碗用的洗洁精

实验步骤：

1. 把沙砾装到喷壶里（约占喷壶容积的一半）。
2. 向喷壶里倒入适量植物油。
3. 把喷嘴安好，注意要让喷嘴上的吸管尽可能插到沙砾深处。
4. 把塑料管一端连接到喷壶的喷口，另一端插到量杯里。
5. 挤压喷嘴，直到无法将更多的植物油从沙砾中抽取出来。
6. 分别向喷壶里加适量冷水、热水和洗洁精，重复步骤 5，并耐心等待植物油与液体的分离。
7. 观察 4 个量杯里植物油的体积：第一次回收到的植物油最少；加入冷水后回收到的植物油有所增加；加入热水后回收到的植物油明显增加；对提高植物油回收率最具明显效果的是洗洁精。

原理说明：加入冷水后，由于油比水轻，因此浮在水面上，有利于抽取；热水则可以降低植物油的粘滞度，使更多的油被抽取出来；而洗洁精会乳化植物油，使其与水溶合在一起，最大可能地降低了植物油的粘滞度。这个实验要说明的是如何通过降低石油的粘滞度从而将其从地下油田里泵取到地面上来。

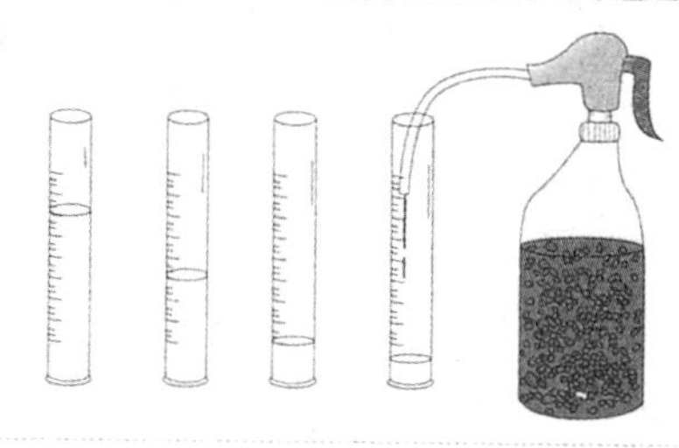

· 智慧方舟 ·

填空：

1. 组成矿石和岩石的基本单位是______。
2. 煤、石油、天然气统称______。
3. 未经炼制的石油称为______。
4. 黑色金属是指______和______。
5. 红宝石属于______的一种。
6. 核能可分为______能和______能。
7. 核反应堆又称为______或______。
8. 核聚变亟需解决的问题是____________。

—— 灾害与环保 ——

地球灾害

·探索与思考·

酸里的植物

1. 用一个玻璃瓶装适量水，另一个玻璃瓶装适量柠檬汁。
2. 向两个瓶子里分别插入同样的植物。
3. 在接下来的几天里观察植物的变化。

想一想 一段时间后，两个瓶子里的植物会有什么变化？你还知道哪些给植物或动物带来巨大危害的自然和人为灾害？

泥石流、地面沉降、土地沙漠化、臭氧层空洞、水土流失、酸雨等这些触目惊心的地球灾害不仅对环境造成了严重的污染，而且直接危害到了人类的生存。人类要尽快认识这些灾害发生、发展的原因，并尽可能减小它们造成的危害。

大气污染

受到污染的大气状况

大气污染通常是指由于人类活动引起某种物质进入大气，呈现出足够的浓度，达到了足够的时间并因此而影响了人体、动物、植物的舒适、健康的现象。人类活动包括人类的生活活动和生产活动两个方面，而生产活动又是造成大气污染的主要原因。

工业废气严重污染着大气。

大气污染源

造成大气污染的污染物发生源

大气污染源含有“污染物发生源”的意思，如火力发电厂排放二氧化硫，就可将发电厂称为污染源。大气污染源的另一个含义是“污染物来源”，如燃料燃烧对大气造成了污染，则表明污染物来源于燃料燃烧。

大气污染物

从产生源来看，大气污染物主要来自燃料燃烧（一氧化碳、二氧化硫等）、工业生产过程（粉尘、碳氢化合物等）、农业生产过程（农药和化肥）和交通运输（各种交通工具排放的有害废物）。大气污染物的上述几个来源，具体到不同的国家，由于生产水平、生产规模以及生产管理方法的不同，污染物的主要来源方向也不相同。

酸雨

pH 值小于 5.6 的大气降水

酸雨的气象专用名为“酸沉降”。当大气受到污染，空气中的二氧化硫与氮氧化物遇到水滴或潮湿空气，即转化成硫酸或硝酸，又与大气中的水汽结合成雾状的酸，并随降水一起降落下来，形成酸雨。酸雨使土壤酸化，腐蚀建筑物，影响动植物生长和人体健康等，给地球生态环境和人类社会经济都带来严重的影响。

臭氧空洞

大气臭氧层被破坏和减少的现象

臭氧层是抗击太阳紫外线辐射、庇护地球生物圈的“保护伞”。但自从1982年科学家首次在南极洲上空发现臭氧减少这一现象开始，人们又在北极和青藏高原的上空发现了类似的臭氧空洞；目前，世界各地的臭氧都在耗减。导致臭氧空洞的成因主要是含溴和氯的人为化学污染物（如氟里昂）的排放。

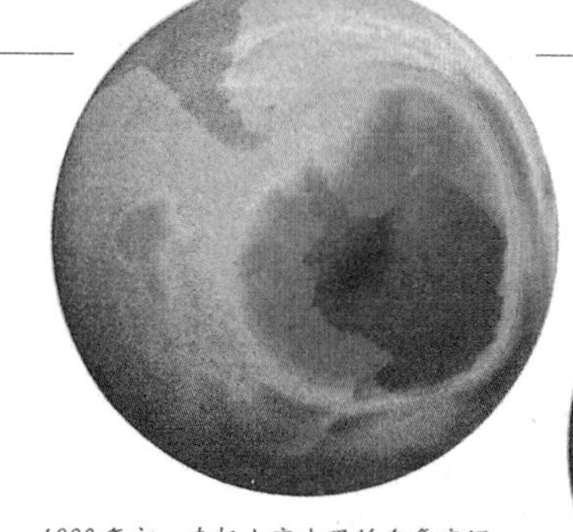

1998年初，南极上空出现的臭氧空洞。

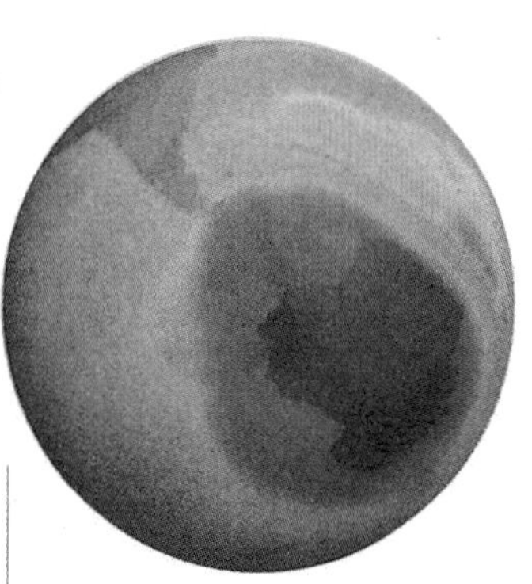

2000年底，南极上空的臭氧空洞已经扩展到了南美洲上空。

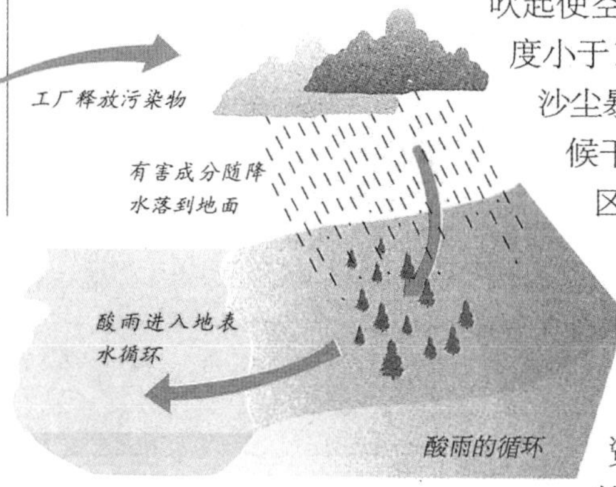

酸雨的循环

沙尘暴

风与沙相互作用的灾害性天气

沙尘暴也称沙暴或尘暴，指的是强风将地面上的尘沙吹起使空气混浊，水平能见度小于1000米的天气现象。沙尘暴主要发生在那些气候干旱、植被稀疏的地区，裸露的土地很容易被大风卷起形成沙尘暴甚至强沙尘暴。人口膨胀导致的过度开发自然资源、过量砍伐森林、过度开垦土地是沙尘暴频发的主要原因。

厄尔尼诺

大气和海洋作用异常的产物

厄尔尼诺现象是海洋和大气在不稳定状态下相互作用的结果，其显著特征是赤道太平洋东部和中部海域海水出现异常增温。每次较强的厄尔尼诺现象都会导致全球性的气候异常，由此给人类带来巨大的经济损失。由于厄尔尼诺现象给全球带来巨大的灾难，因此，这种现象已成为当今气象和海洋界研究的重要课题。

地面沉降

大面积的地面下沉现象

地面沉降是指在一定的地表面积内所发生的地面水平面降低的现象。作为自然灾害，地面沉降的发生有着一定的地质原因，如地壳运动、海平面上升、建筑物荷重等。但随着人类社会经济的发展，城市地面沉降现象越来越频繁，沉降面积也越来越大；城市地面沉降与过量开采地下水密切相关。

水污染

外界因素造成的水质恶化现象

水污染是水体因某种物质的介入而导致其化学、物理、生物或者放射性等方面特征发生改变，造成水质恶化，从而影响水的有效利用，危害人体健康或者破坏生态环境的现象。水体中的污染物按其种类和性质一般可分为污染杂质为化学物品而造成的化学性水体污染、污染杂质为颗粒状物质等的物理污染和病原微生物对水体造成的生物污染。

水污染

荒漠化土地

土壤污染

有害物进入土壤产生污染的现象

土壤污染是指进入土壤的污染物积累到一定程度，引起土壤质量下降、性质恶化的现象。土壤的污染物主要来自工业生产和城市生活废水以及固体废弃物、农药、化肥以及大气沉降物等。这些污染物质进入土壤，可以改变土壤成分和性质，减少和降低农作物的产量和质量，并有害于人体健康。

泥石流

山区常见的自然灾害

泥石流是大量泥、砂、石块等沿陡峻山谷、深涧冲出谷外而形成的浑浊泥、石流体。在适当的地形条件下，大量的水体浸透山坡的固体堆积物质，使其稳定性降低，饱含水分的固体堆积物在自身重力作用下发生运动，就形成了泥石流。

水土流失

土壤随水流动而过度散失的现象

水土流失是指在水力、风力、冻融和重力等外营力作用下，土壤母质等发生破坏、磨损、分散并被搬运和沉积的现象。大量的水土流失会使生态环境遭到严重破坏，进而导致干旱、洪涝、沙尘暴等的频繁发生。

土地荒漠化

外界因素造成的土地退化现象

土地荒漠化是干旱、半干旱及干燥的半湿润地区，因生态平衡遭到破坏而出现的以风沙活动、沙丘起伏等沙漠景观为主要标志的土地退化现象。土地荒漠化使生态系统广泛恶化，削弱甚至破坏生物资源。引起土地荒漠化的自然因素有干旱的气候、地表松散砂质沉积物的形成和大风的吹扬等；人为因素主要有过度放牧、过渡垦殖和不合理利用水资源等。

水土流失

生活垃圾

固体废物污染

固体废弃物造成的污染

凡在人类一切活动过程中产生的、且对所有者已不再具有使用价值而被废弃的固态或半固态物质，通称为固体废物。各类生产活动中产生的固体废物俗称废渣；生活活动中产生的固体废物称为垃圾。固体废物污染表现在废渣、垃圾进入河流、海洋造成的水体污染，废物颗粒飘散在空中或散发出毒气和臭气造成的大气污染以及固体废物所含的有害物渗入土壤造成的土壤污染。

电磁污染

过量的电磁辐射造成的污染

电场和磁场的交互变化产生电磁波。电磁波向空中发射的现象，叫电磁辐射。过量的电磁辐射将造成电磁污染。电磁辐射可分两大类，一类是天然电磁辐射，如雷电、火山喷发、地震和太阳黑子活动引起的磁暴等，除对电气设备、飞机、建筑物等可能造成直接破坏外，还会在广大地区产生严重的电磁干扰。另一类则是人工电磁辐射，主要是微波设备产生的辐射；微波辐射能使人体组织温度升高，严重时造成植物神经功能紊乱。

石油泄漏导致大批海鸟死亡。

物种消亡

生态系统严重的生物危机

地球上的生物种类繁多，但由于人类对生物资源的过度利用，不仅破坏了生态环境，造成生物多样性丰富度的下降，也使许多物种绝灭或处于濒危境地。生物多样性的消失必然引起人类的生存危机，尤其是食品、卫生保健和工业方面的根本危机。

DIY 实验室

实验：浮油引起的水污染

准备材料：2个塑料碗、水、羽毛、机油、洗涤剂

实验步骤：

1.将水、水和洗涤剂的混合液分别倒入两个碗中。

2.小心地向两个碗中注入机油。

3.把羽毛放入第一个碗中，然后浸在第二个碗中试着清洗。

4.羽毛很难恢复原貌；洗涤剂和温水的混合液上，机油被分解成一块块不相连的油珠。

原理说明：水面浮油对水生动物的危害最大，如果羽毛沾上了浮油便永远无法恢复原状。而且羽毛沾上浮油的动物常常用舔羽毛（或皮毛）的方式自己清除，所以往往因吞掉了浮油而中毒致死。每年都会有成千上万的水生动物因水面浮油而大批死掉。实验中的洗涤剂与现实中分解浮油所用的分散剂很像。分散剂能裹住浮油，并将其一块块地分解开来。这样，水面下的海洋生物便可以吸收到阳光和氧，而且有利于浮油的回收。

智慧方舟

填空：

1.厄尔尼诺现象的显著特征是______海域的海水出现异常增温。

2.引起城市地面沉降的主要原因是______。

3.电磁辐射包括______辐射和______辐射。

选择：

1.引起土地荒漠化的主要原因是什么？

A.干旱的气候　B.过渡放牧　C.地壳运动　D.沙丘的移动

2.酸雨的危害有哪些？

A.使土壤酸化　B.腐蚀建筑　C.影响人体健康　D.污染大气

环境保护

·探索与思考·

变废为宝

1. 将空的易拉罐横截成两半。(注意别划伤手)

2. 在下半截易拉罐的底部用钉子扎几个孔，再向里面铺一些腐殖土。

3. 把切菜时丢弃的菜叶捣碎放到腐殖土上。

4. 一个小巧玲珑的花盆就做好了。

想一想 身边还有哪些“废物”可以重新利用？节约、环保对全球性资源匮乏有什么重要意义？

自然或人为原因引起的生态系统破坏，直接或间接地影响着人类的生存和发展。其中由人类的生产和生活方式导致的资源破坏和生态系统失调尤为突出。环境保护问题涉及人与自然相辅相成的完美状态，因此必须增强环境保护意识，合理开发和利用自然资源，实现环境的协调和可持续发展。

环境

人类的生存状况和条件

在环境科学中，环境是指围绕人群的空间及其中可以直接或间接影响人类生活和发展的各种自然因素和社会因素的总称。它包括自然环境（大气环境、水环境、生物环境、地质和土壤环境以及其他自然环境）和社会环境（居住环境、生产环境、交通环境、文化环境以及其他社会环境）。人类的生存环境既不同于其他生物的生存环境，也不同于原始的自然环境，而是经人类利用和改造过的环境，是自然环境和社会环境交织在一起的统一体。

优美舒适的环境是人与自然共同创造的。

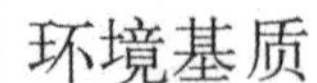

环境基质

环境要素

环境基质指构成人类环境整体的各个独立的、性质不同而又服从整体演化规律的基本物质。它包括水、大气、阳光、岩石、土壤等非生物环境要素以及动物、植物、微生物等生物环境要素，各要素之间相互联系、相互依赖、相互制约。环境要素组成环境的结构单元，环境的结构单元又组成环境整体或环境系统。

首先出现的环境污染公害是大气污染。

环境质量

环境因素的好坏

环境质量是指一处具体环境的总体或其中某些要素对人类生存、繁衍以及社会经济发展的适应程度，是对环境状况的一种描述。环境质量的优劣应以它对人类生活和工作，特别是对人类健康的适宜程度作为判别标准。自然灾害、资源利用、废物排放以及人群的规模和文化状态都会影响或改变一个区域的环境质量。

环境容量

环境对污染物的承受能力

环境容量是指在人类生存和自然生态不受破坏的前提下，各种环境对污染物质的承受量或容纳能力。一个特定环境（如某城市、某水体）的容量与其空间的大小、自净能力的强弱、各环境要素的特性以及污染物本身的物理和化学性质有关。环境容量的研究可以为环境质量的分析评价、工农业规划以及制定环境标准和排放标准提供依据。

过度砍伐森林将带来一系列恶果，给环境造成巨大破坏。

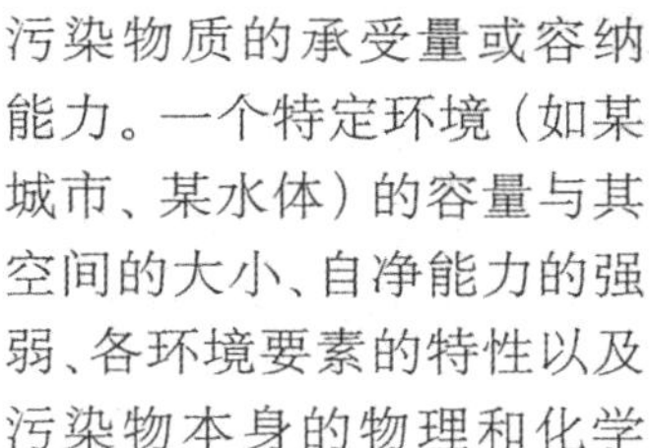

环境污染

人为原因造成的环境不洁

人类活动排放的有害物质在自然环境中某一系统或区域积聚，其积聚量达到危及或潜在危及人类和其他生物正常生存和发展的现象，即环境污染。环境污染产生的主要原因是各种资源的浪费、工业废弃物的任意排放以及化学农药和肥料的不合理施用等。环境污染所造成的影响和危害十分大，不仅破坏了生物生存的环境，而且直接威胁着人类的健康，已成为当今人类面临的重大全球性问题之一。

环境保护

为解决环境问题而采取的各种措施

环境保护就是采取多方面措施，合理利用资源，防止环境污染，保持生态平衡，保障人类社会健康地发展，使环境更好地适应人类的劳动和生活以及自然界生物的生存。环境保护工作包括两个方面的内容：一是合理开发和利用资源，防止环境污染与破坏；二是对已产生的环境污染与破坏进行综合治理和恢复。

环境监测

对环境状况进行测量、监督

环境监测以环境为对象，运用各种技术手段对其中的污染物及其有关的组成成分进行定性、定量和系统地综合分析，并研究在一定历史时期和一定空间内的环境质量的性质、组成和结构，以进一步探索环境质量的变化规律。其主要内容包括：大气环境监测、水环境监测、土壤环境监测、固体废弃物监测、环境生物监测、环境放射性监测和环境噪声监测等。

资源化

固体废物再利用

资源化主要指固体废物的资源化，即固体废物的再循环利用。随着工业发展速度的增长，固体废物的数量以惊人的速度不断上升。如果能大规模地建立资源回收系统，必将减少原材料的采用，减少废物的排放量、运输量和处理量，从而保护和延长原生资源的寿命，降低环境污染，保持生态平衡。

受到污染的水体喷洒在污水处理厂吸附性较强的沙砾装置上，受污染的水便得到一定程度的净化。

可持续发展

在保护生态环境协调一致的基础上求发展

人类应坚持与自然相和谐的生存方式，不应凭借手中的技术，以耗竭资源、污染环境、破坏生态的方式求发展。从可持续发展的基础理论出发，可持续发展的战略体系具有三个最为明显的特征：发展度、协调度和持续度。当代人在创造和消费的同时，应承认和努力做到使自己的机会与后代人的机会相平等，所以绝不能剥夺或破坏后代人应当合理享有的发展与消费的权利。

发展度

所谓发展度，就是指保持和提高经济增长的质量以较好地满足就业、粮食、能源、饮用水和健康等基本生存需求，从这些方面去满足和保障人类不断增长的需求和不断提高的生活质量。发展度能够判别一个国家或区域是否在真正、健康地发展，以及是否在保证生活质量和生存空间的前提下不断地发展。

协调度

协调度由调控人口数量增长、提高人口素质和始终调控环境与发展的平衡这三方面去体现，以此达到人与自然、人与人之间的协调。协调度要求定量地判断或在同一尺度下去比较能否维持当代与后代之间在利益分配上的平衡；更加强调合理地优化和调控资源的来源、积聚和分配。

可持续发展是一个长期的目标，需要世代人的共同努力。

持续度

持续度由维持、扩大和保护地球的资源基础与集中关注科技进步对于发展瓶颈的突破两方面去体现，是判断一个国家或区域在发展上是否具有长期合理性的标准。这里所指的"长期"，近者可能包含5代或10代人的时间，远者直至整个人类的未来。持续度更加注重从"时间"或"过程"上去把握发展度和协调度，强调它们不应是短时段内的发展速度和发展质量。

自然保护

对自然环境和自然资源的保护

自然保护的中心任务是保护和合理利用自然资源。关于自然保护的内容，大致可以包括：确保自然生态系统的平衡、维护环境净化能力、保护稀有动植物、确保物种的多样性和基因库的发展等。人类的生存和发展，需要有良好的自然环境和丰富的自然资源，自然保护的目的是为了给当代和后代人建立舒适的生活、工作和生产条件，以保证经济的持续发展和社会的繁荣进步。

按照性质来划分，保护区可以分为科研保护区、国家公园、管理区和资源管理保护区4类。

自然保护区

为保护自然资源加以维护的地区

自然保护区是指为保护自然环境和自然资源，把包含保护对象的一定面积的陆地或水体划分出来进行特殊的保护和管理的区域。自然保护区是一个泛称，而由于建立的目的、要求和本身所具备的条件不同，自然保护区有多种类型。按照保护的主要对象来划分，自然保护区可分为生态系统类保护区、生物物种保护区和自然遗迹保护区三类。

非洲生物物种保护区中的大象

生态系统类自然保护区

生态系统类自然保护区是为保护特殊生态环境而建的特殊区划，是以具有一定代表性、典型性和完整性的生物群落和非生物环境共同组成的生态系统为主要保护对象的一类自然保护区。此类型的自然保护区有森林生态系统类型自然保护区（如热带雨林区、亚热带常绿阔叶林区）、荒漠生态系统类型自然保护区（如高寒荒漠区、戈壁荒漠区）等。

· DIY实验室 ·

实验：污水处理

准备材料：3个玻璃罐子、浑浊的池塘水、细孔滤纸、粗孔滤纸、金属丝网、沙子、小石头、土、漏斗、量杯

实验步骤：

1.将取来的池塘水倒进量杯里，并尽量添加一些砂石等“污物”，把水再弄脏一些。

2.把细孔滤纸放进漏斗，再把漏斗放到一个罐子上；将1/3的脏水倒进漏斗，过滤完毕取出滤纸放到一边晾干。

3.将粗孔滤纸放到漏斗上；再将它们放到另一个罐子里，并把所剩下水的一半倒进漏斗；把过滤后的滤纸也放到一边晾干。

4.把漏斗放到第三个罐子上，把一块金属丝网罩到漏斗上；再在网里先后铺一层小石头、沙子和土。

5.把量杯里剩下的脏水全部倒进漏斗。

6.比较三个罐子里的水以及三种“过滤器”上的残留物质。

7.经细孔滤纸过滤后的水比经粗孔滤纸过滤后的水清澈；而经过金属丝网和砂土的脏水得到了最彻底的过滤，水也最为清澈。

原理说明：过滤器能过滤出多少脏东西决定于“滤孔”的大小，滤孔越大，过滤性能越差。实验中第三种过滤器类似芦苇丛的水体净化系统。芦苇等水生植物非常适合过滤污水，因为污水中大部分脏东西都含有很多氮，而氮又是植物生长不可缺少的元素，污水经过芦苇丛便起到了很好的自净作用。

· 智慧方舟 ·

填空：

1.环境科学中的环境指______环境和______环境。

2.可持续发展的三个明显特征是______、______和______。

—— 地球探索 ——

地表探索

探索与思考

破冰船如何工作

在洗澡的时候，请利用机会做下面的试验：

1. 在出浴缸之前，先拧开放水阀，继续让自己的身体躺在盆底。

2. 当身体露出水面的部分逐渐增多时，你也会觉得自己的身体在逐渐变重。

3. 如果快速地从浴缸里站起来，你将更加深刻地体会到身体在水里“失去”的重量立刻恢复了。

想一想 身体重量的突然恢复与极地破冰船的工作原理有什么相似之处？极地探险还使用什么特殊的工具么？对于地球表面的探测又有哪些方法呢？

地球是人类赖以生存的家园，认识地球、探索地球的奥秘一直是人们渴望和努力的方向。人类对地表的探索主要应用钻探的方法进行，开始于20世纪60年代，包括大陆钻探和大洋钻探。同时对南极和北极以及地球第三极——珠穆朗玛峰的探险和征服也在不断取得进步。虽然目前还有许无法解释的奥秘，但随着科技的进步，谜团将被一一解开。

钻探

用钻机勘查地质状况的工程

钻探工程的应用范围主要有矿山地质勘探、工程勘探、水文地质勘探等；具体方法是用钻机按一定设计角度和方向施工钻孔，通过钻孔采取岩心或岩屑以探查地下岩层、矿体、油气和地热等的结构分布。钻探主要分为大洋钻探和大陆钻探，其钻孔的深度可浅到数十米，也可深至数千米、甚至上万米。钻探是迄今为止人类唯一能获得地球深处真实信息和图像的直接方法。

大陆钻探

通过钻探对地球深部进行勘探

大陆钻探被形象地称为“伸入地球内部的望远镜”。通过大陆钻探对岩石圈进行直接取样和观测，可以了解和认识地震活动、火山作用、深部资源等信息，解决人类发展所面临的资源、灾害和环境三大问题。大陆钻探将在人类正确认识、合理开发和珍爱地球中起至关重要的作用。

地下资源的探测方法

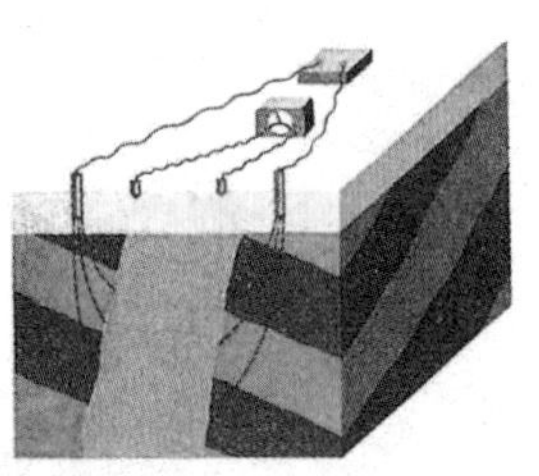

电流探测在地表通过测定金属矿床所发出电流的强弱来判断其位置。

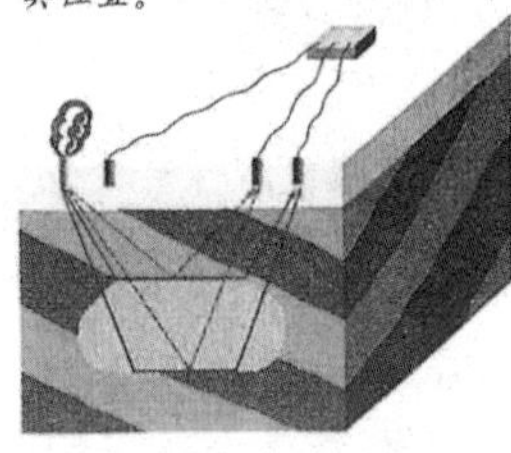

地震探测是利用人造地震来探查资源的方法。

磁力探测通过磁力计测量出地下所具磁性的矿物扰乱地球磁场的程度来确定其分布范围。

海洋钻探设备

大洋钻探

通过钻探对大洋深部进行勘测

20世纪以来，人类已进行了两个大洋钻探计划。第一个计划是深海钻探计划(1968～1983)，其主要目的是收集地壳、地幔之间物质交换的第一手资料。第二个计划是大洋钻探计划（1985～2003），该计划揭示了海洋地壳结构和海底高原的形成过程，证实了气候演变的轨道周期和地球环境的突变事件，发现了海底深部的生物圈。

海洋水文站

收集海域资料的观测站

海洋水文站观测的内容视任务要求及当地情况而定。一般观测的水文要素有：潮位、潮流速度、潮流方向、波浪、海况、含沙量、海冰及海水的理化性质等。一般观测的气象要素有：风速、风向、降水量、气压、气温及湿度等。海洋水文站为海洋科学的研究和海洋水文预报定期收集基本资料。

深海探测器

用于深海探测的设备

深海探测器是直接进行海底观测的仪器。但制造载人潜入一万多米深海底的潜艇，在技术和费用上都有困难。为了克服这些障碍，从事深海探测的大部分科学家都已从研究有人驾驶潜水器转向开发机器人潜水器；例如海中声呐鱼群探测器等设备，它们的造价比较便宜，并且不会给操纵它的人带来任何危险。

麦哲伦

费尔南多·麦哲伦(1480～1521)葡萄牙著名航海家和探险家，先后为葡萄牙和西班牙作航海探险。他从西班牙出发，绕过南美洲，发现如今的麦哲伦海峡，然后横渡太平洋。虽然他在菲律宾被杀，但他的船队继续西航回到西班牙，完成了第一次环球航行。麦哲伦被认为是第一个环球航行的人，也因此更加证明了地球是圆的。

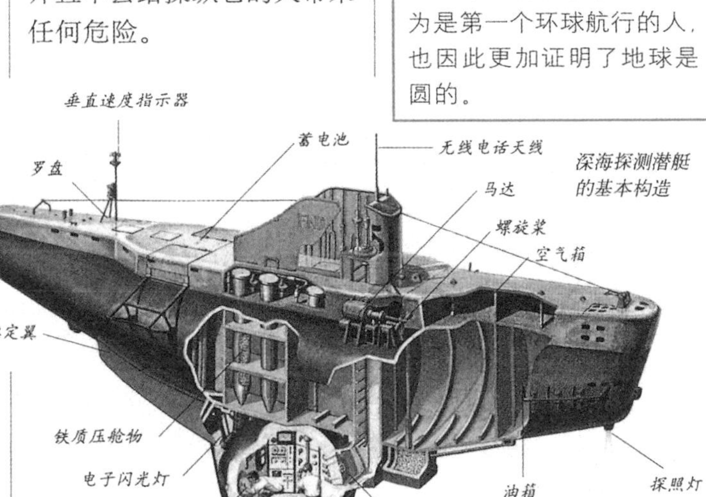

深海探测潜艇的基本构造

海底地貌仪

探测海底地貌的侧扫声呐

海底地貌仪是利用声波在水中传播和反射的原理（回声定位）设计制造而成的一种探测海底地貌的装置。当声波到达海底时，由于海底地貌起伏不平，故返回声波的波速不同；通过声呐记录纸，海底地貌的图像便呈现出来。

海底隧道

在海底连接两端陆地的通道

海底隧道是在海底建造的连接海峡两岸的通道，是供车辆、行人通行而建的。海底隧道分为海底段、海岸段和引道三部分。其中海底段是主要部分，它埋置在海床底下，两端与海岸线连接，再经过引道，与地面线路接通。

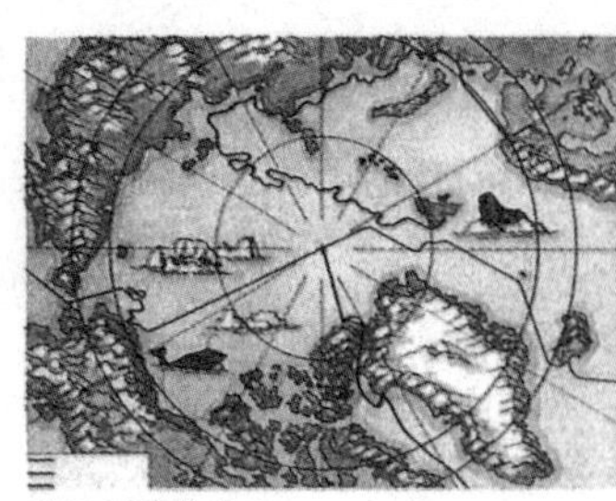

北极探险线路

北极探险

在北极的探险活动

北极探险是利用各种方法前往北极进行考察和探险的活动。北极探险始于16世纪中至17世纪初。初期围绕东北航线和西北航线进行。1909年，美国探险家首次乘狗拉雪橇抵达北极点。1926年一支国际小组乘飞艇抵达北极点。1937年起，苏、美等国建立起浮冰漂流站。中国第一次北极科学考察是1999年7月1日至9月9日由中国国家海洋局极地考察办公室组织实施的，考察获取了大量数据，取得了很多在国际上有影响的成果。

南极探险

在南极的探险活动

南极探险经历了初期探险、科学观测、困难重重的远征、大规模远征到国际合作的过程。1768年，英国的詹姆斯·库克率船首次驶进南极圈，成为南极探险的先驱。1911年12月14日，挪威探险家罗阿德·阿蒙森历尽艰辛，终于代表人类首次登上南极极点。而从1984年始至今，中国对南极平均每年进行一次连续性的科学考察，并先后建立起中国第一个南极科学考察站——长城站和第二个考察站——中山站。

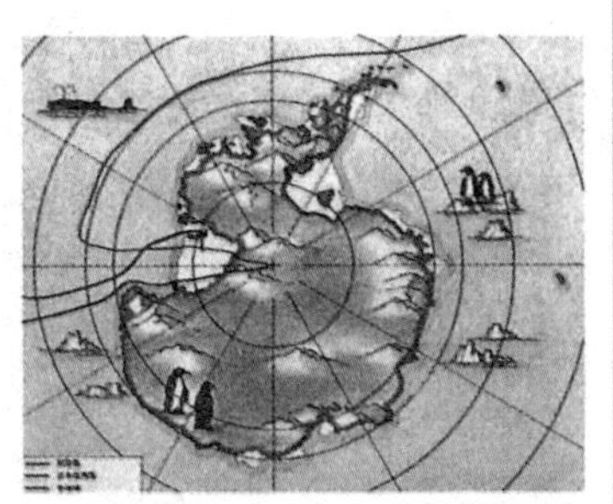

南极探险线路

南极风光

中国南极长城站

中国南极长城站位于南极洲西南部的乔治王岛，建成于1985年2月；可容纳40名度夏考察队员和18名越冬考察队员；主要开展极地低温生物、生态环境、气象、海洋、地磁和电离层等科学观测和研究。而且，乔治王岛位于南极洲板块、南美洲板块和太平洋板块的交会地带，特别为研究地壳构造、岩浆活动、地震成因、大气环流的变化和气候演变规律提供了良好的条件。长城站周围分布有智利、阿根廷、前苏联、波兰、巴西、乌拉圭等国的科学考察站。从1986年9月起，南极长城站气象站已作为南极地区32个基本站之一正式加入国际气象监视网。

中国南极中山站

中国南极中山站位于南极洲东南部拉斯曼丘陵，建成于1989年2月，是中国继长城站后的第二个南极考察站；可容纳60名度夏考察队员和25名越冬考察队员；站内设施齐全，有供暖、供电、防风和通讯设备，各种建筑均经加固，可抗50米／秒的狂风。中山站主要开展极区高空大气物理、冰雪和大气、海洋、地质、地球化学（陨石）、地理等科学观测和研究。中山站所在的拉斯曼丘陵每年海冰冰盖大约能稳定地维持10个月，因而极有利于研究的开展。另外，由于中山站位于南极臭氧洞边缘地区，其观测资料对研究南极臭氧洞的变化有着重要意义。离中山站不远处有澳大利亚的劳基地和俄罗斯的进步站。

破冰船

极地探险的主要工具

破冰船是进行极地探测的常用开路工具。当冰层不超过1.5米厚时，多采用“连续式”破冰法，主要靠螺旋桨的力量和船头把冰层劈开、撞碎。这种情况下，破冰船每小时能在冰海航行9.2千米。如果冰层较厚，则采用“冲撞式”破冰法，破冰船船头冲撞部位吃水浅，会轻而易举地冲到冰面上去，船体就会把下面厚厚的冰层压为碎块；然后破冰船倒退一段距离，再开足马力冲上前面的冰层，把船下的冰层压碎；如此反复，就开出了新的航道。

征服珠峰

对珠穆朗玛峰的各种探险

珠穆朗玛峰是喜玛拉雅山脉的主峰，海拔8848米，是地球上第一高峰，也被称为“世界第三极”。19世纪初，世界登山家和科学家便开始筹划攀登珠峰。1953年5月29日，新西兰人埃德蒙·希拉里和尼泊尔人丹增终获成功，创下了人类历史上首次登上珠峰顶峰的纪录。1960年，中国人也终于站到了珠穆朗玛峰峰顶。对珠峰地区环境状况的监测，可以得到全球及东亚环境状况变迁的基本资料，并作为研究全球大型气候环境变化事件的依据。

DIY实验室

实验：怎样描绘海底地貌

准备材料：按铃、秒表、笔

实验步骤：1.用按铃代表回声定位仪；你和你的助手一个负责按铃，一个负责记录时间。

2.负责按铃的人发出第一次铃声，隔一段时间再按第二下；第一次铃声相当于回声定位仪向海底发出信号，第二次铃声相当于收到的回音。

3.重复10次（2组按铃为一次）上述过程，两次按铃的间隔自己控制，并且每次都要准确记录间隔时间。

4.用下列等式计算定位仪到海底的距离：时间间隔（秒）×声音在水下的传播速度（约等于1500米/秒）÷2。

5.将10次记录下来的间隔时间（秒）换成以“米”为单位的距离。

6.将每次所测得的距离分别与10次铃声相对应，并在下列表格中描出黑点，再把所有的黑点用平滑的曲线连接。（表格也可以按照自己的方式重新设计）

7.这条曲线代表着回声定位系统获得的数据与海洋深度之间的换算。

原理说明：

上述试验完成了数字信息与一个你创造的海底地貌信息之间的转换。这个虚拟的海底地形就是由每次铃声与它的回声之间的时间间隔创造的。回声定位系统并不仅仅应用于海洋测绘。为了避免或减少考古挖掘的风险，在正式开工之前，考古学工作者往往也会利用回声定位的手段来确定地下古迹的形状和结构。

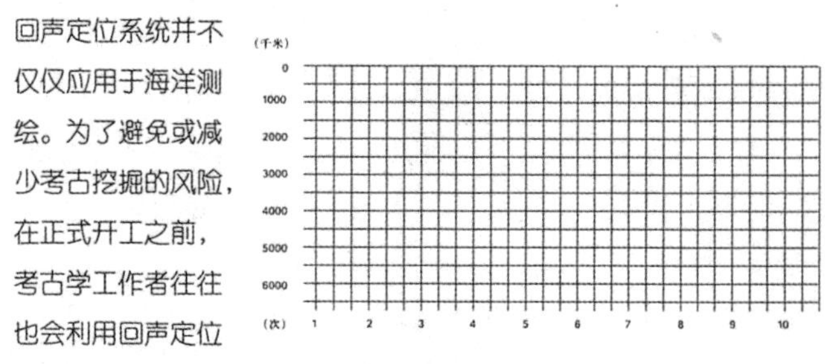

智慧方舟

填空：

1.人类直接获得地球深处真实信息和图像的方法是______。

2.发现了海底深部生物圈的海底探测被称为______。

3.海底地貌仪是利用______原理工作的。

高空探索

探索与思考

制作孔明灯

1.用一块长方形的纸糊一个纸筒。

2.在纸筒上粘一个纸封顶。

3.在纸筒下口撑一根弯成与下口一样大小的细竹圈或细铁丝圈，仔细粘好。

4.沿纸筒下口对称地在竹圈或铁丝圈上连一根铁丝，并把酒精棉挂在上面。

5.注意酒精棉的重心要在纸筒下口的中央部分。

6.点燃酒精棉，孔明灯便会徐徐上升。

想一想 孔明灯的升空原理与热气球是否一样？人类对高空乃至宇宙的探索中是怎样一步步发展起来的？高空探测还有哪些先进的设备？

探索太空是人类长久以来的梦想，地球的存在与宇宙的发展有着密切的联系。通过对宇宙其他星球的了解，能更好地认识地球和保护地球。而且，人类赖以生存的地球资源有限，探索、开发和利用宇宙空间不仅有益于人类的今天，而且关系到人类未来的命运。此外，在其他星球上寻找生命的探索将帮助人类解开生命起源的疑团，加深对生命现象的理解。

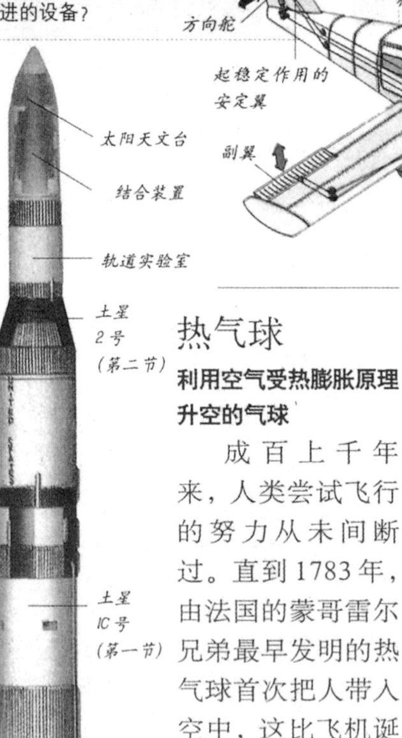

土星5号火箭

飞机

最常见和运用最广泛的航空器

飞机是由动力装置产生前进推力，由固定机翼产生升力，在大气层中飞行的航空器。1903年12月，美国莱特兄弟设计制造的飞行者1号飞机进行了成功的试飞。这是人类首次成功地用重于空气的航空器实现有动力、可操纵的持续飞行。飞机的诞生为人类的高空探索打下了坚实的基础。

典型的飞机通过三种主要的控制机构来控制方向，克服飞行过程中产生的升力、重力、推力和阻力。它们分别是方向舵、升降舵和副翼。

热气球

利用空气受热膨胀原理升空的气球

成百上千年来，人类尝试飞行的努力从未间断过。直到1783年，由法国的蒙哥雷尔兄弟最早发明的热气球首次把人带入空中，这比飞机诞生要早120年。热气球中用于高空科学探测的多是氢气球和氦气球。

运载火箭

发射宇宙航天器的动力工具

运载火箭是由多级火箭组成的运输工具，能把人造地球卫星、载人飞船、空间探测器等有效载荷送入太空轨道。运载火箭是航天技术发展的重要基础之一，航天飞行的历史是从运载火箭技术开始的，没有运载火箭就没有航天飞行。由于航天器的种类不同，发射它们所用的运载火箭也不尽相同。通常情况下，火箭是根据不同航天任务的需求研制的。

人造地球卫星

环绕地球在空间轨道上运行一圈以上的无人航天器

人造地球卫星（简称人造卫星）是发射数量最多、用途最广、发展最快的航天器。人类已向宇宙空间成功发射近2500颗各种用途的卫星。人造卫星是个兴旺的家族，如果按用途分，它可分为三大类：科学卫星、技术试验卫星和应用卫星。

科学卫星

用于科学探测和研究的人造卫星

科学卫星主要包括空间物理探测卫星和天文卫星，用来研究高层大气、地球辐射带、地球磁层、宇宙射线等，并可以观测其他星体。空间物理探测卫星可探测地球磁场与行星际磁场，它们的分布和变化对地球空间环境的整体状态有很大影响。而天文卫星的观测则推动了太阳物理、恒星和星系物理的迅速发展，并且促进了一门新型的分支学科——空间天文学的形成。

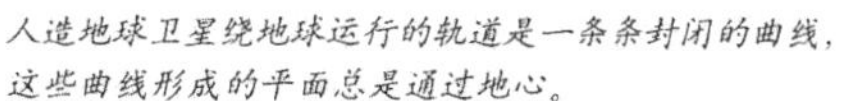

人造地球卫星绕地球运行的轨道是一条条封闭的曲线，这些曲线形成的平面总是通过地心。

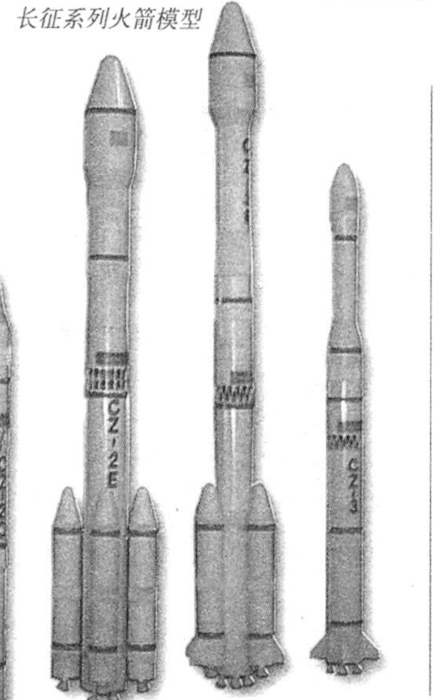

长征系列火箭模型

技术试验卫星

进行新技术试验或为应用卫星进行试验的人造卫星

航天技术中有很多新原理、新材料、新仪器，其能否实施或使用，必须在天上进行试验；一种新卫星的性能如何也只有把它发射到天上去实际试验，成功后才能应用；人上天之前必须先进行动物试验等都是技术试验卫星的任务。

应用卫星

直接为人类服务的人造卫星

应用卫星的种类最多，数量最大，对人类社会有广泛影响。其中包括：通信卫星、气象卫星、侦察卫星、导航卫星、测地卫星、地球资源卫星、截击卫星等。按照应用卫星是否专门用于军事目的的标准，又可将其分为军用卫星和民用卫星；而实际上有许多应用卫星都是军民兼用的。

通信卫星

空间无线电通信站

通信卫星是用作无线电通信中继站的人造地球卫星，为卫星通信系统的空间部分。它主要靠卫星上的通信转发器和通信天线来完成通信任务。通信卫星可以定点在赤道某一地区的上空，使卫星天线指向固定的地区，从而实现两地的连续通信；通信卫星还能实现除两极以外的全球通信。通信卫星是世界上应用最早、最广泛的卫星之一，许多国家都发射了通信卫星。

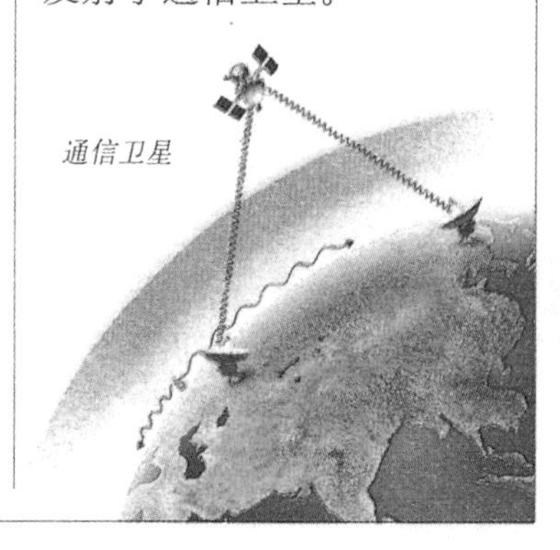

通信卫星

地球资源卫星

探测地球自然资源的人造卫星

地球资源卫星是专门用于勘探和研究地球资源的卫星，简称资源卫星。其设备获取了地面各种目标的遥感信息后，将信息发回地面接收站。地面接收站对信息进行处理，就可以得到各类资源的分布和其他有用的信息。资源卫星可以"透视"表面地层，了解地层构造以及森林、海洋、地下矿产等资源的分布情况。

地球资源卫星

宇宙飞船

载人航天器

宇宙飞船是能保障宇航员在外层空间生活和工作以执行航天任务并返回地面的航天器。它必须用火箭发射，在轨道运行完成任务之后，经过制动，沿弹道轨迹穿过大气层，用降落伞和着陆缓冲系统实现软着陆。宇宙飞船用途很多，主要包括进行近地轨道飞行，试验各种载人的航天技术，进行载人登月飞行，为空间站接送人员和运送物质，进行临时性的天文观测等。

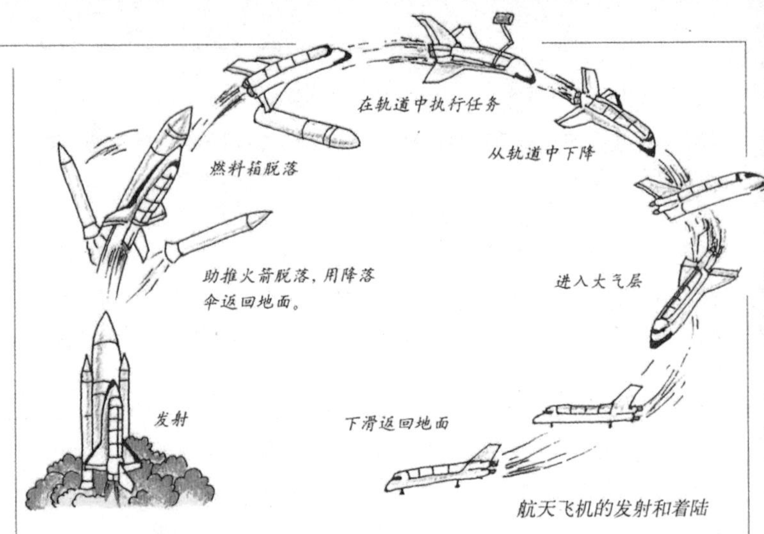

航天飞机的发射和着陆

航天飞机

可以重复使用的载人航天器

航天飞机也称为太空梭，是往返于地球表面和近地轨道之间、运送人员和货物的飞行器。它的最突出优点在于可以反复使用，因此是空间技术发展进程中的一个突破。它为人类探索宇宙、开发太空领域提供了经济实用的工具，所以航天飞机的发明是人类通向宇宙之路的又一个里程碑。

黑洞

不可见的引力场

宇宙中的某些"点"，它们的体积趋向于零而密度变得无穷大，吸引力极强，物体只要进入离这个点一定距离的范围内，就会被这个强大的引力吸收掉，连光线也不例外；所以里面的情形人类无法看到，因此才称其为"黑洞"。一颗烧尽了的恒星由于自身的重力而不断坍缩，最后就可能形成黑洞。

哈勃望远镜

人类第一座太空望远镜

哈勃望远镜是人类第一座太空望远镜，于1990年4月24日由美国发现号航天飞机送上离地面600千米的轨道。其整体呈圆柱型，长13米，直径4米，前端部是望远镜部分，后半部是辅助器械，总重约11吨。

哈勃望远镜

哈勃望远镜每天可以获取3～5G字节的数据，可以获得通常被大气层吸收的红外光谱的图像。

地外生命

地球之外的智慧生命

人类对地外文明的探索实际上就是人类发现自我的旅程，是探索人类作为物种与宇宙相互关系的过程。这不仅是宇宙探索的一部分，同时也对人类的进化产生深远的影响。生命未必是地球上特有的现象，在宇宙间其他恒星的行星系统中，只要有合适的条件，就可能诞生生命，并通过进化出现智慧生命及其文明。因此，从20世纪开始，地球上的人类开始利用各种空间探测器试图探索地外文明。

"奥兹玛"计划

20世纪60年代，人们开始尝试接收地外文明世界发出的无线电信号。1960年，德拉克等人利用美国国家射电天文台的射电望远镜首次实施地外文明探索计划，这项计划被称为奥兹玛计划。他们提出：当前的人类科学已经具有与地外文明社会单方面通讯的能力；并且论证了如何利用电磁波与地外文明通讯的问题，从而开始了探索地外文明的脚步。"奥兹玛"计划是人类文明史上第一次有目的、有组织地在宇宙空间寻找"外星人"的计划，但至今还没有获得有价值的结果。尽管如此，绝大多数天文学家相信，在宇宙中一定有智慧生命的存在，并正在继续努力地寻找。因此，自从"奥兹玛"计划执行以后，世界上又陆续出现过多项探索地外生命的计划。

DIY实验室

实验：黑洞的产生

准备材料：2个气球、2个大的矿泉水瓶、剪刀、冰箱

实验步骤：1.剪断矿泉水瓶后选用有底的部分。

2.把气球口冲上装入瓶里吹气，气足后扎好气球口，使气球刚好卡在瓶里。

3.把其中一个瓶子放到冰箱里30分钟左右。

4.从冰箱里拿出瓶子，气球收缩进了瓶子里；而没有放进冰箱的气球没有变化。

原理说明：气球里的气体具有向外胀气球的力（气体压力），而气球胶皮具有阻止球内空气外胀而向里收缩的力（弹性力），当这两种力处于平衡时，气球的大小保持不变。

一旦气体压力减小，气球就会变小。黑洞的原理与上述情况很相似。星球在核反应中所产生的力是从内向外推的力。当星星的重力拉引力和向外推的力平衡时，星星也保持一定大小。核反应一旦停止，这两个力的平衡状态被破坏，因此星星在重力作用下迅速向中心部位收缩。如果星星的质量非常巨大，那么拉引力也会非常强，变成一个连光都能吸进去的黑洞。

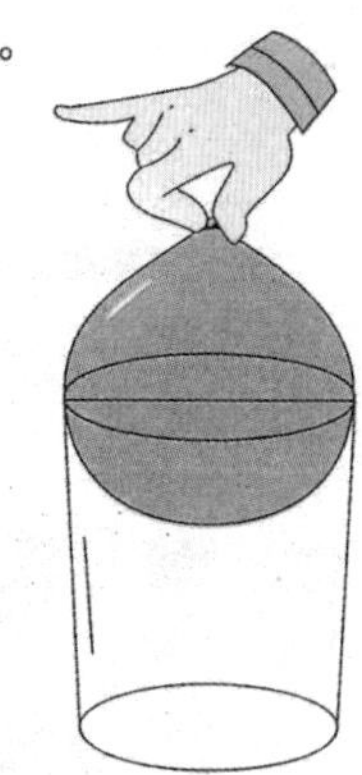

智慧方舟

填空：

1.用于高空科学探测的热气球多充以______和______。

2.莱特兄弟成功试飞的飞机名为______。

3.人类文明史上第一次有目的、有组织地在宇宙空间寻找"外星人"的计划名为______。

选择：

1.航天飞机最大的优点是什么？。

A.飞行速度快 B.可以反复使用 C.能够载人 D.不用发射器发送

2.航天飞行的历史是从什么技术开始的？

A.人造卫星 B.航天飞机 C.宇宙飞船 D.运载火箭

3.发射数量最多、用途最广、发展最快的航天器是什么？

A.天文望远镜 B.人造卫星 C.航天飞机 D.运载火箭

中国学生学习百科系列

站在世界前沿，与各国青少年同步成长

中国学生宇宙学习百科
层层揭示太阳系、外太阳系以及整个宇宙的奥秘
160页　定价：26.00元

中国学生地球学习百科
全面介绍我们生存的星球
160页　定价：26.00元

中国学生生物学习百科
生动解释微生物学、动物学、植物学、生态学
160页　定价：26.00元

中国学生艺术学习百科
系统介绍各大艺术门类特点
160页　定价：26.00元

中国学生军事学习百科
系统介绍武器装备、作战方式等军事知识
160页　定价：26.00元

中国学生历史学习百科
生动介绍人类社会发展历程
160页　定价：26.00元